普通高等教育"十二五"规划教材

炼油化工专业实习指南

主　编　张君涛

副主编　梁生荣　孙昱东

　　　　赫佩军　胡　平

主　审　王遇冬

中国石化出版社

内 容 提 要

本书结合高等院校石油天然气类化学工程与工艺专业生产实习的教学特点，从工艺专业的角度出发，重点介绍炼油化工过程的安全生产知识、典型生产工艺的基本原理、工艺流程、主要设备、操作参数与调节、主要工艺控制指标，以及仪表与自动化基础知识。全书力求反映当前炼油化工生产中的新技术、新方法，密切结合生产现场，理论联系实际，突出工程实践教育特色。

本书可作为高等院校石油天然气类化学工程与工艺专业本科学生以及石油化工类专业高等职业技术教育学生的实习实训教材，也可供从事有关炼油化工生产、设计的工程技术人员参考。

图书在版编目(CIP)数据

炼油化工专业实习指南/张君涛主编.
—北京：中国石化出版社，2013.1（2019.2 重印）
普通高等教育"十二五"规划教材
ISBN 978-7-5114-1867-8

Ⅰ.①炼… Ⅱ.①张… Ⅲ.①石油炼制-化工工程-高等学校-教学参考资料 Ⅳ.①TE62

中国版本图书馆 CIP 数据核字(2012)第 288903 号

中国石化出版社出版发行

地址：北京市朝阳区吉市口路 9 号
邮编：100020　电话：(010)59964500
发行部电话：(010)59964526
http://www.sinopec-press.com
E-mail：press@sinopec.com
北京艾普海德印刷有限公司印刷
全国各地新华书店经销

*

787×1092 毫米 16 开本 14.25 印张 357 千字
2013 年 1 月第 1 版　2019 年 2 月第 2 次印刷
定价：30.00 元

前　言

　　生产实习是工科本科专业培养学生工程实践、工程设计和工程创新能力的重要环节和途径，尤其是在当前国家对高等教育要求更加重视学生的素质教育，培养科技创新意识，提高工程实践能力的形势下，生产实习在石油天然气类化学工程与工艺专业的教学过程中具有非常重要的地位和作用。本书主编于1996年编写了西安石油大学校内教材《化学工程(石油加工)专业现场实习指导书》，并已连续多年作为化学工程与工艺专业石油加工和石油化工方向学生的生产实习教材，使用效果很好。随着我国炼油与化工技术的快速发展、炼油与化工一体化的发展趋势以及对学生综合素质培养要求的提高，学生亟需一本内容更加全面而实用的化学工程与工艺专业实习指导书。本教材正是为了适应这一要求，结合石油天然气类化学工程与工艺专业学生生产实习的实际需要，在上述校内教材的基础上修改完善而编写成的。

　　全书内容包括炼油化工安全生产知识、炼油化工工艺过程、炼油化工的主要设备和自动化与仪表基础知识四个部分。从我国炼油化工工艺技术的实际情况出发，结合国内外炼油化工工艺技术的新发展，重点介绍了炼油化工过程典型生产工艺的基本原理、工艺流程、装置的操作参数与调节和主要工艺控制指标，以及炼油化工过程主要设备的工作原理、结构特点及操作方法等。

　　本书内容浅显易懂、图文并茂，可作为高等院校石油天然气类化学工程与工艺专业本科学生以及石油化工类专业高等职业技术教育学生的实习实训教材，也可供从事有关炼油化工生产、设计的工程技术人员参考。

　　本书共4章，其中第2章第2.6、2.7和2.9节由中国石油大学孙昱东编写，第2章第2.8节和第3章的第3.5.4节由中国石油大学赫佩军编写，第3章第3.4节和第3.5节的第3.5.1节由西安石油大学梁生荣编写，第4章由中国石化集团洛阳石油化工工程公司胡平编写，其他各章节由西安石油大学张君涛编写。张君涛、梁生荣绘制、整理了所有图片，最后由张君涛统稿。王遇冬教授审阅了全书书稿，并提出了许多宝贵意见。本书在编写过程中得到了西安石油大学、中国石化出版社以及各合作院校、生产与设计单位的大力支持，在此表示衷心的感谢！另外，本书参考了大量文献资料，在此特向文献资料的作者一并表示感谢！

　　限于编者的能力和水平，书中难免存在错误和疏漏之处，敬请批评指正。

编者

目 录

1 炼油化工安全生产知识

安全是一切生产活动的保障，炼油化工生产更是如此。要实现安全生产，就必须从保护人身安全和健康的角度出发，对生产过程中的不安全因素进行研究和学习，制定有效的防护措施和规章制度，并严格遵循安全规程进行生产活动。由于炼油化工生产过程通常是在高温、高压的条件下进行，而且生产过程中的原料和产品绝大多数都是易燃、易爆或有毒的物质，如果生产过程不严格遵循安全规程，发生事故的后果往往是非常严重的。因此，炼油化工生产必须把安全放在首位，防止各类事故的发生。

1.1 炼油化工行业的生产特点

炼油化工行业之所以特别强调安全生产的重要性，在于炼油化工生产本身客观存在许多比其他行业的生产更危险的潜在的不安全因素。这主要是由于炼油化工生产具有如下几个特点：

（1）涉及的物料危险性大

炼油化工生产过程中使用的物料非常多，其中大多数物料属于易燃易爆的物质，如原油、天然气、汽油、煤油、柴油、液态烃、乙烯、丙烯等等，一旦泄漏，易形成爆炸性混合物而发生燃烧和爆炸；有些物料是高毒和剧毒物质，如苯、甲苯、硫化氢、氯气等等，这些物料若处置不当或发生泄漏，容易导致人员伤亡；有些物料是强腐蚀性的酸、碱类物质，如硫酸、盐酸、烧碱等，它们造成设备和管线等的腐蚀而出现问题的可能性很高；还有些物料还具有自燃、暴聚特性，如渣油、金属有机催化剂、乙烯等，在温度超过了物质自燃点的情况下，一旦操作失误或因设备失修，便极易发生火灾爆炸事故，后果不堪设想。

（2）工艺技术复杂，运行条件苛刻

炼油化工生产过程一般都需要经过许多工序和复杂的加工单元，需要经历很多物理、化学过程和传热、传质单元操作才能完成。例如，催化裂化装置从原料到产品要经过 8 个加工单元，乙烯生产从原料到产品需要 12 个化学反应和分离单元。生产过程既复杂又庞大，除了主要的生产装置，还有供热、供水、供电、供风等一系列辅助系统。生产过程中使用的各种反应器、塔、罐、压缩机、泵等都以管道相连通，因此其具有工艺流程长、工艺技术复杂的特点。

此外，一些过程控制条件异常苛刻，如高温、高压，低温、真空等等。如蒸汽裂解的温度高达 1100℃，而一些深冷分离过程的温度低至-100℃以下；高压聚乙烯的聚合压力达 350MPa，涤纶原料聚酯的生产压力仅 1~2mmHg；特别是在减压蒸馏、催化裂化、焦化等很多加工过程中，物料温度已超过其自燃点。这些苛刻的操作条件，对炼油化工生产设备的制造、维护以及人员素质都提出了严格要求，任何一个很小的失误就有可能导致灾难性的后果。

（3）装置大型化，生产连续化

为了降低单位产品的投资和成本以提高经济效益，现代炼油化工生产的装置规模日益增大。生产装置的大型化可以降低能源消耗，提高生产率，但是规模越大，储存的危险性物料量越多，潜在的危险能量也越大，一旦发生事故其破坏性也越大，造成的经济损失将更加巨大。

炼油化工生产是一个连续化的生产过程。从原料输入到产品输出，各个生产装置和工序之间都是紧密联系、相互制约的，具有高度的连续性。上一工序生产出来的物料必须源源不断地通过管道送往下一工序进行加工处理。如果物料在设备或管道中受阻，则会引起压力升高而造成放空、泄漏或爆炸，如果一个工序或一台设备发生故障，都会影响到整个生产过程的正常平稳运行，甚至有可能造成装置停车或发生重大事故。

（4）装置技术密集，自动化程度高

由于装置的大型化、生产的连续化和工艺过程的复杂化，加之有些过程的工艺操作条件非常苛刻，现代炼油化工生产过程通过人工操作已不能适应其平稳运行和安全生产的需要，因此必须采用自动化程度高的控制系统和联锁保护系统。近年来，随着计算机技术的发展，炼油化工生产中普遍采用了 DCS 集散型控制系统，紧急停车控制系统以及一系列安全联锁、信号报警装置等，对生产过程的各种参数及开停车实行监视、控制和管理，从而更有效地提高了控制的可靠性。但是控制系统和仪器仪表维护不好，性能下降，也可能因检测或控制失效而发生事故。

1.2　炼油化工行业安全教育

学生在进行生产实习之前基本上未接触过炼油化工行业的生产现场，为了对国家、企业、学校和学生个人负责，防止和杜绝安全事故的发生，保障企业的正常生产和实习过程的顺利进行，在生产现场开始实习之前对参加实习的学生进行安全教育是非常必要的，也是必须的。

为了使安全教育不走形式，保证安全教育的质量和效果，有效预防事故发生，实现安全生产，保障人身安全，各炼化企业均制定了严格的安全教育制度，要求安全教育必须贯彻全员、全方位、全过程、全天候的原则，同时安全教育要讲究针对性和科学性，做到多样化、制度化和经常化。

安全教育的内容包括职业道德、安全思想和安全生产方针政策教育，遵纪和守法教育，安全技术和安全知识教育，安全技能和专业工种训练等。

安全教育的形式主要有三级安全教育、外来人员安全教育、日常安全教育、特殊安全教育等。

凡新入厂人员(包括学徒工、外单位调入职工、合同工、代培人员和院校实习生等)必须接受厂、车间和班组的三级安全教育，并经考试合格后方可进入生产岗位工作和学习。

1.2.1　一级(厂级)安全教育

新入厂人员通常由企业人事劳资处负责组织、质量安全环保处负责实施，进行一级(厂级)安全教育。一级(厂级)安全教育时间不少于 24 小时(实习生不少于 8 小时)，其教育内容包括：

（1）国家有关安全生产法令、法规和规定；

（2）工厂的性质、生产特点及安全生产规章制度；

（3）安全生产的基本知识、一般消防知识及气体防护常识；

（4）典型事故及其教训。

经一级安全教育考试合格，方可进入车间工作或学习。

1.2.2　二级（车间级）安全教育

二级（车间级）安全教育由车间主任或专职安全员负责进行，时间不少于24小时（实习生不少于4小时）。其教育内容包括：

（1）本单位概况，生产或工作特点；

（2）本单位安全生产制度及安全操作规程；

（3）安全设施、工具、个人防护用品、急救器材、消防器材的性能和使用方法等；

（4）以往的事故教训。

1.2.3　三级（班组级）安全教育

三级（班组级）安全教育由班长或班组安全员负责进行，可采取讲解和实际表演相结合方式。其教育内容包括：

（1）本岗位（工种）的生产流程及工作特点和注意事项；

（2）本岗位（工种）安全操作规程；

（3）本岗位（工种）设备、工具的性能和安全装置、安全设施检测、监控仪器的作用，防护用品的使用和保管方法；

（4）本岗位（工种）事故教训及危险因素的预防措施。

经班组安全教育考试合格后，方可指定师傅带领进行工作或学习。

1.3　安全生产知识简介

有关炼油化工行业安全生产的知识内容很多，限于篇幅，这里就防火防爆、防毒防尘、防触电、防机械伤害、压力容器的安全技术以及人身防护等方面作简要介绍。

1.3.1　防火防爆

燃烧是可燃物质（气体、液体或固体）与助燃物（氧或氧化剂）发生的伴有放热和发光的一种激烈的化学反应。燃烧必须同时具备三个条件：可燃物、助燃物和点火源。

物质由一种状态迅速转变为另一种状态，并瞬间以机械功的形式放出大量能量的现象，称为爆炸。

防火防爆的基本措施是防止形成可燃可爆的系统，主要应做好以下几点：

（1）控制可燃可爆物质。控制可燃可爆物就是使可燃可爆物达不到燃爆所需要的数量、浓度，或者使可燃可爆物难燃化或用不燃材料取代，从而消除发生燃爆的物质基础。

（2）着火源及其控制。在大多数场合，可燃物和助燃物的存在是不可避免的，因此消除或控制点火源就成为防火防爆的关键。但是在生产加工过程中，点火源常常是一种必要的热能源，所以必须科学地对待点火源，既要保证安全的利用有益于生产的点火源，又要设法消除能够引起火灾爆炸的点火源。在生产中，常见的引起火灾爆炸的点火源有明火、高温物及高温表面、电火花、静电及雷电、摩擦与撞击、易燃物自行发热、绝热压缩、化学反应热及光线和射线等 8 种。

（3）阻止火势蔓延，防止爆炸波扩散。限制火灾爆炸事故蔓延扩散的基本内容可以概括为以下几个方面：考虑总体布局、厂址选择和厂区总平面的配置对限制灾害的要求；建筑防火防爆的设计；消防扑救设施的设置。可以通过设置阻火装置和建造阻火装置来达到阻止火势蔓延，在工艺设备上设置防爆泄压装置和建筑物上设置泄压隔爆结构防止爆炸波扩散。

1.3.2 防毒防尘

炼油化工生产过程中存在许多工业毒物和生产性粉尘，防毒防尘是职业卫生工作中的一项重要内容，对预防职业中毒与尘肺等职业病的发生具有十分重要的意义。工业毒物对人体的神经系统、呼吸系统、血液和心血管系统、消化系统、泌尿系统、生殖系统、皮肤、眼睛等都有危害，严重的还会导致癌症。粉尘对人体的危害主要表现在尘肺、呼吸系统损害、中毒、皮肤病变和致癌等方面。

防毒防尘的措施主要有以下几点：

（1）采取有效的技术措施。可以通过改进工艺及设备，选用不产生尘毒危害或尘毒危害较小的新工艺、新技术。在原料方面以无毒或低毒原料代替有毒或高毒原料。加强密闭与隔离，采用隔离操作或远距离自动控制，有效实现人员与尘毒物质不接触。加强通风排气，将空气中的尘毒及时排走或稀释，使其符合国家卫生标准的要求。设置必要的事故应急处理设施。

（2）强化管理。建立健全的管理机构及有关防毒防尘的安全卫生管理制度，做好尘毒监测，及时接受安全卫生教育，不断提高自我保护意识。

（3）做好个人防护。因生产技术条件限制而无法控制尘毒危害时，需要采用个人防护措施。个人防护措施包括皮肤防护和呼吸防护两方面。皮肤防护常采用防护手套、防护眼镜、防护鞋、防护服、防护油膏等；呼吸防护有防毒口罩、防尘口罩、防毒面具、送风式头盔、自吸式面罩、空气呼吸器、氧气呼吸器等。

1.3.3 防触电

当接触裸露的带电体或过分接近带电体时会发生触电，例如在生产劳动或检修中，人和有电压的部件接触，或当距离小于规定值时，由于绝缘击穿而发生触电事故。由于绝缘老化、绝缘损坏而造成漏电所造成的触电危险最多最大。触电对人体的危害分为电击和电伤两种。电击是电流通过人体内部，使人心脏、肺部及神经系统等主要器官受到损伤，导致心脏麻痹、呼吸困难而死亡；电伤一般不会引起死亡，危险性比电击小得多，但严重时也可能造成局部伤害致残。

为了防止触电事故，必须严格执行安全操作规程，采取完善的措施。主要措施有：提高电气设备的完好率，提高绝缘性能；使用安全电压；采用联锁装置和防护装置；保护性接地与接零；建立电气安全用电规程和各项规章制度；正确使用防护工具。当发现有人触电时，应马上进行急救，但首先要使触电者迅速脱离电源，然后再进行紧急救护。

1.3.4 防机械伤害

炼油化工生产中主要存在以下几种机械危险：

（1）物体打击，指物体在重力或其他外力的作用下产生运动，打击人体而造成人身伤亡事故。

（2）车辆伤害，指企业机动车辆在行驶中引起的人体坠落和物体倒塌、飞落、挤压造成的伤亡事故。

（3）机械伤害，指机械设备运动（静止）部件、工具、加工件直接与人体接触引起的挤压、碰撞、冲击、剪切、卷入、绞绕、甩出、切割、切断、刺扎等伤害。

（4）起重伤害，指各种起重作业（包括起重机安装、检修、试验）中发生的挤压、坠落、物体（吊具、吊重物）打击等造成的伤害。

（5）高处坠落，指在高处作业中发生坠落造成的伤害事故。

（6）坍塌，指物体在外力或重力作用下，超过自身的强度极限或因结构稳定性破坏而造成的事故。

为了防止机械性伤害，必须牢固树立安全第一的思想，必须懂得安全知识，按规定穿戴工作服和劳动保护用品。例如，操作场所禁止穿大衣、风衣、雨衣、裙子及拖鞋，带工作帽，防止头发衣物绞入转动机械内。凡从事高空作业，应佩戴与作业内容相适应的安全带，以防坠落跌伤，并将工具系放牢，以免不小心掉下伤人。在设备运行中，不懂操作的人员，严禁乱动设备和各操作仪表及阀门。

1.3.5　压力容器的安全技术

压力容器是指同时满足以下条件的承压设备：①最高工作压力（表压）大于等于0.1MPa（不含液体静压力）；②内直径（非圆形截面指其最大尺寸）大于等于0.15m，且容积大于等于0.025m³；③盛装介质为气体、液化气体或最高工作温度高于或等于标准沸点的液体。

由于压力容器在炼油化工生产中所占全部应用容器总数的比例约为50%，数量庞大，且压力容器本身存在局部区域的应力状态复杂而恶劣的状况，因此压力容器事故频率较高。为确保压力容器的安全运行，主要应采取以下措施：严格按照工艺操作规定平稳操作，通过工艺优化和改进适当降低工作温度和工作压力等，保证压力容器的安全经济运行；加强防腐蚀措施，喷涂防腐层、加衬里，添加缓蚀剂，控制腐蚀介质含量等；根据存在缺陷的部位和性质，采用定期或状态监测手段，查明状况以便采取措施；还要注意压力容器在停运期间的保养。

1.3.6　人身防护

为了保护生产现场人员的身体和身心免受各种伤害，进入生产现场的所有人员在进入之前必须穿戴好个人劳动保护用品。

（1）头部防护

安全帽是保护头部不被因重物坠落或其他物件碰伤头部的防护用品。因此，在存在因物件下落或因碰撞等可能引起危险的地方，都应戴安全帽。特别是在建筑和安装岗位，起重工作业在1.5m以上空间有重物运动的场所，有天车、吊车作业的场所，高空和地面联合作业的场所，炼油化工装置的建设、生产或检修现场，都应当佩戴安全帽。安全帽应按规定正确使用，不要随便往头上一戴，这样起不到安全作用。女工在车床及有传动设备的岗位工作时应戴上工作帽或戴头发网套。

（2）眼睛和面部防护

在所有对眼睛有危险的区域内工作时，必须戴上防护眼镜。特别是从事钻、车、铣、刨、凿、磨、机械除锈、加工脆性材料工作时，在接触有可能喷出腐蚀性液体时，从事焊接或火焰切割工作时，在从事化学实验工作时，都有可能因飞出的物体、喷出的液体或危险的照射，而使眼睛或面部受到伤害，因此，必须戴上防护眼镜或面部防护用品。

（3）脚部防护

在有腐蚀性物质或热的物质存在的岗位工作时，必须穿安全鞋。特别是在有酸、碱物质泄漏的岗位工作，必须穿上防酸、碱的工作鞋；从事装卸化工原材料或产品工作时，必须穿上防砸鞋；在有高热物质流出的岗位工作时，必须穿上绝热安全鞋，以保护脚部不受损伤。

（4）手部防护

在从事可能会导致手部伤害的工作时，必须戴上合适的防护手套。比如，从事手接触酸碱等腐蚀性物质工作时，必须戴上防酸碱的手套，对存在可能引起生理变态反应或皮肤病危险的岗位工作，必要时还要使用工厂医疗部门提供的皮肤防护油膏。手的保养性清洗可使用合适的清洗剂。在转动轴旁工作时，比如从事用砂轮磨削工件，用钻床打孔，不允许戴防护手套，防止手套被卷入而伤害人身。

（5）听力防护

在声音超过规定标准范围的岗位工作时，会造成听觉损伤及其他不良影响，必须佩戴听力防护用具，如听力防护软垫、耳塞、耳罩等。

（6）呼吸防护

工作地点的空气中含有有毒物质(有毒气体、有毒物蒸气、悬浮物)的浓度达到危害人体健康的程度或空气中氧含量不足供给人呼吸时，必须使用合适的呼吸防护面具。使用呼吸防护器具，必须注意它的防护范围及使用方法。

（7）防护服

进入现场工作时，必须穿好工作服。如果没有其他规定，可以穿一般的工作服。在高燃烧危险岗位工作，比如电石车间，必须穿上不易燃的防护工作服，在接触酸碱或其他有损皮肤的物质的岗位，应使用耐酸碱物质的防护服，从事焊接、气割工作，可以穿电气焊防护工作服。

1.3.7　常见有毒有害物质及其防护措施

炼油化工装置生产现场的有毒有害物质主要有液化石油气(液态烃)、汽油与汽油蒸气、苯及苯系物、一氧化碳、硫化氢等。

（1）液态烃

性状描述：液态烃极易燃，与空气混合能形成爆炸混合物，遇明火和热源有燃烧爆炸的危险，与氟、氯等接触会发生剧烈的化学反应，其蒸气比空气重，能在较低处扩散到相当远的地方，遇明火会引起回燃。

中毒症状：急性中毒时有头痛头晕、兴奋或嗜睡、恶心、呕吐、脉缓等，重症者可突然倒下，尿失禁，意识尚失，甚至呼吸停止，也可致皮肤冻伤。长期接触低浓度者可出现头晕、头痛、睡眠不佳、易疲劳、情绪不稳以及植物性神经紊乱等慢性中毒症状。

急救方法：立即脱离现场至空气新鲜处，保持呼吸道畅通，如呼吸困难应输氧，如呼吸停止应立即进行人工呼吸，随后尽快就医。若有冻伤，就医治疗。

防护方法：凡在检修和操作过程中必须在有这种气体的场合工作时，应佩戴好供氧设备和防毒面具。平时接触应穿戴好劳保用品。

（2）汽油与汽油蒸气

性状描述：汽油是一种透明液体，比空气重，吸入大量汽油蒸气会产生中毒现象。

中毒症状：汽油易于浸入皮肤，能引起皮炎，吸入汽油蒸气过多还可能引起中枢神经失调、头痛、失眠、头晕、步态蹒跚，严重的可导致抽搐、昏迷甚至死亡。

急救方法：急性汽油中毒者必须尽快送至医院抢救。

防护方法：在进入含汽油蒸气浓度较高的环境，应严格遵守防护措施，高浓度汽油蒸气环境时应戴防毒面具。工作中一旦发生头晕、头痛时应及时休息或就医，换一换新鲜空气也可以有效地防止汽油中毒的继续加重。

（3）苯及苯系物

性状描述：苯及苯系物是无色或浅黄色透明油状液体，具有特殊的芳香性气味，易挥发为蒸气，易燃易爆。中毒作用一般是由于吸入蒸气或皮肤吸收所致。苯属于中等毒类物质，急性中毒主要对中枢神经系统有毒害，慢性中毒主要对造血组织及神经系统有损害。甲苯属低毒类，高浓度中毒时可发生肾、肝和脑细胞的坏死和退行性变，慢性中毒主要是对中枢神经系统的损害，纯甲苯对血液系统基本无毒性作用。二甲苯的三种异构体的毒性略有差异，以间位最大，但均属低毒类物质，其毒性主要是对中枢神经和植物神经系统的麻醉和刺激作用，慢性中毒比苯要弱，对造血组织的损害尚无确实证据，可能引起轻度的、暂时性的末梢血象改变。

中毒症状：苯的轻度中毒表现为头痛、耳鸣、流泪、咳嗽和酒醉感，疲乏无力，步态蹒跚；中度中毒时出现恶心、呕吐、嗜睡，进而神志不清；重度中毒时可致神志突然丧失，且长时间昏迷，脉搏频弱，血压下降，瞳孔散大，对光反射迟钝或消失，呼吸增快，继而变慢衰竭而死亡。人在短时间内吸入高浓度的甲苯、二甲苯时，可出现中枢神经系统麻醉作用，轻者有头晕、头痛、恶心、胸闷、乏力、意识模糊，严重者可致昏迷以致呼吸、循环衰竭而死亡。如果长期接触一定浓度的甲苯、二甲苯会引起慢性中毒，可出现头痛、失眠、精神萎靡、记忆力减退等神经衰弱症。甲苯、二甲苯对生殖功能亦有一定影响，并导致胎儿先天性缺陷（即畸形）。甲苯、二甲苯对皮肤和黏膜刺激性大，对神经系统损伤比苯强，长期接触有引起膀胱癌的可能。

急救方法：立即脱离现场至空气新鲜处，脱去污染的衣着，用肥皂水或清水冲洗污染的皮肤。应注意休息，有中毒表现者应尽快到医院就诊。

防护方法：对浓度高、通风条件差的现场要使用防护服和防护面具。

（4）一氧化碳（CO）

性状描述：CO 是一种无色、无味、无刺激性的气体，毒性强，密度为 1.2501kg/m³，熔点为-199℃、沸点为-191℃。CO 气体主要是在燃料燃烧不完全时产生的，燃烧时呈蓝色火焰，与空气混合到一定比例遇到明火就会爆炸，当空气中 CO 浓度达到 0.04%~0.06%时，2~3h 就会引起中毒，达到 0.6%时很快就有中毒症状。

中毒症状：头晕、眼花、剧烈头痛、尚有恶心、呕吐、心悸、四肢无力，重者初期多汗，步态不稳，意识朦胧，甚至昏迷。

急救方法：立即脱离现场至空气新鲜处，注意保暖和安静，呼吸衰竭者应立即进行人工呼吸，经抢救苏醒后必须尽快送至医院住院观察并治疗。

防护方法：凡在检修和操作过程中必须在有这种气体的场合工作时，应佩戴好供氧设备和防毒面具。

(5) 硫化氢(H$_2$S)

性状描述：H$_2$S是一种有臭鸡蛋味的无色气体，有爆炸性，爆炸极限为4%~4.5%。

中毒症状：接触H$_2$S气体会出现咽痛、咳嗽，吸入肺部可引起头痛、头晕、恶心，长期吸入H$_2$S的人，感觉器官失去感觉，并会引起多种病变。

急救方法：立即脱离现场至空气新鲜处，输氧或做人工呼吸。

防护方法：进入可发生H$_2$S中毒的区域应佩戴供氧式防毒面具。作业时应有两人同时到现场，并站在上风口，必须坚持一人作业一人监护。

1.4 炼油化工安全生产有关规定

各种安全规定都是从保护每个人的人身安全为出发点的，每一条安全规定的制定背后都有着血的教训。可以说安全规定是鲜血和生命写成的，前车之鉴、后事之师，安全就是生命和效益，是人类生产活动永恒的主题，我们不可再用自身的安危去检验这些安全制度的可行性。

1.4.1 《安全生产禁令》

1994年10月，原化学工业部颁发了《安全生产禁令》，它深刻总结了石油和化工安全生产的教训，《安全生产禁令》在炼油化工的生产管理实践中至今还发挥着重要的作用。它主要包括以下几部分。

生产厂区内十四个不准：

(1) 加强明火管理，厂区内不准吸烟；

(2) 生产区内，不准未成年人进入；

(3) 上班时间，不准睡觉、干私活、离岗和干与生产无关的事；

(4) 在班前、班上不准喝酒；

(5) 不准使用汽油等易燃液体擦洗设备、用具和衣服；

(6) 不按规定穿戴劳动保护用品、不准进入生产岗位；

(7) 安全装置不齐全的设备不准使用；

(8) 不是自己分管的设备、工具不准动用；

(9) 检修设备时安全措施不落实、不准开始检修；

(10) 停机检修后的设备，未经彻底检查，不准启用；

(11) 未办高处作业证，不系安全带，脚手架、跳板不牢，不准登高作业；

(12) 石棉瓦上不固定好跳板，不准作业；

(13) 未安装触电保安器的移动式电动工具，不准使用；

(14) 未取得安全作业证的职工，不准独立作业；特殊工种职工，未经取证，不准作业。

操作工的六严格：

(1) 严格执行交接班制；

(2) 严格进行巡回检查；

(3) 严格控制工艺指标；

(4) 严格执行操作法；

(5) 严格遵守劳动纪律；

（6）严格执行安全规定。

动火作业六大禁令：

（1）动火证未经批准，禁止动火；

（2）不与生产系统可靠隔绝，禁止动火；

（3）不清洗，置换不合格，禁止动火；

（4）不消除周围易燃物，禁止动火；

（5）不按时做动火分析，禁止动火；

（6）没有消防措施，禁止动火。

进入容器、设备的八个必须：

（1）必须申请、办证，并得到批准；

（2）必须进行安全隔绝；

（3）必须切断动力电，并使用安全灯具；

（4）必须进行置换、通风；

（5）必须按时间要求进行安全分析；

（6）必须佩戴规定的防护用具；

（7）必须有人在器外监护，并坚守岗位；

（8）必须有抢救后备措施。

机动车辆七大禁令：

（1）严禁无证、无令开车；

（2）严禁酒后开车；

（3）严禁超速行车和空挡溜车；

（4）严禁带病行车；

（5）严禁人货混载行车；

（6）严禁超标装载行车；

（7）严禁无阻火器车辆进入禁火区。

1.4.2 中国石化集团公司相关禁令

各炼化企业针对自己的具体情况均制定了相应的安全规定，以中国石化集团公司相关禁令为例，可作为参考。

中国石化集团公司防火、防爆十大禁令：

（1）严禁在厂内吸烟及携带火种和易燃、易爆、有毒、易腐蚀物品入厂；

（2）严禁未按规定办理"中国石化用火作业许可证"在厂内进行用火作业；

（3）严禁穿易产生静电的服装进入油气区工作；

（4）严禁穿带铁钉的鞋进入油气及易燃、易爆装置；

（5）严禁用汽油、易挥发溶剂擦洗设备、衣物、工具及地面等；

（6）严禁未经批准的各种机动车辆进入生产装置、罐区及易燃易爆区；

（7）严禁就地排放易燃、易爆物料及危险化学品；

（8）严禁在油气区用黑色金属或易产生火花的工具敲打、撞击和作业；

（9）严禁堵塞消防通道及随意挪用或损坏消防设施；

（10）严禁损坏厂内各类防爆设施。

中国石化集团公司人身安全十大禁令：

（1）安全教育和岗位技术考核不合格者，严禁独立顶岗操作；

（2）不按规定着装或班前饮酒者，严禁进入生产岗位和施工现场；

（3）不戴好安全帽者，严禁进入生产装置和检修、施工现场；

（4）未办理"中国石化高处作业许可证"及不系安全带者，严禁15m以上高处作业；

（5）未办理"中国石化进入受限空间作业许可证"，严禁进入塔、容器、罐、油舱、反应器、下水井、电缆沟等有毒、有害、缺氧场所作业；

（6）未制定可靠安全措施，严禁拆卸停用的与系统联通的管道、机泵等设备；

（7）未办理"中国石化临时用电作业许可证"，严禁临时用电；

（8）未办理"中国石化破土作业许可证"，严禁破土动工；

（9）机动设备或受压容器的安全附件、防护装置不齐全好用，严禁启动使用；

（10）机动设备的转动部件，在运转中严禁擦洗或拆卸。

1.5 炼油化工行业事故案例

下面列举一些炼油化工行业中典型的事故案例，并对案例进行分析，总结经验教训，避免再次发生类似事故。

案例1 开工引瓦斯爆炸伤人重大事故

（1）事故发生经过

1987年6月22日，某炼油厂一车间装置计划检修已经结束，进入开工阶段。下午15时40分，机械厂检修二车间施工人员拆除了进入生产装置瓦斯管线上北侧的一个盲板（此法兰距地面高度3.5m）。当盲板抽出法兰尚未紧固时，车间一操作工误认为法兰已经装好，将瓦斯管线北侧的截止阀打开，使该管线南北两侧相通，0.294MPa的瓦斯从南侧尚未装好的法兰处喷出。虽然这名操作工当即发现并关闭了阀门，但瓦斯已经扩散，遇工作中的直流电焊机火花发生爆炸。此时在场工作的10人被烧成轻伤，1人因伤势过重，抢救无效，4天后死亡。

（2）事故原因分析

造成这起事故的主要原因是操作工违反安全操作规程，麻痹大意，违章操作。《安全技术规程》中规定："在装置进物料之前，要改好流程。操作人员要及时沿进料流程认真检查，严防跑、冒、串"。而操作工在没有认真检查瓦斯系统管线盲板是否拆除、法兰是否紧固的情况下，没有与施工单位联系，就盲目地打开截止阀，提前送瓦斯。另外，车间领导对开工组织不严密，互不通气，缺少工种间协调统一，安全措施不落实。在管线复位工作未完成、现场动火未结束、检修人员未撤离的情况下，提前开阀引瓦斯，导致事故发生。

案例2 油气爆燃引发火灾重大事故

（1）事故经过

1996年11月10日9时15分，某石油化纤公司芳烃装置操作人员在进行正常巡检过程中，发现加热炉F401B2有一根炉管出现裂纹，并从裂纹处向炉膛内喷火。马上对该装置采取紧急停车措施，并立即退料进行工艺处理。12日20时左右，炉管内大部分物料（二甲苯塔塔底料）已用氮气压出。为了给修复炉管创造安全动火条件，在与相连系统（加盲板）隔绝的情况下，将低压蒸汽接引至炉管内进行蒸汽吹扫，由于炉管是直径 ϕ219mm 的 U 形管（每组 30 根，每根长 12m），因此，通入的蒸汽量（蒸汽管线直径为 φ20mm）明显不足。为了彻底清除炉管内残存的物料，12 日 22 时 30 分左右，在进行炉膛烃含量分析合格，现场有 1 台消防车监护的情况下，点了火嘴。13 日 1 时 20 分左右，因现场危险将火嘴熄灭。13 日 5 时 30 分左右，在没有进行炉膛烃含量取样分析的情况下进行第二次点火，以避免蒸汽凝结。13 日 8 时左右，在现场的车间主任发现加热炉 F401B2 看火口有烟火冒出，同时，吹扫排放口油气量突然增大。为避免引起火灾事故，当即上炉进行紧急处理。在处理过程中，从炉内串出的烟火将炉外就地排放的含油蒸气引燃（爆燃性质），并引起装置周围及明沟残存的物料燃烧，造成炉体及下部地面起火。此时，车间主任正在炉上进行紧急处理，在撤离火灾现场时被烧成重伤，经抢救无效死亡。公安消防支队接报警后迅速赶赴火场，于 8 时 29 分将大火扑灭。

（2）事故原因分析

造成事故的主要原因是在进行炉管工艺处理过程中，采取的安全预案和措施不完善，且现场操作未能随情况变化而采取应急措施。首先，在用蒸汽吹扫炉管内残存物料时，从炉体附近的排放口处（离炉 3m）排出的可燃蒸气量突然增大，尽管将排放口用石棉布包扎并用消防水喷淋冷却，但仍有油气串出，遇到看火孔处的明火后，发生油气瞬间爆燃，并引燃地面残油，发生火灾。其次，用蒸汽吹扫炉管，对蒸汽量不足未引起重视。点火嘴加热蒸汽，未考虑可能引燃含油蒸气，忽视了排放口排放含油蒸气的危险后果。另外，装置人员少、任务紧，抢工期、抢进度忽视了安全。

案例 3 某石化公司乙烯装置事故

（1）事故经过

某石化公司乙烯装置自 2002 年 9 月 12 日开工以来，裂解火炬时有波动。车间多处排查，判断压缩机四段出口放火炬仪表调节控制阀（PV12004）可能有内漏。2002 年 10 月 2 日下午 16 时 30 分至 17 时 15 分，经裂解、仪表车间相关技术人员现场检查，认为 PV12004 确有内漏。下午 17 时 40 分左右，乙烯调度安排调试。调度中心值班主任、乙烯车间副值班班长、仪表车间 2 名仪表工等到压缩机房外平台调试 PV12004 仪表调节阀。值班主任和副值班班长关闭消音器后手阀，以防裂解气向火炬大量排放，造成分离区进料中断停工。值班主任调试阀杆行程达到 50% 后，通知仪表工处理阀杆，消音器突然发生爆裂，喷出的物料随之着火。车间人员迅速用现场消防设施灭火，石化公司、乙烯厂两级调度随即启动全厂应急系统及分公司一级应急预案，消防队 17 时 49 分到达现场，18 时 32 分控制住火势，20 时 5 分将火扑灭。事故造成调度中心值班主任、乙烯车间副值班班长当场死亡，两名仪表工在压缩机房外平台 PV12004 仪表调节阀南侧被火烧伤，裂解车间操作工在压缩机房外平台北面巡检时，被火灼伤。事发后，对 PV12004 仪表调节阀解体检查发现，阀内有电焊条、焊渣等施工残留物。

（2）事故原因

直接原因：设计单位违反设计规范。事故调查组查阅设计单位设计的 PID 时发现，PV12004 调节阀及前手阀压力设计是 4.03MPa，阀后压力设计是 1.74MPa；查设计单线图，PV12004 调节阀及前手阀为 4.03MPa，阀后及后手阀为 1.74MPa，消音器未标注。依据《化工装置工艺系统工程设计规定》（HG 20570—95）第 3.0.2.1 条的规定："当控制阀后的压力降低时，控制阀后的切断阀和旁路阀的材料等级应取与控制阀材料等级相等，均采用上游管道的材料等级。"PV12004 调节阀后的消音器至后手阀应保持同一压力等级，均应为

11

4.03MPa。实际上控制阀后的管道及阀门承压为 1.74MPa，严重违反了设计规范的规定。工艺车间和仪表车间的操作人员在对内漏的 PV12004 调节阀在线调试时，3.8MPa 的裂解气进入受压仅为 0.3MPa 的消音器，导致消音器超压发生爆裂着火。依据 PID 图，消音器是作为管道附件。事发前的设计违反了《工业金属管道设计规范》(GB 50316—2000)第 3.1.2.2 条第 3 款："没有压力泄放装置保护或与压力泄放装置隔离的管道，设计压力不应低于流体可达到的最大压力"的规定。而现场 14 处类似排火炬系统，只有这一处是没按标准设计的，说明设计单位的设计出现明显失误，这是这起事故发生的主要原因。

间接原因：在清理 PV12004 调节阀时，发现该阀内有电焊条、焊渣等施工残留物，造成该阀关闭不严、内漏。施工质量存在问题是导致事故发生的间接原因。

2 炼油化工工艺过程

2.1 概　述

石油与原油二者在含义上是有区别的。根据 1983 年第 11 届世界石油大会对石油、原油和天然气的定义，石油（Petroleum）是指在地下储集层中以气相、液相和固相天然存在的，通常以烃类为主并含有非烃类的复杂混合物。原油（Crude oil，简称 Oil）是指在地下储集层中以液相天然存在的，并在常温和常压下仍为液相的那部分石油。天然气（Natural gas，简称 Gas）则是指在地下储集层中以气相天然存在的，并且在常温和常压下仍为气相（或有若干凝液析出），或在地下储集层中溶解在原油内，在常温和常压下从原油中分离出来时又呈气相的那部分石油。

因此，石油是原油和天然气的总称。由于我国以往习惯上将原油称为石油，故目前国内也常采用"石油天然气"这样的提法来指原油和天然气，故本书也是如此将石油和原油二者相提并论。

石油化学工业是以原油及天然气为原料，采用各种加工工艺，经过物理和化学过程来制取各种油品、化工原料、化工中间体和化工产品的有机化学工业。炼油化工产品不仅作为能源与国防、交通运输、农业、电力、航天、内燃机制造等部门息息相关，而且作为化工原料直接涉及到国民经济的各个领域，深入到人们的衣、食、住、行等各个环节。因此，石油化学工业是国民经济的支柱产业之一，它关系着国家的经济命脉和能源安全，在国民经济、国防和社会发展中具有极其重要的地位和作用。

石油按其加工和用途可分为石油炼制体系和石油化工体系两大分支。石油炼制体系是石油经过炼制来生产燃料、溶剂及化工原料、润滑剂和有关产品、蜡、沥青、焦炭等产品的过程。石油化工体系是以石油炼制的馏分油为原料进行裂解、分离、合成等生产各种石油化学品的过程。这两者是相互依存相互联系的。

石油炼制过程包括一次加工、二次加工（或深度加工）及其辅助生产装置。一次加工是采用物理蒸馏的方法来加工原油，获得的产品叫直馏产品，如直馏汽油、直馏柴油等，所用的装置有常压蒸馏或常减压蒸馏装置，这类工艺是在常压或负压（约 2kPa）、温度在 270～410℃范围内进行。通常所说的原油加工能力均指原油常压蒸馏装置的处理能力。二次加工是将一次加工得到的产品或中间馏分进行再加工的过程，如热裂解、催化裂化、催化重整、催化加氢及润滑油生产等装置，此类工艺一般是化学-物理过程，其特点是温度、压力一般都比一次加工过程高，且大部分需加入催化剂。二次加工的目的在于提高轻质油收率、产品质量，增加油品品种以及提高炼化企业的经济效益。此外还有催化剂、添加剂的制备以及制氧、压缩空气、污水处理等辅助装置。

石油化工包括基本有机化工、有机化工和高分子化工三大过程。石油化工过程首先以馏分油为原料进行裂解、分离等制得三烯（乙烯、丙烯、丁烯）、三苯（苯、甲苯、二甲苯）、乙炔和萘等基本有机原料。在此基础上，通过各种合成过程制得醇、醛、酮、酸、酯、醚、腈类等有机原料。然后在有机原料的基础上，经过各种聚合、缩合等过程制得合成纤维，合成塑料、合成橡胶等最终产品。基本有机原料除由催化重整生产芳烃以及由催化裂化副产物中回收丙烯、丁烯和丁二烯外，主要由乙烯装置来生产。多数石油化工企业是以乙烯生产为核心，配套各种加工装置和辅助装置的联合企业，因此，乙烯装置在石油化工生产中是关系全局的核心。

2.2 炼油化工工艺基础知识

2.2.1 石油的一般性质

石油通常是淡黄色到黑褐色的、流动或半流动的黏稠液体。绝大多数石油的相对密度介于 0.85~0.98 之间，但也有个别例外，如伊朗某地原油相对密度高达 1.016，美国加里福尼亚某地原油相对密度低到 0.707。表 2-1 为我国主要原油的一般性质。可以看出，我国原油的凝点和含蜡量均较高，相对密度大多都在 0.86 以上，属于偏重的常规原油。

表 2-1　我国主要原油的一般性质

原油	大庆	胜利	孤岛	辽河	大港	华北	长庆	新疆
密度(20℃)/(g/cm³)	0.8554	0.9005	0.9495	0.9204	0.8931	0.8837	0.8453	0.8962
黏度(50℃)/(mm²/s)	20.19	83.36	333.7	109.0	94.37	57.1	9.93	112.7
凝点/℃	30	28	2	17(倾点)	21	36	18	-24
蜡含量/%	26.2	14.6	4.9	9.5	19.0	22.8	10.1	6.68
庚烷沥青质/%	0	<1	2.9	0	0	<0.1	0.76	0.01
胶质/%	8.9	19.0	24.8	13.7	9.44	22.0	3.84	4.89
残炭/%	2.9	6.4	7.4	6.8	6.05	6.7	2.5	4.2
灰分/%	0.0027	0.02	0.096	0.01	0.035	0.0097	0.004	0.054
元素组成/%								
碳	85.87	86.26	85.12	85.86	85.67	—	—	86.13
氢	13.73	12.20	11.61	12.65	13.40	—	—	13.30
原油分类	低硫石蜡基	含硫中间基	含硫环烷-中间基	低硫中间基	低硫环烷-中间基	低硫石蜡基	低硫中间-石蜡基	低硫中间基

2.2.2 石油的化学组成

石油的外观及其性质的差异决定于它的化学组成的差异。石油的化学组成包括元素组成和化合物组成两个内容。从元素组成来看，石油主要含碳、氢两种元素，其中碳的含量为 83%~87%，氢含量为 11%~14%，两者合计为 95%~99%(见表 2-1)。石油中除了碳、氢两种元素外，还含有少量的硫、氮、氧以及一些微量元素如钒、镍、铁、铜、砷等。这些非碳、氢元素在石油中的含量不过 1%~5%，但这些元素以碳氢化合物的衍生物存在于石油中，因此含有这些元素的化合物所占的比例就要大得多。这些元素的存在对于石油的性质和石油加工过程都有很大的影响。表 2-2 为某些原油中重要的非碳氢元素的含量。可以看出，我国大部分原油硫含量都较低，即使含硫量较高的原油，如孤岛原油，与世界各地高硫原油(例如委内瑞拉博斯坎原油含硫量达 5.7%)相比，也不算太高。我国原油含氮量偏高。原油中的微量金属中以钒、镍对石油加工过程的危害最大。可以看出，我国原油钒含量很低，但镍含量略高。

烃类是只由碳、氢两种元素组成的化合物。石油中的硫、氮、氧等元素是以各种含硫、含氧、含氮化合物的形态以及兼含有硫、氮、氧的胶状、沥青状物质的形态存在于石油当中，它们统称为非烃类。从化学组成来看，石油是由各种烃类与非烃类组成的复杂混合物，组成石油的化合物主要是烃类，天然石油中只含有烷烃、环烷烃和芳烃这三族烃类，烯烃在二次加工的油品中则是普遍存在的。烃类和非烃类存在于石油的各个馏分中，但因石油的产地及种类不同，烃类和非烃类的相对含量，烃类中各种不同烃结构的化合物的含量差别都是很大的。

表 2-2　原油中一些主要的非碳氢元素含量

原油名称	硫/%	氮/%	镍/(μg/g)	钒/(μg/g)	铁/(μg/g)	铜/(μg/g)	砷/(μg/g)
大庆	0.10	0.11	3.1	0.04	0.7	0.25	0.90
胜利	0.85	0.35	26.0	1.6	13.0	0.1	—
孤岛	2.09	0.43	21.1	2.0	12.0	<0.2	0.25
辽河	0.34	0.51	32.5	0.6	9.3	0.3	0.05
大港	0.14	0.52	18.5	<1	—	0.76	—
华北	0.33	0.34	15	0.73	1.8	<0.3	0.22
中原	0.74	0.38	3.3	2.4	8.2	0.4	—
长庆	0.11	0.17	2.3	0.69	6.2	0.09	—
新疆	0.14	0.32	9.9	0.93	12.0	0.25	—

石油是一种多组分的复杂混合物，沸点范围从常温一直到500℃以上。研究石油以及将石油加工成产品，都须先将石油进行分馏，获得各种沸点范围相对较窄的石油馏分。分馏就是利用石油中各组分沸点的不同，将石油分离切割成不同沸点范围的若干部分的过程。分馏得到的不同沸点范围的若干部分均称为馏分。例如<200℃馏分，200～350℃馏分等等。馏分的沸点范围简称为馏程或沸程。

馏分常冠以石油产品的名称，以说明其进一步加工的方向，例如汽油馏分、煤油馏分、柴油馏分、润滑油馏分等。但馏分并不就是石油产品，因为馏分并没有满足石油产品的质量要求，还需将馏分进一步加工才能成为石油产品。

原油直接分馏得到的馏分基本保留了原油化学组成和性质的本来面目，因此称为直馏馏分。一般把原油中从常压蒸馏开始馏出的温度（即初馏点）到200℃（或180℃）的轻馏分称为石脑油或汽油馏分；常压蒸馏200（或180）～350℃的中间馏分称为煤柴油馏分或常压瓦斯油（简称AGO）；常压蒸馏>350℃的馏分称为常压渣油（简称AR）。由于原油从350℃开始有明显的分解现象，所以对于沸点高于350℃的馏分，需在减压下进行蒸馏。一般将相当于常压下350～500℃的高沸点馏分称为减压馏分、润滑油馏分或减压瓦斯油（简称VGO）；减压蒸馏后残留的>500℃的馏分称为减压渣油（简称VR）。表2-3是国内外某些原油的馏分组成。

表 2-3　国内外某些原油的馏分组成

原油名称	馏分组成/%			
	<200℃	200～350℃	350～500℃	>500℃
大庆	11.5	19.7	26.0	42.8
胜利	7.6	17.5	27.5	47.4
孤岛	6.1	14.9	27.2	51.8

原油名称	馏分组成/%			
	<200℃	200～350 ℃	350～500 ℃	>500 ℃
辽河	9.4	21.5	29.2	39.9
华北	6.1	19.9	34.9	39.1
中原	19.4	25.1	23.2	32.3
延长	19.3	30.6	29.2	20.9
长庆	18.1	25.8	29.0	27.1
新疆	14.0	24.3	29.3	32.5
沙特(轻质)	23.3	26.3	25.1	25.3
沙特(混合)	20.7	24.5	23.2	31.6
也门(麦瑞波)	31.5	30.6	23.2	14.7
英国(北海)	29.0	27.6	25.4	18.0
印尼(米纳斯)	11.9	30.2	24.8	33.1

我国原油馏分组成的一个特点是 VR 的含量都较高，<200℃的汽油馏分含量较少。

2.2.3　石油及其产品的物理性质

石油及其产品都是以烃类为主的复杂混合物，其物理性质是其中各组分性质的综合表现。石油及其产品的物理性质是评定石油产品质量和控制石油加工过程的重要指标，也是对炼油化工装置和设备进行工艺设计的重要依据。

（1）颜色和气味

石油的颜色有黑、褐、棕、绿、黄等，也有无色的。我国石油多为黑色、褐红色、绿色。大多数石油除了有颜色外还具有显著的萤光。石油的颜色浅者密度小、黏度低、油中含轻馏分多；颜色深者密度大、黏度高、油中含重馏分多。各地的石油都有自己独特的气味。当含有较多的硫化合物和氮化合物时，气味难闻。

（2）密度

密度是物质的质量与其体积的比值，其单位为 g/cm³ 或 kg/m³，通常以 ρ 来表示。由于油品的密度受温度的影响较大，故还应标明温度。如油品在 t℃ 的密度可表示为 ρ_t。我国规定油品在 20℃ 的密度称为标准密度，以 ρ_{20} 表示。相对密度是物质的密度与规定温度下水的密度之比。因水在 4℃ 的密度为 $1g/cm^3$，所以通常以 4℃ 的水为基准来表示油品的相对密度，常用 d_4^t 来表示，它在数值上等于油品 t℃ 的密度。我国常用的相对密度为 d_4^{20}，欧美各国则常用 $d_{15.6}^{15.6}$。需注意的是，气体的相对密度是标准状况（0℃，0.1013MPa）下气体密度与空气密度（1.293kg/m³）之比。另外，在欧美各国，对油品尤其是原油的相对密度还常用 API 度（°API）表示。

$$API 度 = \frac{141.5}{d_{15.6}^{15.6}} - 131.5$$

原油和油品的密度和相对密度在生产和储运中有着重要意义，在原料及产品的计量及炼油装置的设计等方面也是必不可少的。国际上计量石油一般用桶作单位，这是由于在历史上开始生产原油时用木桶装而沿用下来的。国际上以沙特的轻质原油（d_4^{20} 为 0.855）为计量的标准原油，1 桶≈0.159m³，故 1 桶原油的质量约为 136kg。

（3）蒸气压

在一定的温度下，与同种物质的液态或固态处于平衡状态的蒸气所产生的压强，称为饱和蒸气压，简称蒸气压。纯物质的蒸气压取决于其本身的特性和所处的温度，与蒸气和液（固）体的量无关。在同一温度下，沸点低的物质蒸气压高。纯物质的蒸气压随温度升高而增大。因此，蒸气压表示液体蒸发和汽化的能力。蒸气压越高，则越易汽化。

对于烃类混合物，其蒸气压不仅与温度有关，而且与其组成（或汽化率）有关。因此对石油及油品，在一定温度下，其蒸气压不是一个定值，而是随汽化率的增大不断下降。汽化率极微小（几乎等于0）时的蒸气压称为泡点蒸气压。随汽化率不断增大，液相组成逐渐变重，蒸气压也必然逐渐降低。当汽化率为100%时，最后一滴液体是最重的，蒸气压也最低，此蒸气压称为露点蒸气压。在油品规格中常用条件蒸气压，即雷德蒸气压，它是在38℃、气液体积比等于4时测定的蒸气压。雷德蒸气压的数值要比真实蒸气压小。

（4）馏程（沸程）

在一定的外压下，按规定条件加热规定量的原油或石油馏分使其汽化，当冷凝管流出第一滴冷凝液时的气相温度称为初馏点（IBP，Initial Boiling Point）；当馏出物体积为10%、20%、……、90%时的气相温度分别称为10%、20%、……、90%馏出温度，也简称10%点、20%点、……、90%点；蒸馏最后达到的最高气相温度称为终馏点或干点（EP，End Point）。初馏点到终馏点这一温度范围称为馏程或沸程。测定石油及油品的蒸馏装置有实沸点蒸馏、平衡汽化、恩氏蒸馏三种。石油及油品的馏程因所用蒸馏设备不同而各不相同。分离精确度越高的分馏设备，气相馏出温度愈接近馏出物沸点。三种蒸馏装置中以实沸点蒸馏的分离效果最好，而平衡汽化最差，因此，实沸点蒸馏的沸程最宽，平衡汽化的馏程数据较窄。

根据原油的实沸点蒸馏的馏程数据，可以大致判断其产品的分布和产率。平衡汽化的馏程数据主要由于炼油装置的工艺设计计算。而在产品质量控制、原油初步评价中，则常用比较粗略而简单的恩氏蒸馏测定馏程并表示其馏分组成。

（5）特性因数

人们在研究各族烃类的性质时发现，烃类的沸点（兰氏温标）的立方根与其相对密度成直线关系，且对不同烃类，其斜率不同。因此定义该斜率为特性因数 K，即

$$K = \frac{(T^\circ R)^{1/3}}{d_{15.6}^{15.6}} = 1.216 \frac{(T K)^{1/3}}{d_{15.6}^{15.6}}$$

研究发现，烷烃的 K 值最大，约为12.7，环烷烃次之，为11~12，芳香烃最小，为10~11。由此可见，特性因数 K 值是表征石油及其馏分烃类组成的一种特性数据。石油及其馏分的 K 值越大，则表示其中烷烃的含量越多。

（6）相关指数

相关指数（BMCI，United States Bureau of Mines Correlation Index）是一个与相对密度及沸点相关联的指标。由于芳烃的相关指数 BMCI 最高（苯约为100），环烷烃的次之（环己烷约为52），正构烷烃的最小（正己烷约为0），故 BMCI 是一个芳香性指标。BMCI 这一指标广泛用于表征裂解制乙烯原料的化学组成，BMCI 值越小，油品的石蜡性越强，芳香性越弱，乙烯收率越高；反之，BMCI 值越大，油品的石蜡性越弱，芳香性越强，乙烯收率越低。因此，BMCI 值较小的馏分油是较好的裂解制乙烯原料。

（7）平均相对分子质量

石油及其馏分的相对分子质量是其各组分相对分子质量的统计平均值，故称为平均相对分

子质量。按统计方法的不同，常用的有数均相对分子质量和重均相对分子质量两种，在炼油装置工艺计算中一般用数均相对分子质量。原油中所含化合物的相对分子质量从几十到几千，其各馏分的平均相对分子质量则随沸点升高而增大。当沸程相同时，各原油相应馏分的平均相对分子质量随原油性质的不同也不同。但石油各馏分的平均相对分子质量还是有个大致的范围，如汽油馏分约为100~120，煤油馏分约为180~200，轻柴油馏分约为220~240，低黏度润滑油馏分约为300~360，高黏度润滑油馏分约为370~500，减压渣油约为900~1100。

（8）黏度

黏度是评价油品流动性的指标之一，是润滑油的重要质量指标，也是炼油装置工艺设计计算中的重要物性参数。黏度与化学组成关系密切，反映了油品烃类组成的特征。黏度越大，油品越不容易流动。油品的黏度随温度的升高而减小，随馏分变重、密度增大、分子量增大，黏度迅速增大。含烷烃多的油品黏度越小，含胶质、沥青质多的油品黏度较大。不同产地的原油，黏度相差很大。

黏度的表示方法有动力黏度、运动黏度和条件黏度。在石油加工过程及油品质量标准中常用运动黏度(ν)，单位为 mm^2/s，$1mm^2/s = 1$ 厘斯（cSt）。

（9）低温性质

油品经常需要在较低的温度下使用或输送，在低温条件下，油品的流动性会变差，影响油品的正常使用和发动机的运行。油品的低温性质就是表征油品在低温下流动性能的指标。

表征油品低温性质的指标比较多，常见的有凝点、浊点、结晶点、冰点、倾点、冷滤点等。这些指标都须在规定仪器及规定条件下测定。在规定条件下，油品失去流动性时的最高温度称为凝点；油品能从标准仪器中流出的最低温度称为倾点；测定 20mL 试油开始不能通过 363 目/英寸^{2}过滤网时的最高温度称为冷滤点；试样由于蜡晶体的出现而呈现雾状或浑浊时的最高温度称为浊点。试样达到浊点后继续冷却，油中出现肉眼能看得见的晶体，此时的温度称为结晶点；冰点是油料在测定条件下冷却至出现结晶后，再使其升温至所形成的结晶消失时的最低温度。原油、柴油、润滑油、渣油等油品的低温性能一般用凝点、倾点来评定，对航空汽油和喷气燃料一般用结晶点、冰点来评定其低温性能，而对柴油则通常用凝点、冷滤点等来评定其低温流动性能。

（10）闪点、燃点、自燃点

闪点、燃点和自燃点是表示油品与安全性、燃烧性能有关的性质，了解这几种性质对于石油及其产品的储存、运输、使用及生产安全有极其重要的意义。

油品受热蒸发出来的油气与空气接触后，遇到明火会发生短促的闪火，能发生这种现象时的最低温度称为闪点。如继续加热，能被接触的火焰点着，并燃烧 5 秒以上的最低温度则称为燃点。将油品密闭加热至高温，然后使之与空气接触，油品因剧烈氧化而产生火焰自行燃烧的最低温度称为自燃点。

（11）残炭

在规定的条件下，将石油加热至高温，使石油最终成为焦炭。此焦炭占试验用油的质量百分数称为石油的残炭或残炭值。石油中沥青、胶质和芳烃的含量越高，残炭值越高。

（12）溶解性

石油不溶于水，能溶于有机溶剂（如氯仿、四氯化碳、苯、醇等）。油品的溶解性常用苯胺点来表示。一定混合比例的油品与溶剂，当加热至某一温度时，两者完全互溶，相界面消失，此温度称为该指定混合比例混合物的临界溶解温度。若以苯胺为溶剂，苯胺与油品以

1：1(体积)混合时的临界溶解温度则称为苯胺点。

2.2.4 石油产品简介

石油产品种类繁多、用途各异。为了与国际标准一致，我国参照 ISO 8681 标准，制定了我国石油产品总分类体系 GB/T 498，并将石油产品分为六大类，见表 2-4。值得注意的是，最新发布的 GB/T 12692.1—2010《石油产品 燃料(F 类)分类 第 1 部分：总则》中已将石油焦(即表 2-4 中的 C 类)划归为燃料(F 类)中的一组，详见表 2-5。

表 2-4 石油产品总分类

序号	类　　别	各类别含义
1	F 类	燃料
2	S 类	溶剂及化工原料
3	L 类	润滑剂和有关产品
4	W 类	蜡
5	B 类	沥青
6	C 类	焦

2.2.4.1 燃料

石油燃料占石油产品总量的 80% 以上，其中以汽油、柴油等发动机燃料为主。根据 GB/T 12692.1—2010《石油产品 燃料(F 类)分类 第 1 部分：总则》，燃料分为 G 组、L 组、D 组、R 组和 C 组五组产品，见表 2-5。在 D 组燃料产品命名中副组可选择使用，其中：副组(L)与"轻质馏分"一同使用，表示沸点在 230℃ 以下、闪点(闭口)低于室温的石脑油及汽油，本副组通常应在文本中标识出来，以便强调采取适当措施预防危险；副组(M)与"中质馏分"一同使用，表示沸点接近 150~400℃ 之间、闪点(闭口)在 38℃ 以上的煤油及瓦斯油；副组(H)与"重质馏分"一同使用，表示含有大量的沸点在 400℃ 以上、闪点(闭口)超过 60℃ 的无沥青质的燃料和原料。另外，减压瓦斯油(VGO)、闪蒸馏分、某些船用燃料及溶剂抽提物归入副组(H)。

表 2-5 石油燃料分类

组别	副组	燃料类型	组别定义
G	—	气体燃料	主要由来源于石油的甲烷和/或乙烷组成的气体燃料
L	—	液化石油气	主要由 C_3 和 C_4 烷烃或烯烃或其混合物组成，并且更高碳原子数的物质液体体积小于 5% 的气体燃料
D	(L)(M)(H)	馏分燃料	由原油加工或石油气分离所得的主要来源于石油的液体燃料。轻质或中质馏分燃料中不含加工过程的残渣，而重质馏分可含有在调合、储存和/或运输过程中引入的、规格标准限定范围内的少量残渣。具有高挥发性和很低闪点(闭口)的轻质馏分燃料要求有特殊的危险预防措施
R	—	残渣燃料	含有来源于石油加工残渣的液体燃料。规格中应限制非来源于石油的成分
C	—	石油焦	由原油或原料油深度加工所得，主要由碳组成的来源于石油的固体燃料

下面简要介绍一下几种主要馏分燃料的使用性能和质量指标。

（1）汽油

根据汽油机的工作过程和条件，对汽油机燃料的使用性能主要有以下要求：①良好的蒸发性能和可靠的燃料供给性能；②燃烧性能好，不产生爆震，以免损坏机件；③抗氧化安定性能好，在储存和输送中生成胶质的倾向小；④对发动机没有腐蚀和磨损作用；⑤不含机械杂质和水，以保证发动机正常工作。

我国车用汽油（Ⅲ）和车用汽油（Ⅳ）按其研究法辛烷值（RON）分为 90 号、93 号和 97 号三个牌号，分别适用于不同压缩比的各型汽油机。表 2-6 列出了我国车用汽油的质量标准。

表 2-6　我国车用汽油（Ⅲ）和车用汽油（Ⅳ）的质量标准（GB 17930—2011）

项　目		质量指标（Ⅲ/Ⅳ）			试 验 方 法
		90 号	93 号	97 号	
抗爆性					
研究法辛烷值（RON）	不小于	90	93	97	GB/T 5487
抗爆指数（RON+MON）/2	不小于	85	88	报告	GB/T 503、GB/T 5487
铅含量/（g/L）	不大于	0.005			GB/T 8020
馏程					GB/T 6536
10%蒸发温度/℃	不高于	70			
50%蒸发温度/℃	不高于	120			
90%蒸发温度/℃	不高于	190			
终馏点/℃	不高于	205			
残留量/%（体积分数）	不大于	2			
蒸气压/kPa					GB/T 8017
从 11 月 1 日至 4 月 30 日		不大于 88/42~85			
从 5 月 1 日至 10 月 30 日		不大于 72/40~68			
实际胶质/（mg/100mL）	不大于	5			GB/T 8019
诱导期/min	不小于	480			GB/T 8018
硫含量/（mg/kg）	不大于	150/50			SH/T 0689
硫醇（需满足下列要求之一）					
博士试验		通过			SH/T 0174
硫醇硫含量/%（质量分数）	不大于	0.001			GB/T 1792
铜片腐蚀（50℃，3h）/级	不大于	1			GB/T 5096
水溶性酸或碱		无			GB/T 259
机械杂质及水分		无			目测
苯含量/%（体积分数）	不大于	1.0			SH/T 0713
芳烃含量/%（体积分数）	不大于	40			GB/T 11132
烯烃含量/%（体积分数）	不大于	30/28			GB/T 11132
氧含量/%（质量分数）	不大于	2.7			SH/T 0663

注：对于 97 号车用汽油，在烯烃、芳烃总含量控制不变的前提下，可允许芳烃的最大值为 42%（体积分数）。

（2）喷气燃料

喷气燃料（也称航空煤油）是用作喷气发动机的燃料，其最主要的功能是通过燃烧产生热能做功，此外还用作压缩机和尾喷管某些部件的工作液体、燃油-润滑油换热器中的润滑油冷却剂以及供油部件的润滑介质等。这些功能都是在高空飞行条件下实现的，所以对喷气燃料的质量要求非常严格，以确保安全可靠。对喷气发动机燃料质量的主要要求有：①良好的燃烧性能；②适当的蒸发性；③较高的热值和密度；④良好的安定性；⑤良好的低温性；⑥无腐蚀性；⑦良好的洁净性；⑧较小的起电性和着火危险性；⑨适当的润滑性。

喷气燃料按生产方法可分为直馏喷气燃料和二次加工喷气燃料两类；按馏分的宽窄、轻重又可分为宽馏分型、煤油型及重煤油型，共分为 1 号、2 号、3 号、4 号、5 号、6 号六个牌号。3 号喷气燃料为较重煤油型燃料，民航飞机、军用飞机通用，已逐步取代了 1 号和 2 号喷气燃料，是目前产量最大的喷气燃料，其质量标准见表 2-7。

表 2-7　3 号喷气燃料质量标准（GB 6537—2006）

项　目		质量指标	试验方法
外观		室温下清澈透明，目视无不溶解水及固体物质	目测
颜色	不小于	+25 [a]	GB/T 3555
组成			
总酸值/(mgKOH/g)	不大于	0.015	GB/T 12574
芳烃含量/%(体积分数)	不大于	20.0 [b]	GB/T 11132
烯烃含量/%(体积分数)	不大于	5.0	GB/T 11132
总硫含量/%(质量分数)	不大于	0.20 [c]	GB/T 380, GB/T 11140, GB/T 17040, SH/T 0253, SH/T 0689
硫醇性硫/%(质量分数)	不大于	0.0020	GB/T 1792
或博士试验 [d]		通过	SH/T 0174
直馏组分/%(体积分数)		报告	
加氢精制组分/%(体积分数)		报告	
加氢裂化组分/%(体积分数)		报告	
挥发性			
馏程：			GB/T 6536
初馏点/℃		报告	
10%回收温度/℃	不高于	205	
20%回收温度/℃		报告	
50%回收温度/℃	不高于	232	
90%回收温度/℃		报告	
终馏点/℃	不高于	300	
残留量/%(体积分数)	不大于	1.5	
损失量/%(体积分数)	不大于	1.5	
闪点(闭口)/℃	不低于	38	GB/T 261
密度(20℃)/(kg/m^3)		775~830	GB/T 1884, GB/T 1885
流动性			
冰点/℃	不高于	-47	GB/T 2430, SH/T ×××× [e]
黏度/(mm^2/s)			GB/T 265
20℃	不小于	1.25 [f]	
-20℃	不大于	8.0	
燃烧性			
净热值/(MJ/kg)	不小于	42.8	GB/T 384 [g], GB/T 2429
烟点/mm	不小于	25.0	GB/T 382
或烟点最小为20mm时，萘系烃			
含量/%(体积分数)	不大于	3.0	SH/T 0181
或辉光值	不小于	45	GB/T 11128
腐蚀性			
铜片腐蚀(100℃，2h)/级	不大于	1	GB/T 5096

项　　目		质量指标	试验方法
银片腐蚀(50℃，4h)/级　　不大于		1 [h]	SH/T 0023
安定性			GB/T 9196
热安定性(260℃，2.5h)			
压力降/kPa　　不大于		3.3	
管壁评级		小于 3，且无孔雀蓝色或异常沉淀物	
洁净性			
实际胶质/(mg/100mL)　　不大于		7	GB/T 8019，GB/T 509 [i]
水反应			GB/T 1793
界面情况/级　　不大于		1b	
分离程度/级		2 [j]	
固体颗粒污染物含量/(mg/L)		1.0	SH/T 0093
导电性			
电导率(20℃)/(pS/m)		50~450 [k]	GB/T 6539
水分离指数			SH/T 0616
未加抗静电剂　　不小于		85	
加入抗静电剂　　不小于		70	
润滑性			
磨痕直径 WSD/mm　　不大于		0.65 [l]	SH/T 0687

注：经铜精制工艺的喷气燃料，油样应按 SH/T 0182 方法测定铜离子含量，不大于 150μg/kg。

a 对于民用航空燃料，从炼油厂输送到客户，输送过程中的颜色变化不允许超出以下要求：初始赛波特颜色大于 +25，变化不大于 8；初始赛波特颜色在 25~15 之间，变化不大于 5；初始赛波特颜色小于 15 时，变化不大于 3。

b 对于民用航空燃料规定为不大于 25.0%(体积分数)。

c 如有争议时，以 GB/T 380 为准。

d 硫醇性硫和博士试验可任做一项，当硫醇性硫和博士试验发生争议时，以硫醇性硫为准。

e 如有争议以 GB/T 2430 为准。

f 对于民用航空燃料，20℃的黏度指标不作要求。

g 如有争议时，以 GB/T 384 为准。

h 对于民用航空燃料，此项指标可不要求。

i 如有争议时，以 GB/T 8019 为准。

j 对于民用航空燃料不要求报告分离程度。

k 如燃料不要求加抗静电剂，对此项指标不作要求。燃料离厂时要求大于 150pS/m。

l 民用航空燃料要求 WSD 不大于 0.85mm。

（3）柴油

柴油是压燃式发动机的燃料。根据柴油机转速的不同，应使用不同类型的柴油。转速在 1000r/min 以上的高速柴油机使用轻柴油(现称普通柴油)，转速在 500~1000r/min 的中速柴油机和转速低于 500r/min 的低速柴油机使用重柴油。这里主要介绍轻柴油。

柴油机燃料系统中供油配件构造精密、燃烧过程短暂复杂，对柴油提出如下要求：①凝点低、黏度适中，以保证不间断地供油和雾化；②燃烧性能好，以保证在柴油机中能迅速自行发火，燃烧完全、稳定、不产生爆震；③燃烧过程中不在喷嘴上生成积炭堵塞喷油孔；④柴油及燃烧产物不腐蚀发动机零件；⑤不含有机械杂质，以免加速高压油泵和喷油嘴磨损，降低寿命或堵塞喷油嘴；⑥不含水分，以免造成柴油机运转不稳定和在低温下结冰。

我国的柴油产品分为普通柴油(GB 252—2011)和车用柴油(GB 19147—2009)。普通柴油按凝点划分为 10 号、5 号、0 号、-10 号、-20 号、-35 号和-50 号七个牌号，车用柴油按凝点划分为 5 号、0 号、-10 号、-20 号、-35 号和-50 号六个牌号。不同凝点的普通柴油和车用柴油适用于不同的地区和季节。车用柴油的质量标准见表 2-8。

表 2-8　车用柴油的质量标准(GB 19147—2009)

项　目		质量指标						试验方法
		5 号	0 号	-10 号	-20 号	-35 号	-50 号	
氧化安定性(总不溶物)/(mg/100mL)	不大于	2.5						SH/T 0175
硫含量[a]/%(质量分数)	不大于	0.035						SH/T 0689
10%蒸余物残炭[b]/%(质量分数)	不大于	0.3						GB/T 268
灰分/%(质量分数)	不大于	0.01						GB/T 508
铜片腐蚀(50℃,3h)/级	不大于	1						GB/T 5096
水分[c]/%(体积分数)	不大于	痕迹						GB/T 260
机械杂质[c]		无						GB/T 511
润滑油性								
磨痕直径(60℃)/μm	不大于	460						SH/T 0765
多环芳烃含量[d]/%(质量分数)	不大于	11						SH/T 0606
运动黏度(20℃)/(mm²/s)		3.0~8.0		2.5~8.0		1.8~7.0		GB/T 265
凝点/℃	不高于	5	0	-10	-20	-35	-50	GB/T 510
冷滤点/℃	不高于	8	4	-5	-14	-29	-44	SH/T 0248
闪点(闭口)/℃	不低于	55			50	45		GB/T 261
着火性[e](需满足下列要求之一)								
十六烷值	不小于	49			46	45		GB/T 386
十六烷指数	不小于	46			46	43		SH/T 0694
馏程								GB/T 6536
50%回收温度/℃	不高于	300						
90%回收温度/℃	不高于	355						
95%回收温度/℃	不高于	365						
密度(20℃)/(kg/m³)[f]		810~850		790~840				GB/T 1884 GB/T 1885
脂肪酸甲酯[g]/%(体积分数)	不大于	0.5						GB/T 23801

注：a 也可采用 GB/T 380、GB/T 11140 和 GB/T 17040 进行测定，结果有争议时，以 SH/T 0689 方法为准。

　　b 也可采用 GB/T 17144 进行测定，结果有争议时，以 GB/T 268 方法为准。若柴油中含有硝酸酯型十六烷值改进剂，10%蒸余物残炭的测定，应用不加硝酸酯的基础燃料进行。

　　c 可用目测法，即将试样注入 100 mL 玻璃量筒中，在室温(20℃±5℃)下观察，应当透明，没有悬浮和沉降的水分及机械杂质。结果有争议时，按 GB/T 260 或 GB/T 511 测定。

　　d 也可采用 SH/T 0806，结果有争议时，以 SH/T 0606 方法为准。

　　e 十六烷指数的测定也可采用 GB/T 11139。结果有异议时，仲裁以 GB/T 386 方法为准。

　　f 也可采用 SH/T 0604，结果有争议时，以 GB/T 1884 方法为准。

　　g 不得人为加入。

2.2.4.2　溶剂及化工原料

溶剂和化工原料一般是由石油中低沸点的直馏馏分、催化重整抽余油及其他中间产品经抽提、精馏、精制等工艺制得的产品，一般不含添加剂。

（1）石油溶剂

溶剂油是对某些物质起溶解、洗涤、萃取作用的轻质石油产品，主要用作油漆溶剂（或稀释剂）、干洗溶剂以及金属零部件的清洗剂。主要由直馏馏分或重整抽余油等经分馏和精制而成。我国油漆及清洗用溶剂油（GB 1922—2006）按产品馏程分为5个牌号：1号（中沸点）、2号（高沸点、低干点）、3号（高沸点）、4号（高沸点、高闪点）、5号（煤油型）。高沸点溶剂油按照芳烃含量进一步分为3种类型：普通型［芳烃含量（体积分数）8%~12%］、中芳型［芳烃含量（体积分数）2%~8%］、低芳型［芳烃含量（体积分数）0%~2%］；中沸点和煤油型分为中芳型和低芳型两种类型。

一般要求溶剂油具有以下特性：溶解性好，挥发性均匀，无味、无毒、无色等。

（2）化工原料

化工原料包括石油芳烃和化工轻油原料。

石油芳烃是重要的化工原料和溶剂，主要由催化重整生成油经芳烃抽提、精制等工艺制得。也可由乙烯裂解焦油、煤焦油经加氢精制、芳烃抽提、精馏等工艺制得。石油芳烃主要产品有苯、甲苯、混合二甲苯和重芳烃。

化工轻油原料是炼油过程中的中间产品，主要有石脑油、3号、4号、5号白油原料、3号软麻油以及140号化工轻油等。

2.2.4.3 润滑剂、工业用油及有关产品

润滑剂虽然数量比石油燃料少得多，但其品种繁多，应用也极为广泛。润滑剂不仅包括起润滑作用的油品，还包括一些不起润滑作用的油品，由于它们馏分相近，且生产方法基本相同，所以都归于同一类油品。

我国GB/T 7631.1—2008《润滑剂、工业用油和有关产品（L类）的分类 第一部分：总分组》根据应用场合将润滑剂、工业用油及有关产品分为18个组，其中最主要的是内燃机油、齿轮油和液压油这三大组。每一组又根据其产品的主要特征、应用场合和使用对象再详细分类。

润滑油是由基础油和添加剂组成的。对润滑油主要有以下基本性能要求：①润滑性能；②适宜的黏度；③化学安定性和热稳定性；④极压性；⑤材料适应性；⑥纯净度。评价润滑油产品质量的常用指标主要有黏度、黏度指数（Ⅵ）、闪点（开口）、倾点、凝点、水分、抗氧化安定性、机械杂质、抗乳化性、抗泡性和腐蚀性等。

2.2.4.4 石油蜡、石油沥青和石油焦

（1）石油蜡

石油蜡是从煤柴油馏分、润滑油馏分及减压渣油中制得的一类石油产品，它具有良好的绝缘性、黏结性、抗水防潮性、耐酸耐碱性及安定性等，广泛应用于轻工、化工、电子、机械、医药、食品、日用化学等行业。石油蜡主要分为石蜡、微晶蜡、液蜡、石油脂（又称凡士林）以及特种石油蜡五大类，其中石蜡和微晶蜡是基本产品，石油脂和特种石油蜡是其调合产品。石油蜡的性能指标主要有熔点（或滴点、滴熔点）、含油量、安定性等。

（2）石油沥青

石油沥青是以石油经蒸馏后得到的减压渣油为主要原料制成的一类石油产品，其外观呈黑色固体或半固体黏稠状，具有良好的黏结性、绝缘性、不渗水性，还能抵抗化学药物的浸蚀。石油沥青按其用途可分为道路沥青、建筑沥青、涂料沥青、电缆沥青和橡胶沥青，广泛

24

应用于铺路、建筑工程、水利工程、管道防腐、电器绝缘和油漆涂料等领域，其中以道路沥青和建筑沥青用量最大。石油沥青的性能指标主要有针入度、延度、软化点、蜡含量、抗老化性等。

（3）石油焦

石油焦是减压渣油在 490~550℃ 下高温分解、缩合、焦炭化后生成的固体石油产品，它是带有金属光泽、呈多孔性的无定形炭素材料，主要用于冶金、化工等部门，作为制造石墨电极或生产化工产品的原料，也可直接用作燃料。石油焦包括延迟石油焦、针状焦和特种石油焦。石油焦的主要质量指标有挥发分、硫含量、灰分等。

石油蜡、石油沥青和石油焦产品的品种和质量指标详见《石油产品国家标准汇编》。

2.2.5 原油分类及原油评价

2.2.5.1 原油的分类

为了合理地开采、集输和加工原油，就必须对原油进行分类。原油的组成极为复杂，对原油的确切分类是很困难的。化学组成的不同是原油性质差异的根本原因，所以原油分类一般倾向于化学分类，但有时为了应用方便，也采用工业分类。

（1）化学分类

原油的化学分类以化学组成为基础，利用与化学组成有直接关联的物理性质作为分类依据。最常用的化学分类法有特性因数分类及关键馏分特性分类。

① 特性因数分类。原油按特性因数的大小分为石蜡基、中间基和环烷基三种。

石蜡基原油：特性因数 $K>12.1$；

中间基原油：特性因数 $K=11.5~12.1$；

环烷基原油：特性因数 $K=10.5~11.5$。

石蜡基原油一般含烷烃量超过 50%，其特点是相对密度小，凝固点高，含硫、含胶质低。环烷基原油一般相对密度大，凝固点低。中间基原油性质介于上述二者之间。

② 关键馏分特性分类。将原油在实沸点蒸馏装置蒸馏得到的 250~275℃ 和 395~425℃ 两个馏分分别作为第一关键馏分和第二关键馏分。测定以上两个关键馏分的相对密度，对照表 2-9 中的分类指标，确定两个关键馏分的属性，然后再确定该原油的类型。例如：第一关键馏分为石蜡基，第二关键馏分为中间基，则该原油为石蜡-中间基原油；第一关键馏分和第二关键馏分均为中间基，则该原油为中间基原油。依次类推，可将原油分为石蜡基、石蜡-中间基、中间-石蜡基、中间基、中间-环烷基、环烷-中间基和环烷基这七种类型。

表 2-9 关键馏分的分类指标

关键馏分	石蜡基	中间基	环烷基
第一关键馏分 （250~275℃馏分）	$d_4^{20}<0.8210$ API 度>40 （$K>11.9$）	$d_4^{20}=0.8210~0.8562$ API 度=33~40 （$K=11.5~11.9$）	$d_4^{20}>0.8562$ API 度<33 （$K<11.5$）
第二关键馏分 （395~425℃馏分）	$d_4^{20}<0.8723$ API 度>30 （$K>12.2$）	$d_4^{20}=0.8723~0.9305$ API 度=20~30 （$K=11.5~11.2$）	$d_4^{20}>0.9305$ API 度<20 （$K<11.5$）

（2）工业分类

原油的工业分类可以作为化学分类的补充，分类的根据包括：按相对密度分类、按含硫量分类、按含氮量分类、按含蜡量分类、按含胶质量分类等。

① 按相对密度分类

轻质原油：API 度>34，$d_4^{20}<0.852$；

中质原油：API 度 = 34~20，$d_4^{20} = 0.852 ~ 0.930$；

重质原油：API 度 = 20~10，$d_4^{20} = 0.931 ~ 0.998$；

超重质原油：API 度<10，$d_4^{20}>0.998$。

② 按硫含量分类

低硫原油：硫含量<0.5%；

含硫原油：硫含量 0.5%~2.0%；

高硫原油：硫含量>2.0%。

2.2.5.2 原油评价

原油评价是对原油的一般性质及特点进行一系列化验分析得出的数据和结论。可根据实际需要进行简单评价和综合评价。原油的综合评价结果是确定原油加工方案总流程及产品方案的重要依据。原油综合评价的内容包括：

① 原油的一般性质分析。未脱水原油测定其水分、盐含量和机械杂质；脱水后原油（含水量<0.5%）测定其密度、黏度、凝点或倾点、蜡含量、胶质、沥青质、残炭、灰分、元素分析、微量金属及馏程等。

② 原油实沸点蒸馏及窄馏分性质测定。脱水原油经实沸点蒸馏按每 3%~5%收率或20~30℃沸点范围切割成若干窄馏分，得到馏分组成数据。测定每个窄馏分的性质，计算各馏分的特性因数、相关指数及结构族组成，以表和图的形式表示。

③ 直馏馏分的切割与分析。将原油切割成汽油、煤油、柴油以及重整原料、裂解原料和裂化原料等馏分，测定其主要性质，分析其烃族组成。

④ 不同拔出深度的重油和渣油的性质测定。

⑤ 润滑油、石油蜡的潜含量测定及其性质分析。

⑥ 测定原油的平衡汽化数据，作出平衡汽化率与温度关系曲线。

在实际工作中，可根据具体情况对上述基本内容进行增减。

2.3　炼油化工过程的加工总流程

2.3.1　原油的加工方案

原油加工方案，其基本内容是生产什么产品及用什么加工过程来生产这些产品。原油加工方案的确定是以原油的综合评价结果为基本依据，综合考虑市场对产品的需求、技术的先进性、生产的灵活性以及经济的合理性等因素所得到的结果。

原油加工方案根据生产的目的产品不同，大体上可分为燃料型、燃料-润滑油型、燃料-化工型三种基本类型。燃料型加工方案的主要产品是用作燃料的石油产品。燃料-润滑油型加工方案除了生产燃料产品外，部分或大部分减压馏分油和减压渣油还用于生产各种润滑油产品。燃料-化工型除了生产燃料产品外，还生产化工原料及化工产品，例如烯烃、芳烃、聚合物单体等。

2.3.2 几种典型的原油加工流程

(1) 燃料型加工流程

图 2-1 是一种典型的燃料型炼油厂的加工流程。常压蒸馏生产直馏汽油、煤油和柴油，直馏汽油馏分送去催化重整装置，生产高辛烷值汽油组分和芳烃。减压蒸馏的馏分油可用作催化裂化和加氢裂化的原料，从催化裂化装置生产液化气、高辛烷值汽油和柴油，从加氢裂化装置生产优质的中间馏分油(煤油和柴油馏分)。减压渣油去焦化生产焦炭，焦化装置的副产品——馏分油可根据原油性质不同，用作催化原料或进行加氢精制，亦可直接混入燃料油中。减压渣油也可经加氢处理后作为裂解原料，或经氧化沥青装置生产石油沥青，或直接作为燃料油。

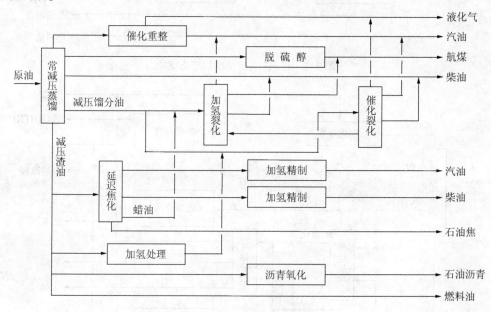

图 2-1　燃料型加工方案

(2) 燃料-润滑油型加工流程

图 2-2 是燃料-润滑油型炼油厂的典型加工流程，它与燃料型炼厂加工流程的主要差别在于减压馏分油不仅用来作裂化原料，还有一部分经过溶剂脱蜡、溶剂精制、白土精制或加氢补充精制以及调合等步骤之后，生产润滑油基础油，然后加入各种添加剂生产成品润滑油。此外，减压渣油经脱沥青后，还可生产高黏度润滑油馏分和沥青原料。

需要指出的是，此种流程应考虑采用适合于生产润滑油料的原油，如大庆原油和克拉玛依原油。在这种流程中，由于原料的一部分用于生产润滑油，所以轻质油(燃料)收率相应会有所降低。

(3) 燃料-化工型加工流程

图 2-3 所示为燃料-化工型炼厂的典型加工流程。这种方案除生产石油燃料外，还利用催化重整装置生产苯、甲苯、二甲苯，催化裂化气体来生产丙烯、丁烯等作为生产各种化工产品的原料，如合成纤维、合成塑料、合成橡胶、合成氨以及各种有机溶剂等。

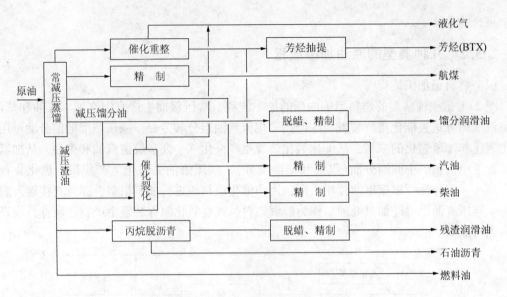

图 2-2　燃料-润滑油型加工方案

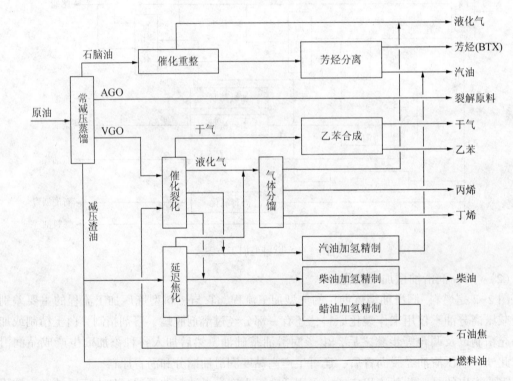

图 2-3　燃料-化工型加工方案

由于石油是有机合成工业的主要原料，因此，目前炼油厂也已逐渐从单纯生产石油产品的工厂转变为综合利用石油资源的炼油化工一体化企业。燃料-化工型加工方案体现了充分合理利用石油资源的要求，是提高炼厂经济效益的重要途径，也是石油加工的发展方向。

2.3.3　石油化工过程的加工流程

石油化工包括基本有机化工、有机化工和高分子化工三大过程。石油化工的生产环节

28

多，总加工流程很长，其中基本有机原料生产是整个石油化工的基础和根本。在基本有机原料生产过程中，乙烯装置在生产乙烯的同时，还副产大量的丙烯、丁烯、丁二烯、苯、甲苯和二甲苯，是石油化工基础原料的主要来源，也是衡量一个国家和地区石油化工生产水平的标志。因此，这里主要介绍石油烃类通过乙烯生产装置获得三烯、三苯的生产流程，以三烯、三苯等为原料进一步制备相应的系列产品的方法和过程可参见相关文献资料。

图2-4是石油烃类经蒸汽裂解制三烯、三苯过程示意图。该工艺过程主要包括裂解炉蒸汽裂解、油气急冷、油气分馏、气体净化、气体分离、汽油加氢、芳烃抽提等。

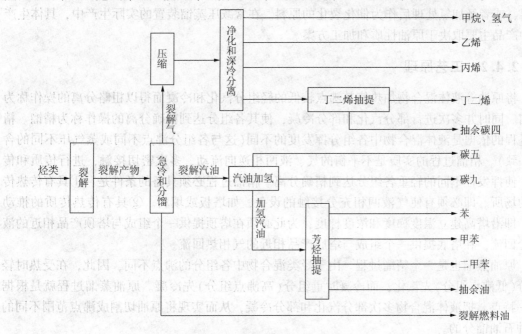

图2-4　烃类裂解制三烯、三苯过程

2.4　常减压蒸馏

原油的常减压蒸馏是指用蒸馏的方法将原油按照所制定的产品方案分离切割成直馏汽油、煤油、轻柴油或重柴油馏分以及减压馏分油和渣油等馏分的工艺过程。常减压蒸馏是石油加工过程中的第一个工序，即原油的一次加工，在原油加工总流程中有重要作用，因此常被称之为炼油厂的"龙头"装置。一般来说，原油经常减压蒸馏装置加工后，只有少部分半成品(如煤油和柴油馏分)经过适当精制和调合后可作为合格产品，大部分将作为下游二次加工装置或化工装置的原料，如重整原料、乙烯裂解原料、催化裂化原料、加氢裂化原料或润滑油生产原料等，以便进一步提高轻质油收率，改善产品质量。

2.4.1　原料和产品

常减压蒸馏装置的原料是原油。原油的化学组成复杂，种类很多，且不同种类的原油其化学组成差别可能会很大，因此掌握原油的组成和基本性质对于指导常减压装置生产，控制产品质量是非常重要的。

常减压蒸馏装置可以从原油中分离出各种沸点范围的产品和二次加工的原料。当设置初馏塔时，初馏塔顶可分离出石脑油馏分。常压塔可生产如下产品：塔顶生产石脑油，可与初顶油一起作为催化重整、裂解制乙烯或制氢等的原料或溶剂油；常压侧线出煤、柴油馏分，经精制后作为喷气燃料、柴油产品，是优质的发动机燃料；常压瓦斯油也可作为分子筛料、溶剂油或乙烯裂解原料，常三线或常四线还可作为润滑油基础油的原料；常压塔底的常压渣油作为减压蒸馏的原料，或者经加氢处理后作为催化裂化的原料。减压塔可生产如下产品：减压各侧线油可作为催化裂化原料（有些需经加氢处理）、加氢裂化原料、润滑油基础油原料或石蜡原料；减压塔底的减压渣油可作为溶剂脱沥青、焦化、氧化沥青等重油加工装置的原料，或者经加氢处理后作为催化裂化的原料。在常减压蒸馏装置的实际生产中，具体生产何种产品主要取决于原油性质和加工方案。

2.4.2　工艺原理

将原油等液体混合物加热使其沸点较低的轻组分汽化和冷凝而得以粗略分离的操作称为蒸馏。同时并多次进行部分汽化和部分冷凝，使其各组分达到精确分离的操作称为精馏。精馏过程的依据是液体混合物中各组分挥发度的不同（这与各组分沸点不同或蒸气压不同的含义一致）。精馏过程的实质是不平衡的气、液两相逆向流动，多次密切接触，进行传质和传热，使挥发性不同的轻重各组分达到精确分离。精馏过程必须具备的条件是：①具有传热传质的场所。即必须有使气液两相充分接触的设备，如塔板或填料。②具有传热传质的推动力。即沿塔高建立温度梯度和浓度梯度，为此必须在塔顶提供一个组成与塔顶产品相近的液相冷回流，在塔底提供一个组成与塔底产品相近的气相热回流。

原油蒸馏也是一个精馏过程。由于烃类混合物中各组分的沸点不同，因此，在受热时轻组分（低沸点组分）先汽化，而冷凝时重组分（高沸点组分）先冷凝。原油蒸馏过程就是根据这一特点，把液体混合物多次部分汽化和部分冷凝，从而实现将原油切割成沸点范围不同的各种石油馏分的。

2.4.3　工艺流程

常减压蒸馏装置一般包括电脱盐、常压蒸馏和减压蒸馏三部分。根据目的产品的不同，常减压蒸馏装置可分为燃料型、燃料-润滑油型和燃料-化工型三种类型，这三者在工艺过程上并无本质区别，只是在侧线数目和分馏精度上有些差异。根据汽化段数的不同，常减压蒸馏装置可分为二段汽化流程（预汽化-常压蒸馏或常压蒸馏-减压蒸馏）、三段汽化流程（预汽化-常压蒸馏-减压蒸馏或常压蒸馏——级减压-二级减压）等类型。国内大型炼油厂的原油蒸馏多采用典型的三段汽化流程，即预汽化-常压蒸馏-减压蒸馏流程。

（1）工艺流程简述

常减压蒸馏装置典型的三段汽化流程如图 2-5 所示。

原油用泵自原油罐抽入装置，注入适量的破乳剂和水，送经一系列换热器换热至110～140℃后，进入电脱盐罐以脱除其中的盐和水。脱盐脱水后原油用泵送经一系列换热器与本装置产品热油换热至 210～250℃后进入初馏塔。自初馏塔塔顶拔出轻汽油馏分（或重整原料），经冷凝冷却后进入回流罐，切水后一部分送回塔顶作回流，另一部分作为产品出装置。初馏塔底的拔头油用泵送经换热器进一步换热升温后，进入常压加热炉被加热至 360～370℃进入常压塔。

原油经过常压塔的精馏，塔顶馏出汽油馏分（或重整原料），经冷凝冷却后，一部分送

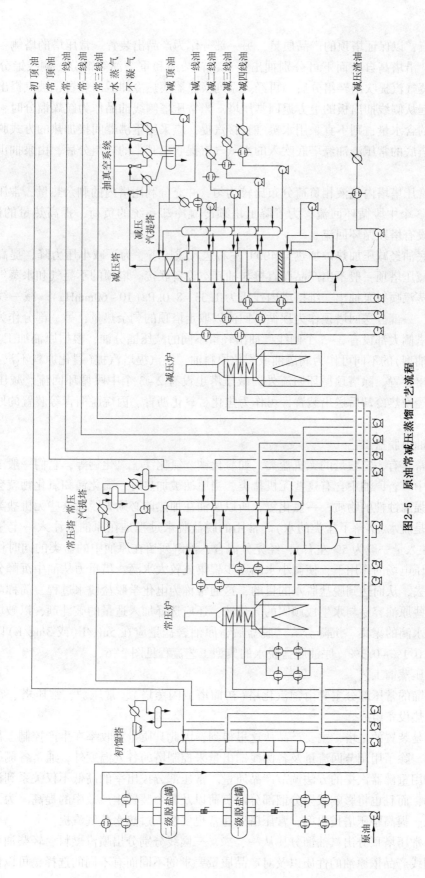

初顶油 常顶油 常一线油 常二线油 常三线油 水蒸气 不凝气 减顶油 减一线油 减二线油 减三线油 减四线油 减压渣油

抽真空系统

减压汽提塔

减压塔

减压炉

常压塔 常压汽提塔

常压炉

初馏塔

二级脱盐罐 一级脱盐罐

原油

图2-5 原油常减压蒸馏工艺流程

回塔顶作回流，以保证塔顶的产品质量，另一部分作为产品出装置。常压塔的塔侧一般设有3~5个侧线，沿塔高自上而下可分别抽出煤油、轻柴油和重柴油等馏分，侧线馏分经汽提塔用过热水蒸气汽提吹出轻组分后，再经一系列换热器换热冷却后出装置，被汽提的油气和水蒸气一起从侧线抽出板的上方返回常压塔。当常压塔侧线油品作为航煤馏分时，为了严格控制航煤的含水量，则不宜采用水蒸气直接汽提，应采用重沸器间接加热的方式脱除其中的轻组分。塔底的常压渣油经塔底吹入的水蒸气汽提吹出其中的轻组分后，由泵抽出送至减压加热炉。

为了使常压塔塔内气液相负荷分布比较均匀，并充分利用塔内的剩余热量，常压塔塔侧一般设有2~3个中段循环回流。为了降低塔顶冷凝冷却系统的负荷，提高热量的回收率，有些装置还设有塔顶循环回流。

常压塔底油经减压加热炉加热至400℃左右送入减压塔。为了减小压力降，提高减压塔顶真空度，减压塔顶一般不出产品而直接与抽真空设备联接。塔顶的不凝气和水蒸气经冷凝冷却后，由蒸汽喷射泵抽出，维持塔内残压为1.33~8.0kPa(10~60mmHg)。减一线油抽出并经冷却后，一部分送回塔顶作为顶循环回流以取走塔顶的剩余热量，另一部分作为产品出装置。减压塔侧大都设有3~5个侧线，抽出轻重不同的减压馏分油，根据原油加工方案(燃料型或润滑油型)的不同可作为润滑油或裂化原料油，经汽提塔汽提(裂化原料不汽提)、换热、冷却后出装置。除塔顶循环回流外，减压塔也设有2~3个中段循环回流。减压塔底渣油用泵抽出经换热冷却后送出装置，可作为焦化、氧化沥青、丙烷脱沥青等装置的原料或作为燃料油。

（2）原油电脱盐工艺

原油通常含有一定数量的无机盐类，如氯化钠、氯化镁、氯化钙等，它们一般溶解于原油所含的水中。若原油中含有这些无机盐类，当原油被加热时，氯化镁和氯化钙就会水解生成对设备有强腐蚀性的物质——氯化氢，所以原油在加热前必须先脱除这些无机盐类，而脱盐实际上就是脱水(溶解了盐类的水)。常用的脱盐脱水过程是在原油中注入一定量含氯低的新鲜水(注入量一般为5%左右)，经充分混合，溶解残留在原油中的盐类的同时稀释原有盐水，在高压电场的作用下，使微小水滴逐步聚集成较大水滴，借重力从油中沉降分离，盐也随之而除去，从而达到脱盐脱水的目的，这通常称为电化学脱盐脱水过程，简称电脱盐过程。对于某些原油容易与水生成顽固的乳化液，还应选择加入适量的破乳剂，以破坏油水界面膜，加速水滴的聚集、沉降分离。脱盐后，原油含盐量应在5mg/L(或3mg/L)以下，含水量降低到0.1%~0.2%。原油脱盐脱水的典型工艺流程见图2-6。

（3）常压蒸馏工艺

原油蒸馏的常压部分主要由预汽化塔(初馏塔或闪蒸塔)、常压炉、常压塔、常压汽提塔和一些换热设备组成。

常压塔是装置的主塔，主要产品从这里得到，因此其质量和收率在生产控制上都应给予足够的重视。除了用调节回流量及各侧线馏出量来控制塔的各处温度外，通常各侧线都设有汽提塔或采用重沸器汽提的方法调节产品质量。常压部分拔出率的高低不仅关系到该塔产品质量与收率，而且也将影响减压分馏部分的负荷以及整个装置生产效率的提高。为了降低塔内油气分压、提高常压塔拔出率，常压塔底通常也要吹入过热水蒸气汽提。

一般从常压塔顶分出汽油馏分，从一、二、三侧线分别分出喷汽燃料、轻柴油和重柴油等馏分。侧线产品依原油的性质以及对产品质量要求的不同而有不同的选择，可以做灵活调

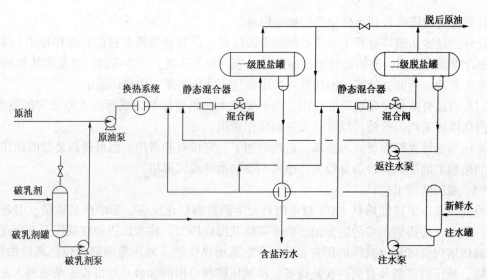

图 2-6 原油二级电脱盐工艺流程

整。常压汽提塔用来除去侧线产品中的过轻组分以提高该产品的闪点。如对闪点无严格要求，或产品还要进一步加工，也可取消汽提塔，有些侧线产品(如航空煤油)对冰点有严格要求，则不宜采用水蒸气进行汽提，而应采用再沸器进行汽提。

原油蒸馏过程中有大量的剩余热量需要取走，除塔顶冷回流外，常压塔通常还设有2~3个中段循环回流，其作用有两个，一是取走塔内过剩的热量，减小塔顶冷却负荷，节约能源；二是使塔内的汽液相负荷均匀，在设计时可减小塔径，节约设备投资。

我国原油蒸馏装置的常压部分一般均在常压塔前设置预汽化塔(初馏塔或闪蒸塔)。初馏塔与闪蒸塔的差别在于，前者是精馏塔，塔内装有塔盘，塔顶设冷凝和回流设施，塔顶出产品；而后者只是一个闪蒸罐，塔顶蒸气直接进入常压塔中上部。常压部分设置初馏塔主要有以下作用：

① 减轻设备负荷。原油在经换热升温时，其中的轻质馏分将逐渐汽化，原油通过系统管路的流动阻力就会增大，因此在处理轻馏分含量高的原油时设置初馏塔，将换热后的原油在初馏塔中分出部分轻馏分再进常压加热炉，这样可显著减小换热系统尽力降，避免原油泵出口压力过高，减少动力消耗和设备泄漏的可能性。一般认为原油中汽油馏分含量接近或超过20%就应考虑设置初馏塔。

② 稳定常压塔操作。当原油脱盐脱水效果不好，在原油被加热时，水分汽化会增大流动阻力及引起系统操作不稳。水分汽化的同时盐分析出附着在换热器和加热炉管壁影响传热，甚至堵塞管路。采用初馏塔可避免或减小上述不良影响。初馏塔的脱水作用对稳定常压塔以及整个装置操作十分重要。

③ 减轻常压塔顶腐蚀。在加工含硫、含盐高的原油时，虽然采取了一定的防腐措施，但很难彻底解决塔顶和冷凝系统的腐蚀问题。设置初馏塔后它将承受大部分腐蚀而减轻主塔(常压塔)塔顶系统腐蚀，经济上是合算的。

④ 提供重整原料的需要。汽油馏分中砷含量取决于原油砷含量以及原油被加热的程度，如作重整原料，砷是重整催化剂的严重毒物。例如加工大庆原油时，初馏塔的进料经换热后温度达230℃左右，此时初馏塔顶重整原料砷含量<200μg/kg，而常压塔进料因经过加热炉加热温度达370℃，常压塔顶汽油馏分砷含量达1500μg/kg。当处理砷含量高的原油时，蒸

馏装置设置初馏塔可得到含砷量低的重整原料。

此外，设置初馏塔有利于装置处理能力的提高，设置初馏塔并提高其操作压力(例如达0.3MPa)能减少塔顶回流油罐轻质汽油的损失等。为了节能，一些炼油厂对蒸馏装置的流程作了某些改动。例如初馏塔开侧线并将馏出油送入常压塔第一中段回流中。

闪蒸塔也有减轻设备负荷的作用，当不要求生产重整原料，或所加工原油含砷量低时，则预汽化塔可采用闪蒸塔，以节省设备和操作费用。

常压部分设置初馏塔或闪蒸塔，虽然增加了一定投资和费用，但可提高装置的操作适应性。如果加工的原油含轻馏分很少，也可不设初馏塔或闪蒸塔。

(4) 减压蒸馏工艺

原油在常压下被加热至400℃以上时会发生严重的裂化反应，影响产品质量，引起炉管结焦。因此，为得到更多的馏分油，就需要降低操作压力，将常压渣油在减压下进行蒸馏。

减压塔内负压是由减压塔顶安装的抽真空系统提供的。减压蒸馏部分包括减压加热炉、减压塔、减压汽提塔及有关的换热设备。从减压塔顶分出的馏分一般可作为柴油混入常压三线油中。减压一线可作为裂化原料，二、三、四线可生产润滑油料。如不生产润滑油则可只开两个侧线生产裂化原料。减底渣油可作为自用燃料和商品燃料，也可以作为生产沥青的原料。若渣油送去丙烷脱沥青装置，除生产沥青原料外，还可得到一些宝贵的重质润滑油(如过热汽缸油)原料。

原油的减压蒸馏系统按操作条件，主要分"湿式"减压蒸馏和"干式"减压蒸馏两种。

"湿式"减压蒸馏保留了老式减压蒸馏在辐射炉管入口和塔底吹蒸汽的传统操作法来降低油气分压，故称"湿式"。

"干式"减压蒸馏是在减压炉管内和减压塔底不吹入蒸汽的操作法，故称"干式"。我国现在已有十几套燃料型原油蒸馏装置采用"干式"减压蒸馏。由于所有减压蒸馏都要求在油料不发生裂解的温度下尽量提高拔出率，故适用于"湿式"减压蒸馏的某些技术措施，如减压炉管逐级扩径，采用低速转油线等，也适用于"干式"减压蒸馏。除此之外，"干式"减压蒸馏还采用了下列技术措施：

① 采用全填料型减压塔，以降低全塔压降。我国早期采用的填料有矩鞍环、阶梯环和格里奇格栅填料等，现基本都采用规整波纹填料。如某厂采用全填料减压塔后，其闪蒸段的残压可降低到2.4kPa，而改造前板式减压塔(湿式操作时)闪蒸段的残压为14.27kPa。

② 减压塔顶采用三级抽空。由于干式减压蒸馏不凝气少，炉管和塔底不吹蒸汽，采用三级抽空器后，减压塔顶的残压可降到1.0kPa左右，而同一减压塔按湿式操作，两级抽空时，塔顶残压为4.73kPa。

(5) 常减压蒸馏装置的设备防腐

原油中所含硫化物、盐类、有机酸和氮化物等都具有腐蚀性。通常认为原油含硫0.5%以上，酸值0.5mgKOH/g以上，脱盐又未达到5mg/L以下时，在蒸馏过程中将对设备、管线产生较严重的腐蚀。常减压装置的腐蚀主要有盐类腐蚀、环烷酸腐蚀、硫腐蚀三类。三种腐蚀类型的机理不同，腐蚀区域不同，防护方法亦不同。

盐类腐蚀主要表现为"H_2S-HCl-H_2O"腐蚀，主要发生在初馏塔、常压塔和减压塔≤150℃的顶循环以上的塔板塔壁、塔顶油气线和冷却系统中的低温部位。环烷酸腐蚀通常发生在酸值>0.5mgKOH/g，温度在250~280℃、350~400℃之间高流速部位的工艺介质之中，如常压柴油到减压蜡油部位。硫腐蚀多发生于常压塔底、减压塔底、加热炉管、转油线、重油管线、重油机泵的叶轮等高温重油部位。

为了防止和减轻设备、管线的腐蚀，可以有针对性地采取多种措施。防护措施可分为工艺防腐和设备防腐两种。

设备防腐主要指在装置初建或检修中对设备的材质进行适当的选择，以抵抗腐蚀。

日常生产中，为了控制蒸馏装置的塔顶低温电化学腐蚀，最有效的手段就是工艺防腐，一般都采用"一脱三注"——原油深度电脱盐，塔顶挥发线注氨、注缓蚀剂、注水。"一脱三注"位置见图 2-7。

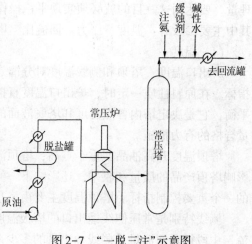

图 2-7 "一脱三注"示意图

① 原油电脱盐 原油电脱盐是控制腐蚀的关键一步，充分脱除水解后产生氯化氢的盐类是防止腐蚀的治本办法，通过有效的脱盐，实现脱后原油含盐 3mg/L 以下，即可对低温部位腐蚀进行有效的控制。但是完全脱盐会加重高温部位的硫腐蚀，因为氯化物对高温硫腐蚀有抑制作用，因此脱后含盐控制在 5mg/L 是比较合理的。

② 塔顶馏出线注氨 蒸馏塔顶系统腐蚀的关键问题之一是 pH 值控制。注入的氨作为一种中和剂，可以中和塔顶馏出系统中残存的 HCl、H_2S，调节塔顶馏出系统冷凝水的 pH 值，以减轻腐蚀和发挥缓蚀剂的作用。注氨量可根据塔顶回流罐冷凝水的 pH 值要求(例如在 7.5~8.5)来调节注氨量。注氨不利之处是在换热器表面形成固体氯化铵而影响传热，引起堵塞，更严重的是造成垢下腐蚀。近年来国外有采用氨与有机胺的混合物作中和剂，或研制某些既能中和又起缓蚀作用的新剂。

③ 塔顶馏出线注缓蚀剂 缓蚀剂能在金属表面形成一层保护膜，抑制腐蚀介质对金属侵蚀。有硫化氢存在时，能起作用的一般是脂肪胺、脂肪酸酰胺等。胺类的功效取决于 pH 值，现在多数炼厂注氨与注缓蚀剂同时进行。注氨用以控制 pH 值，注缓蚀剂则给金属提供保护，因为当缓蚀剂起作用时，胺类的极性基团吸附在金属表面形成一层保护膜，而有机胺上的烃基对金属起遮蔽作用。缓蚀剂注入量一般为塔顶冷凝水量的 $(10~15) \times 10^{-6}$(质量分数，下同)或塔顶总馏出物的 0.5×10^{-6}。

④ 塔顶馏出线注水 在挥发线上注水，可使冷凝冷却器的露点部位外移以保护冷凝设备。同时，注氨后塔顶馏出系统会出现氯化铵沉积，既影响冷凝冷却器传热效果，又会引起设备的垢下腐蚀，故需用注水洗涤加以解决。注水量不要长时间固定一个量，每隔一段时间调整一次。注水量要尽量大些，提高露点处的 pH 值。一般三注按流程走向的顺序是注氨、注缓蚀剂、注水。

对于高温腐蚀，根据腐蚀机理分析，目前控制高温腐蚀环境的工艺对策主要有混炼和注高温缓蚀剂两种方法。原油的酸值易于通过稀释加以降低，因此混炼不失为一种较好的防止高温腐蚀的方法，即不需要额外支出或投资，只需在计划和运行上作些额外的努力。使用油溶性缓蚀剂(使用温度范围为 316~400℃)和原油脱酸(工业上从油中萃取环烷酸)等方法属于新技术。

2.4.4 常减压蒸馏装置的操作参数与调节

常减压蒸馏装置的生产要求是优质、高产、低能耗，即在保证产品质量的前提下加大处理量。要达到这一目的就必须实现平稳操作。影响常减压蒸馏装置操作的因素是多方面的，其中主要参数有：温度、压力、回流比、塔内气体流速和水蒸气量等。

（1）温度

炉出口温度、塔顶和侧线温度对分馏效果的影响很大，是需要严格控制以求平稳的工艺指标。在原料性质一定时，炉出口温度直接影响着原油的汽化量，从而也就决定了塔内的热平衡，它是决定塔内各点温度和塔底液面的关键参数，此温度调节及时并平稳是保证产品质量合格的有力措施。

塔顶温度升高油品变重干点高，塔顶温度降低油品变轻干点低。由于塔顶温度不但直接影响塔顶产品的质量和收率，还影响下一侧线的产品质量和收率，所以塔顶温度也是分馏塔的一个重要控制指标。塔顶温度主要由塔顶回流量来调节。

侧线特别是常压侧线馏出口的塔板温度直接影响产品质量，要求很严格，一般以塔顶回流、中段循环回流量及侧线抽出量的多少来调节控制。

塔内各点温度在很大程度上反映了塔内各点油品的组成情况，是调节操作的可靠依据。有经验的操作人员不但在平稳操作时要经常观察塔内各点的温度是否在指标范围之内，而且在调节操作时尤其要密切注意调节后温度所产生的相应变化。

（2）压力

压力对油品的相对挥发度有着显著的影响。压力低有利于各馏分的分离，而且由于油品在较低压力下沸腾需要消耗的热量少，这是有利的方面。但压力稍高些也有好处，压力高时同样质量油蒸气的体积缩小了，可降低塔内气体的流速，有利于提高装置的处理能力，所以要根据不同的情况分别对待。在原油蒸馏中，根据原料的轻重一般常压塔顶压力采用 $0.02 \sim 0.04$ MPa，减压塔顶残压采用 $5.3 \sim 6.7$ kPa（$40 \sim 50$ mmHg）。压力的控制主要是保持系统的压力平衡，尤其是减压塔，真空度的变化直接影响到减压馏分油的质量，要特别控制好。

（3）回流比

回流提供了塔内气液两相互相接触的必要条件，回流比的大小直接影响分馏效果的好坏，塔顶回流也是控制塔顶温度的主要手段。要改善蒸馏塔各馏出线间的分馏精确度，可借助于改变塔顶回流比实现。但回流比不能过大，过大则使塔内蒸气量及气速都增加，反而造成雾沫夹带或液泛，使分离效果恶化，塔板效率下降。同时，大量回流在塔内循环，也降低了塔的处理能力。对一般的原油分馏塔，塔顶回流比的大小是由全塔热平衡决定，允许调节变化的范围很小。

（4）塔内蒸气速度

塔内上升蒸气是由油气和水蒸气两部分组成，在稳定操作时，上升蒸气量不变，上升蒸气的速度也是一定的。在塔的操作过程中，如果塔内压力降低了，进料量或进料温度增高了，吹入水蒸气量上升了，都会使蒸气上升速度增加，严重时，雾沫夹带现象严重，影响分馏效率。相反，又会因蒸气速度降低造成塔盘漏液，使塔板效率降低。因此，塔内需要维持一定的蒸气线速。在操作中，应该使蒸气线速在不超过允许速度（即不致引起严重雾沫夹带现象的速度）的前提下，尽可能地提高蒸气线速，这样既不影响产品质量，又可以充分提高设备的处理能力。对不同类型的塔板，允许的蒸气速度也不同，以浮阀塔板为例，常压塔一般为 0.8~1.1m/s，减压塔为 1.0~3.5m/s。

（5）水蒸气量

在蒸馏操作中，吹入水蒸气的主要作用是汽提轻组分和降低油气分压。吹入的水蒸气量过小会影响分馏塔的拔出率，过大会造成塔内蒸气线速度过高，增加塔的气相负荷及冷凝冷却器的负荷。某一侧线汽提蒸汽量加大后，除了对本侧线油品的汽提作用加强外，同时对本侧线及其以上各侧线均有降低油气分压的作用。因此，蒸汽的吹入量在操作中也是调节产品质量的有效手段之一。分馏塔底过热水蒸气注入量约为塔进料量的 1%~2%，侧线产品汽提蒸汽量约为该侧线产品量的 2%~3%。常减压装置采用的汽提蒸汽一般是压力为 0.3MPa、温度为 420℃的过热水蒸气。

上面讨论了影响常减压装置平稳操作的主要因素。蒸馏是物理加工过程，没有化学变化，当原料性质一定时，只要控制好物料和热量的平衡，生产就很容易稳定下来。其中，炉出口温度、塔顶温度、塔底液面、塔顶压力及真空度等关键因素对装置平稳操作影响很大，不能轻易作为调节手段，否则就会对全装置平衡操作造成困难。

2.4.5 常减压蒸馏装置的主要工艺控制指标

常减压蒸馏装置的主要操作条件和工艺控制指标因原油性质、工艺技术、生产方案等的不同而各异，但各装置的差别不会很大。表 2-10 列出了某石化公司常减压蒸馏装置加工伊朗轻质原油时的主要工艺控制指标，仅供参考。

表 2-10　常减压蒸馏装置的主要工艺控制指标

项　　目	指标	项　　目	指标
电脱盐入罐温度/℃	110~140	常二中回流温度(出/入)/℃	277/192
电脱盐罐压力(二级罐)/MPa	1.15	常压炉出口温度/℃	361
电脱盐注水量/%	4~6	常压炉炉膛温度/℃	≥830
电脱盐破乳剂加入量/%	0.0005	减压塔塔顶真空度/kPa	99.2
初馏塔塔顶压力/MPa	0.45	减压塔进料温度/℃	371
初馏塔塔顶温度/℃	159	减压塔塔顶温度/℃	48
初馏塔进料温度/℃	220	减一线抽出温度/℃	140
常压塔塔顶压力/MPa	0.088	减二线抽出温度/℃	247
常压塔进料温度/℃	358	减三线抽出温度/℃	308
常压塔塔顶温度/℃	126	减一中回流温度(出/入)/℃	247/146
常一线抽出温度/℃	180	减二中回流温度(出/入)/℃	308/191
常二线抽出温度/℃	250	减压炉出口温度/℃	371
常三线抽出温度/℃	325	减压炉炉膛温度/℃	≥830
常一中回流温度(出/入)/℃	210/162		

2.5　催化裂化

催化裂化是炼油厂中提高原油加工深度、生产高辛烷值汽油、柴油和液化石油气（简称液化气）的最重要的一种重油轻质化工艺过程。

我国第一套移动床催化裂化装置于 1958 年在兰州炼油厂建成投产。第一套同高并列式流化催化裂化（FCCU）装置于 1965 年 5 月在抚顺石化公司石油二厂建成投产。从 20 世纪 70

年代初以来，我国又相继开发了适应沸石催化剂特点的各种提升管催化裂化装置。如用VGO为原料，采用择形分子筛催化剂，以最大量生产丙烯和丁烯的DCC催化装置；采用RMG催化剂，以重质油(馏分油、掺渣油、常渣和原油)为原料，最大量生产液化气和高辛烷值汽油为目的的MGG工艺；兼有催化裂化及汽油改质并增产气体烯烃功能的灵活双效催化裂化(FDFCC)工艺；用重油原料在性能良好的接触剂上直接裂解制取乙烯，并兼有产丙烯、丁烯和BTX等轻芳烃的重油直接裂解制乙烯(HCC)工艺；以重质油为原料，制取低碳烯烃(乙烯和丙烯)的催化热裂解(CPP)工艺；裂化反应和转化反应(氢转移和异构化反应)分区进行，实现可控性和选择性地进行裂化反应、氢转移反应和异构化反应，降低汽油烯烃，多产异构烷烃的催化裂化(MIP)工艺；具有提高轻油收率、提高液收兼顾降烯烃、降低催化汽油烯烃、多产丙烯和柴油等特点的两段提升管催化裂化(TSRFCC)系列技术等。在催化剂再生方面，我国已掌握了三种床型(鼓泡床、湍流床、快速床)、两种方式(完全和不完全燃烧)以及单段再生、两段再生和烧焦罐再生等各种组合形式的再生技术。

五十多年来，我国催化裂化技术和生产规模发展异常迅速，总加工能力已从1985年的26.5Mt/a增长到2011年已超过160Mt/a，总加工能力仅次于美国而位居世界第二。

2.5.1 原料和产品

(1) 原料

催化裂化的原料范围广泛，可分为馏分油和渣油两大类。馏分油主要是直馏减压馏分油(VGO)，馏程350~500℃，也包括少量的二次加工重馏分油如焦化蜡油(CGO)、脱沥青油(DAO)等；渣油主要是减压渣油、加氢处理渣油等。渣油都是以一定的比例掺入到减压馏分油中进行加工，其掺入的比例主要受制于原料的金属含量和残炭值。对于一些金属含量很低的石蜡基原油也可以直接用常压渣油作为原料。当减压馏分油中掺入渣油时则通称为重油催化裂化(RFCC)，1995年之后我国新建的装置均为掺炼渣油的RFCC。

通常评价催化裂化原料的指标有馏分组成、特性因数 K 值、相对密度、残炭、硫含量、氮含量、金属含量等。其中残炭、金属含量和氮含量对RFCC的影响最大。

(2) 产品

催化裂化的产品包括气体、液体和焦炭三类。

① 气体

在一般工业条件下，气体产率约为10%~20%，其中含有 H_2、H_2S 和 C_1~C_4 等组分。C_1~C_2 的气体叫干气，约占气体总量的10%~20%，其余的 C_3~C_4 气体叫液化气(或液态烃)，其中烯烃含量可达50%左右。

干气中含有10%~20%的乙烯，它不仅可作为燃料，还可作生产乙苯、制氢等的原料。液化气中含有丙烯、丁烯，是宝贵的石油化工原料和合成高辛烷值汽油的原料；丙烷、丁烷可作制取乙烯的裂解原料，也是渣油脱沥青的溶剂。同时，液化气也是重要的民用燃料气来源。

② 液体产物

汽油：汽油产率约30%~60%，由于其中含有较多烯烃、异物烷烃和芳烃，所有辛烷值较高，一般为90~93(RON)，因其所含烯烃中 α-烯烃很少，且基本不含二烯烃，所以安定性较好。

柴油：柴油产率约为20%~40%，因含有较多的芳烃，所以十六烷值较直馏柴油低，由重油催化裂化得到的柴油的十六烷值更低，只有25~35，而且安定性很差，这类柴油需经过加氢处理，或与质量好的直馏柴油调合后才能符合轻柴油的质量要求。

重柴油(回炼油)：是馏程在350℃以上的馏分，可作回炼油返回到反应器内，以提高轻质油收率，但因其含芳烃多(35%~40%)使生焦率增加，不回炼时就以重柴油产品出装置，也可作为商品燃料油的调合组分。

油浆：油浆的产率约5%~10%，是从催化裂化分馏塔底得到的渣油，含有少量催化剂细粉，可以送回反应器回炼以回收催化剂，但因油浆富含多环芳烃而容易生焦，在掺炼渣油时为了降低生焦率要向外排出一部分油浆。油浆经沉降除去催化剂粉末后称为澄清油，因其中多环芳烃的含量较高(50%~80%)，所以是制造针焦的好原料，或作为商品燃料油的调合组分，也可作为加氢裂化的原料。

③ 焦炭

焦炭的产率约为5%~7%，重油催化裂化的焦炭产率可达8%~10%。焦炭是重油催化裂化的缩合产物，它沉积在催化剂的表面上，使催化剂丧失活性，所以要用空气将其烧去使催化剂恢复活性，因而焦炭不能作为产品分离出来。

2.5.2　工艺原理

预热后的原料油经雾化喷嘴喷入提升管反应器后，与从再生器来的高温再生催化剂接触混合，在一定温度、压力下发生裂化、异构化、氢转移、环化、芳构化、烷基化、叠合、缩合等一系列复杂的平行顺序反应，其中裂化反应是最主要的反应，催化裂化因此而得名。反应过程中，一方面使原料大分子裂化成较小的分子而得到气体、汽油、柴油等油气产物，另一方面有些烃类分子则经叠合、缩合等反应生成大分子直至焦炭而使催化剂失活。反应后的油气和催化剂经沉降分离后，已结焦的待生催化剂进入再生器，并用通入空气在高温下氧化烧焦的方法烧去沉积于其表面的焦炭，以恢复催化剂的活性，再生后的催化剂再循环进入反应器继续参与催化反应，从而源源不断地将原料转化为各种产物。反应生成的油气进入分馏塔，用精馏的方法将其分离为富气、粗汽油、柴油、回炼油和油浆等组分，其中柴油可直接出装置，回炼油和油浆可回炼，富气和粗汽油则进入吸收-稳定系统。根据富气中各组分在吸收剂中溶解度的不同以及精馏的基本原理，以粗汽油和稳定汽油为吸收剂，经过吸收、解吸以及精馏等过程，即可将富气和粗汽油分离为干气、液化气和蒸气压合格的稳定汽油。

2.5.3　工艺流程

催化裂化装置一般由反应-再生系统、分馏系统和吸收-稳定系统三个部分组成，大型装置常常还有再生烟气能量回收系统。

2.5.3.1　反应-再生系统

在催化裂化装置中，反应-再生系统的工艺最为复杂，也是整个装置的核心部分。由于反应-再生系统中反应器和再生器的不同形式和不同组合，目前已形成了很多种各具特色的催化裂化技术和工艺流程。

按照反应器和再生器两器布置的空间位置不同，催化裂化装置可分为同轴式和并列式两种形式。反应部分按照提升管反应器的构型有直提升管、折叠提升管、两段提升管等形式。再生部分按照再生器的构型和再生段数等可分为单段逆流再生、烧焦罐高效再生、两段逆流再生、两器再生、组合式再生等再生工艺形式，其中烧焦罐高效再生又有一般型烧焦罐、带预混合管烧焦罐和串流烧焦罐三种再生形式；两段逆流再生有重叠式和三器连体式两种典型再生形式；两器再生有两再生器重叠式、并列式、一再与沉降器同轴与二再并列三种再生形式；组合式再生装置中最典型的是沉降器与一再同轴布置，与串流烧焦罐二再组合。

尽管反应-再生系统的工艺形式很多，不同炼化企业的催化裂化装置也可能采用不同的反应-再生形式，但它们的工艺原理都是相同的。图2-8为采用"并列式两器"布置、串流烧焦罐再生技术的催化裂化装置反应-再生系统的工艺流程。其中催化剂再生部分采用快速床-湍流床串联再生器，下部为快速床(亦即烧焦罐)，上部为湍流床(即二密相)，中间由低压降大孔分布板将两段隔开，结构简单。下面以图2-8所示工艺形式为例介绍反应-再生部分的工艺流程。

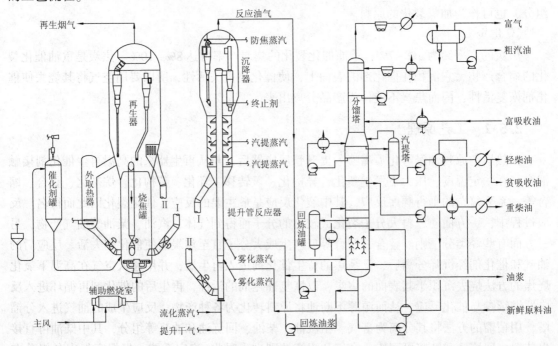

图2-8 催化裂化反应-再生系统和分馏系统工艺流程

新鲜原料油从装置外进入原料油缓冲罐(未画出)，由原料油泵抽出后经原料油-轻柴油换热器和油浆-原料油换热器换热至约200℃，与自分馏部分来的回炼油、回炼油浆混合后分多路经原料油雾化喷嘴进入提升管反应器进料汽化段，与预提升段在干气/蒸汽的提升下加速、整流后的680~690℃高温催化剂接触完成原料的升温、汽化及反应，约500℃的反应油气与待生催化剂经提升管出口粗旋分离催化剂后，通过粗旋升气管进入沉降器单级旋风分离器，再进一步除去携带的催化剂细粉后，反应油气离开沉降器，进入分馏塔。

积炭的待生催化剂进入汽提段，在此与蒸汽逆流接触汽提出催化剂所携带的油气，汽提后的催化剂沿待生斜管下流，经待生滑阀进入再生器的烧焦罐下部，与循环管自二密相来的高温再生催化剂混合达到较高的温度(600~660℃)。循环管的作用主要是调节烧焦罐底部温度和藏量。自主风机来的主风经主风管道、辅助燃烧室后，再经烧焦罐底部的主风分布管进入烧焦罐。催化剂以快速床向上流动，在较高的再生温度(680~720℃)及CO助燃剂存在的条件下进行富氧再生，烧去大部分(约75%~100%)焦炭。烧焦罐顶部设有大孔分布板，烟气和催化剂通过大孔分布板进入二密相流化床继续烧焦。大孔分布板起到分布催化剂和烟气、防止催化剂下漏、使二密相流化稳定等作用。二密相在较高气速下操作，以改善流化和烧焦状况，并在680~690℃条件下最终完成焦炭及CO的燃烧过程。再生催化剂经再生斜管及再生滑阀进入提升管反应器底部的预提升段，完成催化剂的循环。

再生过程的剩余热量由外取热器取走。再生烧焦产生的烟气经再生器顶部的多组两级旋风分离器分离催化剂离开再生器后进入三旋进一步分离夹带的催化剂，净化的烟气进入烟气能量回收系统。

开工用的催化剂由冷催化剂罐或热催化剂罐用非净化压缩空气输送至再生器，正常补充催化剂可由催化剂小型自动加料器输送至再生器。CO助燃剂由助燃剂加料斗(未画出)、助燃剂加料罐(未画出)用非净化压缩空气经小型加料管线输送至再生器。

为保持两器系统的催化剂活性，需从再生器内不定期卸出部分催化剂，由非净化压缩空气输送至废催化剂罐(未画出)，然后由槽车运至固体填埋场填埋。

2.5.3.2 分馏系统

分馏系统在催化裂化装置中具有承上启下的重要作用，其任务是把反应油气按沸点范围分割成富气、粗汽油、轻柴油、重柴油、回炼油和油浆等馏分，并保证各个馏分质量符合规定要求。轻柴油和重柴油经冷却后送出装置，作为轻、重柴油产品的调合组分，或作为柴油加氢精制的原料。回炼油和油浆作为反应进料送回提升管反应器。单程转化的装置回炼油和油浆也可送出装置，或作为芳烃抽提装置的原料，抽余油再返回催化裂化装置。

(1) 工艺流程

图2-8是典型的渣油催化裂化分馏系统的工艺流程。

由沉降器来的过热反应油气(约480~530℃)进入分馏塔下部，通过人字挡板与循环油浆逆流接触，洗涤反应油气中夹带的催化剂细粉并脱过热，使油气呈"饱和状态"进入分馏段进行分馏。分馏塔顶油气经换热冷凝冷却至40℃，进入分馏塔顶油气分离器进行气、液、水三相分离。分离出的粗汽油经粗汽油泵进入吸收稳定系统的吸收塔。分离的富气进入气压机。含硫的酸性水送出装置进行处理。

轻柴油自分馏塔中上部塔板抽出自流至轻柴油汽提塔，汽提后的轻柴油由轻柴油泵抽出，经换热器分别与原料油、富吸收油等换热，再经轻柴油空冷器(未画出)冷却至60℃后分成两路，一路直接送出装置，另一路作为贫吸收剂进入吸收稳定系统。

重柴油自分馏塔中下部塔板由重柴油泵抽出，经换热冷却至60℃后送出装置。

分馏塔的剩余热量分别由塔顶循环回流、一中段循环回流、二中段循环回流及油浆循环回流取走。塔顶循环回流自分馏塔顶部第4层塔盘抽出，用塔顶循环油泵升压，经换热器回收热量并冷却至约85℃后返至分馏塔顶第1层塔板。一中段循环回流油自分馏塔中部抽出，通过一中段循环回流油泵升压，经换热降温后返回分馏塔一中循抽出口上方塔板。二中段循环回流及回炼油自分馏塔下部塔板自流至回炼油罐，经泵升压后分两路，一路换热降温至200℃左右与回炼油浆混合后进入提升管反应器回炼；另一路经换热降温后返回抽出口上方塔板。

塔底油浆一部分由循环油浆泵抽出后经换热降温至280℃后分三路：一路进一步经换热冷却至90℃，作为产品油浆出装置送至燃料油罐；一路经油浆上返塔口返回分馏塔洗涤脱过热段上部；还有一路经油浆下返塔口返回分馏塔底部。另一部分油浆自分馏塔底由回炼油浆泵抽出，直接与回炼油混合后送至提升管反应器回炼。

（2）工艺特点

与原油蒸馏塔相比，催化裂化分馏塔有如下工艺特点：

① 设脱过热和洗涤段。由于分馏塔的进料是夹带有催化剂细粉的高温油气，故专门设有脱过热和洗涤段。该段设有数层人字挡板或圆盘型挡板，油气与260~360℃循环油浆逆流接触、换热、洗涤，油气被冷却，其中最重的馏分（油浆）冷凝下来，作为塔底产品。同时，将油气中夹带的催化剂细粉洗涤下来，防止其污染上部的侧线产品、堵塞上部塔盘。

② 全塔过剩热量大。分馏塔进料是过热油气（480~530℃），分馏塔顶的气相产物温度较低（100~130℃），其他产品均以液态形式离开分馏塔，因此在整个分馏过程中有大量的过剩热量需要移出，且有50%左右是低温余热。

③ 产品分馏要求较容易满足。催化分馏塔除塔顶为粗汽油外，还有轻柴油、重柴油、回炼油三个侧线馏分，各侧线馏分 ASTM 馏程50%馏出温度的温差值大（尤其是汽油与轻柴油间），所以催化分馏塔产品分馏要求较容易满足。

④ 要求尽量降低系统压降。尽量降低分馏系统压降（包括分馏塔、塔顶冷凝冷却系统及压缩机入口管线），提高富气压缩机入口压力，可降低气压机功率消耗、提高气压机的处理能力。一般情况下气压机入口压力提高0.02MPa（出口压力为1.6MPa时），可节省功率8%~9%。

2.5.3.3 吸收-稳定系统

从分馏塔顶油气分离器出来的富气中带有汽油组分，而粗汽油中则溶解有 C_3、C_4 甚至 C_2 组分。吸收稳定系统的任务是把来自分馏部分的富气和粗汽油分离成干气（$\leqslant C_2$）、液化气（C_3、C_4）和蒸气压合格的稳定汽油。裂化产物中汽油和液化气组分的多少由反应部分决定，但能否最大限度回收由吸收稳定部分决定。

（1）分离要求

为了保证产品质量和提高液化气的回收率，我国炼油行业对吸收-稳定过程提出了如下技术指标：

干气中 C_3 含量 $\not> 1\% \sim 3\%$（体积）；

液化气中 C_2 含量 $\not> 0.5\%$（体积）；

液化气中 C_5 含量 $\not> 3\%$（体积）；

稳定汽油中 C_3、C_4 含量 $\not> 1\%$。

正常操作时稳定塔回流罐无不凝气排放，C_3 回收率达92%以上，C_4 回收率达97%以上。如果催化裂化干气作为制乙苯的原料，则干气中 $C_3^=$ 含量 $\not> 0.7\%$。

（2）工艺流程

吸收和解吸有单塔和双塔两种典型流程。单塔流程是将吸收塔和解吸塔合成一个塔，上部为吸收段，下部为解吸段。双塔流程中吸收和解吸过程分别在两个独立的塔内完成。

图2-9是吸收-稳定系统典型的双塔流程示意图。

从分馏部分来的富气经气压机两段压缩到1.2~1.6MPa，在出口管线上注入洗涤水对压缩富气进行洗涤，去除部分硫化物和氮化物以减轻对冷换设备的腐蚀，经空冷器冷却后与解吸塔顶气、吸收塔底油混合，再经冷凝冷却器冷到40~45℃进入气压机出口油气分离器（常称为平衡罐）进行气液分离，气体去吸收塔，液体（称为凝缩油）去解吸塔，冷凝水经脱水包排出装置。

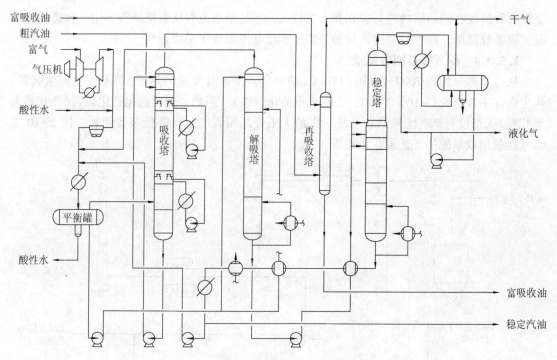

图 2-9 催化裂化吸收-稳定系统工艺流程

吸收塔的操作压力为 1.0~1.4MPa。经平衡罐分离后的压缩富气由塔底进入吸收塔，作为吸收剂的粗汽油和稳定汽油由吸收塔顶部进入吸收塔，两相逆流接触来吸收富气中的 C_3、C_4 组分。吸收是一放热过程，为了维持较低的操作温度以利于吸收，吸收塔设有 1~2 个中段回流来取走吸收过程放出的热量。

自吸收塔顶来的贫气进入再吸收塔，用轻柴油作吸收剂进一步吸收后，再吸收塔塔顶干气分为两路，一路至提升管反应器作预提升干气，一路至精制装置脱硫，净化干气作为工厂燃料气；再吸收塔塔底吸收后的富吸收油自压回分馏部分。

解吸塔的作用就是将吸收塔底油及凝缩油中的 C_2 解吸出来，其操作压力为 1.1~1.5MPa。自吸收塔底来的富吸收油经平衡罐分离后，凝缩油由泵抽出直接送入解吸塔上部进行解吸。解吸塔底设重沸器用分馏中段油或蒸汽加热，以解吸出凝缩油中的 $\leqslant C_2$ 组分。塔顶出来的解吸气中除含有 C_2 外，还有相当数量的 C_3、C_4，经冷却、与压缩富气混合进入平衡罐分离后又送入吸收塔。解吸塔底为脱乙烷汽油，脱乙烷汽油中的 C_2 含量应严格限制，不得带入稳定塔过多，以免恶化稳定塔塔顶冷凝冷却器的效果和由于排出不凝气而损失 C_3、C_4。

吸收塔和解吸塔可并列布置也可重叠布置。当重叠布置时由于吸收塔位置较高，吸收油可自流到压缩富气冷却器，但需要设一个液封。

自解吸塔底来的脱乙烷汽油由泵抽出直接送至稳定塔。稳定塔实质上是个精馏塔，操作压力一般为 0.9~1.0MPa。稳定塔塔顶设冷凝器，塔底设重沸器。液化气从稳定塔顶流出，经空冷器、冷凝冷却器冷至 40~50℃后进入稳定塔顶回流罐，经泵抽出后，一部分作稳定塔回流，其余作为液化气产品经冷却至 40℃后送至产品精制脱硫、脱硫醇。稳定汽油自稳定塔底抽出，经换热、冷却至 40℃，一部分由泵升压后送至吸收塔作补充吸收剂，另一部分送至产品精制脱硫醇后作为产品出装置。

双塔流程的优点是 C_3、C_4 的吸收率较高，而脱乙烷汽油中的 C_2 含量较低。单塔流程由于吸收和解吸在同一塔内进行，相互干扰较大，但是单塔流程比双塔流程少用一台富吸收油泵，设备较简单，布置较紧凑。目前双塔流程已基本取代了单塔流程。

2.5.3.4　烟气能量回收系统

从再生器来的约700℃、130~170kPa的烟气，携带有大量的热能（对不完全再生装置，再生烟气中含有5%~10%的CO，含有大量的化学能），因此，现代催化裂化装置（尤其是大型装置）大都设有烟气能量回收系统，以最大限度地回收能量，降低装置能耗。图2-10是烟气能量回收系统的工艺流程示意图。

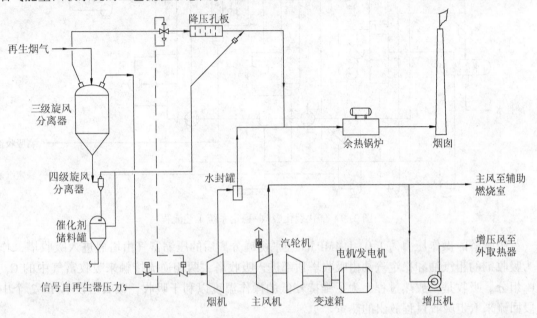

图2-10　烟气能量回收系统工艺流程示意图

来自再生器的高温烟气，首先进入高效三级旋风分离器，分出其中的催化剂，使粉尘含量降低到0.2g/m³烟气。三旋顶部有两路出口：一路出口经高温闸阀和高温蝶阀接至烟气轮机（又叫烟气透平），高温闸阀供开停工切断用，高温蝶阀用来控制再生器压力；另一出口接至双动滑阀、孔板降压器，然后与余热锅炉相连。

机组正常运转时，双动滑阀全关，所有烟气经高温闸阀和高温蝶阀，通过烟气轮机膨胀做功，使再生烟气的热能和压力能转化为机械能，驱动主风机（轴流风机）转动，提供再生所需空气。开工时无高温烟气，主风机由电动机（或汽轮机，汽轮机又称蒸汽透平）带动。正常操作时如烟气轮机功率带动主风机尚有剩余时，电动机可以作为发电机，向配电系统输出电功率。烟气经过烟气轮机后，温度、压力都有所降低（温度约降低100~150℃，烟机出口压力约为110kPa），但仍含有大量的显热能（如不是完全再生，还有化学能），再经手动蝶阀和水封罐进入余热锅炉（或CO锅炉）回收能量，产生的高压蒸汽可供汽轮机或装置内外其他部分使用。

当烟气中催化剂含量过高、颗粒度超标或烟气轮机故障时，烟气轮机解列，此时应全关烟机入口高温闸阀及高温蝶阀，烟气通过双动滑阀、孔板降压器后去余热锅炉，最后经烟囱排放。

2.5.4　催化裂化装置的操作参数与调节

催化裂化反应是一复杂的平行顺序反应，影响反应过程的操作变量很多。在工业催化裂化装置上，由于热平衡的制约，各操作变量间具有复杂的相互关联性，即便是在原料油和催化剂确定的前提下，改变其他操作变量，都将给转化率和产品分布带来显著的变化，并影响催化剂的再生效果。反应-再生系统的操作就是根据装置的实际情况(如反-再型式、催化剂、原料油、产品方案等)，解决好各操作参数的不同要求，做好物料平衡、压力平衡、热平衡这三大平衡，保证装置能够长周期安全平稳运行。

(1) 反应压力

反应压力是指沉降器顶压力。反应压力是生产中的主要控制参数，对装置的产品分布、平稳操作、安全运行有直接影响。降低反应压力，可降低生焦率、增加汽油产率，汽油和气体中烯烃含量增加，汽油辛烷值提高。反应、分馏、吸收稳定是一个相互关联的大系统，反应压力变化会影响分馏、吸收稳定系统的操作，还直接影响反-再系统的压力平衡，大幅度波动会引起装置操作紊乱，并可能会引起催化剂倒流等事故。所以根据装置实际情况选择适宜的反应压力进行固定控制，一般不作为频繁调节变量。工业装置反应压力通常为0.1~0.25MPa。

重油催化裂化装置一般将压力检测点设在分馏塔顶，正常操作时反应压力仅作为指示。在装置运行的不同阶段，反应压力可选择采用沉降器顶放空调节阀、分馏塔顶油气管道蝶阀、富气压缩机转数、反飞动阀、压缩机入口放火炬阀等手段加以控制。

(2) 反应温度

反应温度指提升管出口温度。反应温度是催化裂化过程一个至关重要的独立变量，是生产中的主要控制参数，对反应速度、产品收率及产品质量影响很大。一般来说，反应温度每升高10℃，反应速度提高30%。在保持转化率不变的情况下，反应温度升高，则焦炭产率下降，C_1+C_2产率增加，总C_3产率增加。提高反应温度，可大幅度提高液化气中烯烃($C_3^=$、$C_4^=$)产率和汽油辛烷值。

提升管催化裂化装置反应温度的主要影响因素有原料油流量、原料油预热温度、催化剂循环量、再生剂温度等。原料油流量采用定值控制；原料油预热温度选定一合理值，也采用定值控制；再生器温度基本上也是恒温控制。反应温度通过改变再生单动滑阀(或再生塞阀)开度，调节再生催化剂的循环量来控制。电动液压执行机构灵敏度很高，可将提升管出口温度变化幅度控制在±1℃以内。

(3) 剂油比

剂油比是指催化剂循环量与进料量的比值。提高剂油比相当于增加了与单位原料接触的催化剂活性中心数，从而可提高反应速度和转化率。提高剂油比与提高反应温度不同。前者使催化剂炭差降低，增加了提升管反应器中催化剂的动态活性，使反应过程催化裂化成分增加，有利于改善产品分布。而提高反应温度，在裂化速度提高的同时，热裂化等反应也相应提高，显然对改善产品分布不利。所以对重油催化裂化提高剂油比有着非常重要的意义。

一般蜡油FCC装置，生焦率为5%左右，剂油比为4~5就可以满足生产要求，提高剂油比使转化率增加、焦炭产率增加。对加工高残炭原料油的重油催化裂化装置，生焦率高达8%~10%，剂油比若仍维持4~5，催化剂炭差很高，提升管中催化剂活性中心将被焦炭全部覆盖，反应过程催化剂活性过低，产品分布和产品质量自然都变差。这种情况下提高剂油比，降低催化剂炭差，等于提高反应过程催化剂活性，使焦炭产率降低。因此重油催化裂化装置必须提高剂油比，使催化剂在提升管催化裂化过程中保有一定活性。由于超稳分子筛催化剂活性稍低，高剂油比显得更加重要。一般重油催化裂化装置剂油比为6~8，当然，剂油比过高焦炭产率仍然会增加。

可采取以下操作提高剂油比：①在满足烧焦要求的前提下尽量降低再生器温度，在满足原料油雾化效果的前提下尽量降低原料油预热温度。这两项措施对反应器、旋风分离器、分馏塔系统气体负荷没有影响，没有低温热等能量损耗，是装置操作首先考虑的措施。对降低再生器温度，两器（或两段）再生装置有较大余地。对于单器再生，可用再生催化剂冷却措施降低再生温度提高剂油比。对回炼比较大的装置，如两段提升管等装置，可考虑设置回炼油蒸汽发生器，将回炼油温度降低到200~220℃再进入提升管反应器，会明显提高剂油比。②提升管注终止剂。受反应器、分馏塔系统气体负荷限制及有低温热能量损耗，注终止剂量不宜过大，一般为原料油的5%~10%。③分层进料。轻质油在上喷嘴进料，重质油在下喷嘴进料，也相当于增加了下喷嘴原料的剂油比。

单器再生装置一般再生温度较高，提高剂油比难度较大，故宜选用活性较高的催化剂。而两段再生装置再生温度较低，较容易实现高剂油比操作，故可选用超稳分子筛催化剂等。

（4）转化率与回炼比

转化率是衡量反应深度的综合指标，定义为转化率=[（气体+汽油+焦炭）/进料量]×100%。以新鲜原料油为基准计算时为总转化率，以总进料量（原料油+回炼油+油浆）为基准计算时为单程转化率。回炼比是回炼油（含回炼油浆）与新鲜原料油量之比。回炼油是裂化产物，馏程虽与原料油相近，但因芳烃含量高，较难于裂化。

单程转化率提高，焦炭、气体产率增加；单程转化率降低，回炼油量增加，回炼比增大，大量回炼油在反应器和分馏塔之间循环，设备利用率降低，能量消耗增加。目前一般提升管装置回炼比为0.1~0.3；两段提升管装置回炼比大约为0.5；柴油方案时回炼比稍高，液化气和汽油方案时回炼比稍低。影响转化率的主要因素有反应温度、反应时间、剂油比、催化剂平衡活性等。

实际生产中应根据产品方案、原料油性质、催化剂种类等条件确定一个合适的回炼比范围，操作中在该范围内调节。单程转化率和回炼比的变化可通过观察回炼油罐液位的变化来判断。回炼油罐液位上升说明回炼油量增加，单程转化率较低，应采取提高反应温度、剂油比、催化剂活性等措施提高单程转化率。一般不用改变回炼油进料量来调节液位，当液位较高且用一般方法难于控制时可通过外甩排出装置。

回炼比能够控制在预定的范围内，说明解决好了单程转化率与回炼比的平衡问题。

（5）反应时间

反应时间指反应油气在提升管中的平均停留时间。反应时间(s)=提升管长度(m)/油气平均流速(m/s)。提升管长度指从原料油入口处到提升管出口的距离。油气平均流速指提升管下端流速与出口流速的对数平均值。

反应时间延长，转化率上升，焦炭产率、干气产率上升，汽油产率先升后降，有一峰值，产品中烯烃含量下降，汽油辛烷值降低。反应时间太短单程转化率低，太长则出现过度裂化。适宜的反应时间可使装置达到较理想的产品收率和产品质量。

反应时间是反应过程的重要指标，但不能直接控制。可通过调节其他参数，如预提升蒸汽、终止剂以及进料位置等，间接地改变反应时间。但往往受旋风分离器、分馏塔、压缩机能力以及压力平衡等多方面的制约，调节变化的范围不大。所以提升管的设计是非常重要的。

46

（6）再生温度

再生温度是影响烧焦速率的重要因素。提高再生温度可大幅度提高烧焦速率，是降低再生催化剂含碳量的重要手段。再生温度也是影响催化剂失活和剂油比的主要因素。再生温度过高催化剂失活加快、剂油比减小、反应条件难于优化。单段再生器应在催化剂不严重失活的条件下采用较高的再生温度，降低再生催化剂含碳量。一般单器再生温度以 680~710℃ 为宜。两器再生装置，再生催化剂含碳量容易满足要求，宜采用稍低的再生温度，有利于减轻催化剂失活和提高剂油比。一般两器再生温度控制 650~680℃ 为宜。

再生温度一般通过调整两器热平衡来控制。对没有外取热器的单再生器装置，再生温度的控制通过调节原料油预热温度、油浆外甩量及掺渣油量来实现。有外取热器的单再生器装置，可用改变外取热器取热负荷直接控制再生温度。有一台外取热器的两段再生装置，一个再生器温度用外取热器控制，另一个再生器温度用烧焦比例调节。没有外取热器的两段再生装置，再生器温度由烧焦比例和热平衡控制，即通过调节一再烧焦比例控制一再温度，二再温度的高低通过移入、移出热量来控制。两段再生装置的烧焦条件较好，再生剂含碳量较易降到 0.1% 以下，应充分利用该有利条件控制稍低的再生温度，来减轻催化剂失活和提高剂油比，这对加工劣质渣油的装置非常重要。

（7）再生压力

烧焦速率与再生烟气氧分压成正比，氧分压是再生压力与再生烟气氧分子浓度的乘积，所以提高再生压力可提高烧焦速率。有烟气轮机的装置为获得较高的烟气能量回收率大都采用较高的再生压力，一般主风机出口压力为 0.25~0.32MPa，再生器压力一般为 0.2~0.26MPa。没有烟气轮机的装置一般采用较低的再生压力，主风机出口压力通常为 0.15~0.22MPa，对应的再生器压力一般为 0.1~0.17MPa。

再生器与反应器是一个相互关联的系统，再生压力还是影响两器压力平衡的重要参数。再生器压力大幅度波动直接影响再生效果及催化剂跑损，也将影响到装置的安全运行。

无烟气轮机的装置通常用双动滑阀直接控制再生器压力。有烟气轮机的装置，烟机入口蝶阀的压降一般为烟气系统总压降的 5%~10%，压力调节范围有限，故采用双动滑阀和烟机入口蝶阀分程控制方案。

（8）烟气过剩氧

要烧掉催化剂上沉积的焦炭，就要为再生器提供足够的空气（氧气）。烟气过剩氧是衡量供氧是否恰当的标志。

一般不完全再生烟气过剩氧控制在 0.5%~1%（体积）范围。过高会发生二次燃烧，过低可能发生炭堆积。单器再生装置通过稀密相温差调节主风微调放空量控制过剩氧含量。两器再生装置一再采用不完全再生，由于一再不存在炭堆积问题，控制要求不严格，可直接根据要求定量控制主风量。

完全再生装置烟气过剩氧控制在 2%~5%（体积）范围。过高浪费能量，过低可能有 CO 产生，甚至因供氧不足而发生炭堆积。其过剩氧含量用主风流量来控制。

（9）再生器藏量

再生器藏量决定了催化剂在再生器中的停留时间。提高藏量可延长烧焦时间，增加烧焦能力，降低再生催化剂含碳。但在高温下催化剂停留时间过长会导致催化剂失活。因此对每一种形式的再生器有一个合适的再生器藏量值。再生器还是反应-再生系统中催化剂的缓冲容器。操作过程中反应器、汽提段、外取热器的藏量调节变化，都由再生器藏量的变化来吸收。因此再生器藏量也不宜过低，否则除烧焦能力下降外，装置操作弹性会变小。

两器间循环的催化剂在操作中会不断老化、磨损、污染中毒等，需要置换催化剂。另外，再生烟气总会带走一部分催化剂，也需要进行补充，以保持再生器藏量稳定。因此在生产装置中催化剂的活性、粒度、金属毒物含量可能达到一平衡值，该催化剂称为平衡催化剂。当平衡催化剂重金属含量很高或活性损失较多或粒度不当，已不能满足运行要求时，应卸出部分平衡催化剂，再加入等量的新鲜催化剂。

再生器藏量一般不直接控制，应根据再生条件确定合理的再生器藏量值，通过小型加料补充维持平衡。对烧焦罐装置，烧焦罐密度或藏量用循环管滑阀控制，二密相藏量一般不直接自动控制，用小型加料补充平衡。对两段再生装置，二再藏量由半再生单动滑阀控制，一再藏量一般不直接自动控制，用小型加料补充平衡。

上面介绍了几个主要的操作参数，生产中影响反应-再生过程的因素还有很多，如反应器藏量、原料油预热温度、平衡催化剂活性、炭堆积、稀密相温差、两器烧焦比例以及两器压力平衡等。限于篇幅，这里从略。

2.5.5 催化裂化装置的主要工艺控制指标

催化裂化装置的主要操作条件和工艺控制指标因原料油性质、催化剂、反应-再生形式及产品方案等的不同而各异。表2-11列出了三种烧焦罐高效再生装置的典型控制指标，表2-12为两段逆流再生装置的典型控制指标，仅供参考。

表 2-11 烧焦罐高效再生装置的典型控制指标

项　　目	一般烧焦罐	带预混合管烧焦罐	串流烧焦罐
沉降器压力/MPa	0.15~0.2	0.15~0.2	0.15~0.2
再生器压力/MPa	0.15~0.2	0.15~0.2	0.15~0.2
反应温度/℃	490~505	490~505	490~505
新鲜原料油量/(kg/h)	根据工厂计划确定	根据工厂计划确定	根据工厂计划确定
回炼比	0.1~0.3	0.1~0.3	0.1~0.3
催化剂循环量/(t/h)	通过热平衡计算	通过热平衡计算	通过热平衡计算
剂油比	5~7	5~7	5~7
提升管进口流速/(m/s)	6~10	6~10	6~10
提升管出口流速/(m/s)	14~18	14~18	14~18
粗旋入口流速/(m/s)	15~17	15~17	15~17
反应时间/s	2.5~3.5	2.5~3.5	2.5~3.5
提升管压降/MPa	0.02~0.03	0.02~0.03	0.02~0.03
汽提蒸汽量/(kg/t)	2~3	2~3	2~3
汽提段密度/(kg/m³)	500~600	500~600	500~600
汽提段藏量/t	根据体积计算	根据体积计算	根据体积计算
沉降器线速/(m/s)	0.5~0.7	0.5~0.7	0.5~0.7
沉降器旋分入口线速/(m/s)	18~22	18~22	18~22
总烧焦量/(kg/h)	由主风及烟气组成计算	由主风及烟气组成计算	由主风及烟气组成计算
焦中氢/%(质量)	6~8	6~8	6~8

项　　目	一般烧焦罐	带预混合管烧焦罐	串流烧焦罐
烧焦比例（Ⅰ/Ⅱ）/%	90~100/0~10	90~100/0~10	75~90/10~25
烧焦罐主风量/（Nm³/min）	烧焦罐出口过剩氧2%~3%，或总烟气过剩氧约5%控制	烧焦罐出口过剩氧2%~3%，或总烟气过剩氧约5%控制	一般按设计值恒流量控制
总烟气氧含量/%	4~5	4~5	2~5
烧焦罐温度/℃	670~710	670~710	670~710
烧焦罐密度/（kg/m³）	70~150	70~150	70~150
烧焦罐藏量/t	根据体积和密度计算	根据体积和密度计算	根据体积和密度计算
烧焦罐烧焦强度/[kg/（t·h）]	烧焦量/藏量	烧焦量/藏量	烧焦量/藏量
烧焦罐线速/（m/s）	1~1.8	1~1.8	1~1.8
循环比	由烧焦罐密度、温度确定	由烧焦罐密度、温度确定	由烧焦罐密度、温度确定
二密相藏量/t	根据二密相体积确定	根据二密相体积确定	根据二密相体积确定
二密相密度/（kg/m³）	500~600	500~600	200~400
二密相线速/（m/s）	0.15~0.25	0.15~0.25	0.7~1.5
二密相主风量/（Nm³/min）	根据二密相流速确定	根据二密相流速确定	
再生器旋分入口线速/（m/s）	22~25	22~25	22~25
再生管密度/（kg/m³）	450~550	450~550	450~550
待生管密度/（kg/m³）	400~550	400~550	400~550
循环管密度/（kg/m³）	450~550	450~550	450~550
待生剂含碳量/%	0.8~1.2	0.8~1.2	0.8~1.2
再生剂含碳量/%	0.1~0.15	0.1~0.15	~0.1
催化剂单耗/（kg/t）	0.5~1.5	0.5~1.5	0.5~1.5
稀相管流速/（m/s）	7~12	7~12	
预混合管流速/（m/s）		6~10	
预混合管风量/（Nm³/min）		根据预混合管流速定	

表 2-12　两段逆流再生装置的典型控制指标

项　　目	重叠式两段逆流再生装置	ROCC-V
沉降器压力/MPa	0.16~0.2	0.16~0.2
一再压力/MPa	0.2~0.24	0.2~0.24
二再压力/MPa	0.23~0.27	0.23~0.27
反应温度/℃	490~505	490~505
新鲜原料油量/（kg/h）	根据工厂计划确定	根据工厂计划确定
回炼比	0.1~0.3	0.1~0.3
催化剂循环量/（t/h）	通过热平衡计算	通过热平衡计算
剂油比	5~7	5~7
提升管进口流速/（m/s）	6~10	6~10
提升管出口流速/（m/s）	14~18	14~18
粗旋入口流速/（m/s）	15~17	15~17
反应时间/s	2.5~3.5	2.5~3.5

项　目	重叠式两段逆流再生装置	ROCC-V
提升管压降/MPa	0.02~0.09	0.02~0.03
汽提蒸汽量/(kg/t)	2~3	2~3
汽提段密度/(kg/m³)	500~700	500~700
汽提段藏量/t	根据体积计算	根据体积计算
沉降器线速/(m/s)	0.5~0.7	0.5~0.7
沉降器旋分入口线速/(m/s)	18~22	18~22
总烧焦量/(kg/h)	根据主风及烟气组成计算	根据主风及烟气组成计算
焦中氢/%	6~8	6~8
烧焦比例(Ⅰ/Ⅱ)/%	~60/~40	80~85/15~20
取热	二再	一再
一再主风量/(Nm³/min)	根据烧焦比例及烟气过剩氧控制	根据烧焦比例及烟气过剩氧控制
一再密相温度/℃	650~690	650~680
一再稀相温度/℃	640~690	640~670
一再烟气氧含量/%(体积)	~0.5	~0.5
一再密相密度/(kg/m³)	300~400	300~400
一再藏量/t	根据烧焦量和烟气组成确定	根据烧焦量和烟气组成确定
一再烧焦时间/min	藏量/循环量	藏量/循环量
一再烧焦强度/[kg/(t·h)]	烧焦量/藏量	烧焦量/藏量
一再密相线速/(m/s)	0.8~1.2	0.8~1.2
一再稀相线速/(m/s)	0.4~0.7	0.4~0.7
一再旋分入口线速/(m/s)	22~25	22~25
二再密相温度/℃	650~690	680~710
二再烟气氧含量/%(体积)	>5	>5
二再主风量/(Nm³/min)	一般按设计值恒量操作	一般按设计值恒量操作
二再密相密度/(kg/m³)	250~400	250~400
二再藏量/t	根据催化剂含碳量确定	根据催化剂含碳量确定
二再烧焦时间/min	藏量/循环量	藏量/循环量
二再烧焦强度/[kg/(t·h)]	烧焦量/藏量	烧焦量/藏量
二再密相线速/(m/s)	0.5~0.7	0.7~1
二再稀相线速/(m/s)	0.5~0.7	0.4~0.6
再生管密度/(kg/m³)	450~550	450~550
待生管密度/(kg/m³)	400~550	400~550
半再生管密度/(kg/m³)	400~550	400~550
待生剂含碳量/%	0.8~1.4	0.8~1.4
再生剂含碳量/%	0.05~0.1	0.05~0.1
催化剂单耗/(kg/t)	0.5~1.5	0.5~1.5

2.6 加氢精制和加氢裂化

催化加氢是石油馏分在氢气存在条件下进行催化加工过程的通称。目前炼油厂采用的加氢过程主要有加氢精制和加氢裂化两大类。此外，还有专门用于某种生产目的的加氢过程，如加氢处理、临氢降凝、加氢改质、润滑油加氢等。

加氢精制主要用于油品精制，其目的是除去油品中的硫、氮、氧杂原子及金属杂质，使烯烃饱和，有时还对部分芳烃进行加氢，以改善油品的使用性能。

加氢裂化是在较高压力下，烃分子与氢气在催化剂表面进行裂化和加氢反应生成较小分子的转化过程。它是炼油化工过程实现重质油轻质化，提高原油加工深度，改善产品质量的重要加工工艺。加氢裂化具有可加工的原料范围宽，生产方案调整灵活，产品质量优良，液体收率高等突出特点。

随着原油的日益重质化、劣质化以及环保法规的日趋严苛，加氢过程在炼油化工中的地位和作用已越来越重要和显著，是其他加工装置所无法替代的。

2.6.1 原料和产品

2.6.1.1 加氢精制

加氢精制过程可处理的原料很多，如一次加工和二次加工得到的气态烃、石脑油、汽油、煤油和柴油等馏分，也可处理溶剂油、润滑油基础油、石蜡、凡士林和白油等各种专用油品以及重质馏分油和渣油等。目前，炼油厂应用最多的主要是二次加工得到的各种汽油和柴油馏分的加氢精制。加氢精制的产品也主要是经过精制后的相应油品，此外还有少量的燃料气。加氢精制所得油品的质量好，液体收率也很高。

2.6.1.2 加氢裂化

（1）原料

加氢裂化可处理的原料范围很宽，既可处理石脑油、煤油、柴油、减压馏分油，又可加工脱沥青油、焦化蜡油和催化裂化循环油，还可加工渣油、页岩油和煤焦油，甚至可以处理煤糊形式的固态煤（液化成各种发动机燃料）。目前应用最多的是减压馏分油的加氢裂化，可掺入一部分脱沥青油、焦化蜡油和催化裂化循环油。

原料油的性质主要包括密度、馏程、特性因数、硫含量、氮含量、金属含量、沥青质和残炭等。馏分油加氢裂化所关注的原料油性质主要有原料油的干点、氮含量和金属含量这三项。原料油的干点一般约 510~535℃，干点过高催化剂易结焦，会缩短装置的操作周期。氮含量，尤其是碱性氮含量过大会引起催化剂中毒。对于金属含量，主要要求 Fe 离子含量要 $<1\mu g/g$，以防止催化剂床层被堵塞。

（2）产品

加氢裂化装置的产品非常丰富，它不仅能生产优质的喷气燃料、低凝柴油等中间馏分油，也能生产乙烯裂解原料和重整原料，还可生产黏度指数较高的润滑油基础油及其他特种油品，可做到燃料、化工原料和润滑油料这三者的兼顾，根据需要选择不同的工艺路线、调整操作条件或更换催化剂后，就可以最大限度地生产有不同质量要求的某种产品。此外，加氢裂化的产品还包括干气、液化气和轻石脑油馏分，干气除一般用作燃料气之外，它与轻石脑油都是水蒸气转化法制氢的原料。在不同的生产方案时，各种产品的产率可以相差很大。

加氢裂化的各种产品中的硫、氮含量很低，烯烃极少，安定性好。重石脑油中单环烃类多、芳烃潜含量高，是优质的重整原料。中间馏分油收率高、质量好，如喷气燃料冰点低，轻柴油凝点低、十六烷值高。尾油的 BMCI 值低，是良好的蒸汽裂解制乙烯原料，对没有乙烯裂解装置的企业，尾油是很好的催化裂化原料，用作润滑油基础油时，黏度指数也较高。

2.6.2 工艺原理

2.6.2.1 加氢精制

各种石油馏分的加氢精制反应过程是在一定的温度(约 200~400℃)、压力(3~8MPa)以及催化剂和氢气存在条件下进行的，主要反应有：加氢脱硫、加氢脱氮、加氢脱氧和加氢脱金属反应以及烯烃和部分芳烃(主要是稠环芳烃)的加氢饱和反应，此外还有少量的开环、断链和缩合反应，这些反应都是耗氢的放热反应。原料中含硫、含氮和含氧的非烃类物质经过氢解反应转化为硫化氢、氨、水，有机金属化合物氢解为金属硫化物而被脱除，其主体部分生成相应的烃类。加氢精制过程是一系列平行顺序反应构成的一个复杂反应网络，其反应速率和反应深度主要取决于原料油性质、催化剂性能和反应条件等。研究表明，各类形式的加氢精制反应的难度由大到小遵循以下规律：① C—C 键的断裂比 C—S、C—N、C—O 键的断裂更困难；② 芳烃加氢＞加氢脱氮＞加氢脱氧＞加氢脱硫；③ 芳烃加氢＞烯烃加氢＞环烯加氢；④ 单环芳烃加氢＞双环芳烃加氢＞多环芳烃加氢。

加氢精制催化剂通常是 ⅥB、Ⅷ族的金属氧化物，较常见的是负载于 γ-Al_2O_3 上的 NiO、WO_3、CoO、MoO_3。

2.6.2.2 加氢裂化

重质原料油在加氢催化剂上的加氢裂化反应过程是在高温(约 290~455℃)、高压(10~20MPa)以及氢气存在条件下发生的，包括加氢精制和加氢裂化这两种不同类型的反应，通过这些反应加氢裂化装置就可以生产清洁的、饱和度高的各种优质石油产品。

由于加氢精制反应的反应速率远高于加氢裂化反应，因此在加氢裂化过程中，化学反应最初发生在精制反应器(段)中，其基本原理与加氢精制完全相同，目的是除去原料中的杂质。精制后原料再进行加氢裂化反应，将重质原料油轻质化生成轻质产品。

加氢裂化的主要化学反应有加氢、裂化、异构化、环化等。从化学反应的角度看，加氢裂化反应是催化裂化反应与加氢反应的综合。加氢裂化催化剂通常是由酸性载体和活性金属组成的双功能催化剂，烃类最初在酸性位上的裂化、异构化反应规律与催化裂化反应一致，仍然遵循正碳离子反应机理。但大量氢和催化剂中金属加氢组分的存在使该过程生成加氢产物，并随催化剂两种功能匹配的不同而不同程度的抑制二次反应(如裂化、生焦)，催化剂的失活速度很慢。这是催化裂化和加氢裂化两种工艺在设备、操作条件、产品分布及质量等诸多方面不同的根本原因。

加氢裂化催化剂除包括载体和金属两个基本组分外，有的还有助剂等其他成分，金属组分的类型与加氢精制催化剂基本相同，载体有无定形的氧化铝、硅铝、硅镁等和沸石分子筛两类，可以分别使用，也可以混用。

2.6.3 工艺流程

2.6.3.1 加氢精制

我国馏分油的加氢精制，主要有二次加工汽油、柴油馏分的精制和含硫高的直馏煤油、柴油馏分的精制，以及催化裂化原料预精制。石油馏分的加氢精制尽管因原料不同和加工目的的不同而有所区别，但其化学反应的基本原理相同，工艺流程也没有明显的差别，一般都采用固定床绝热反应器。下面以柴油馏分的加氢精制为例来介绍其工艺流程。

图 2-11 是某柴油加氢精制装置的工艺流程。原料油(催化柴油和/或直馏柴油)自装置外来，首先通过原料油过滤器除去原料中大于 25μm 的颗粒，过滤后的原料油进入滤后原料油缓冲罐，再经反应进料泵升压后，在流量控制下与混合氢混合作为混合进料。混合进料经与反应产物换热后进入反应进料加热炉，加热至反应所需温度，然后再进入加氢精制反应器，在催化剂作用下进行脱硫、脱氮、烯烃饱和、芳烃饱和等反应。该反应器设置四个催化剂床层，床层间设有注急冷氢设施。

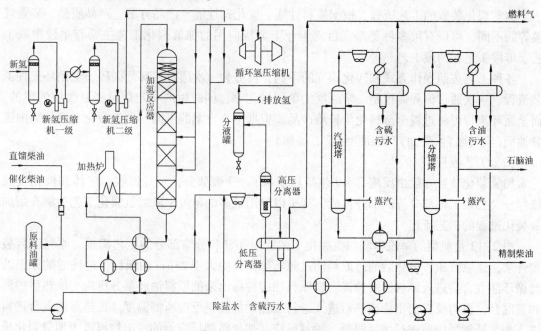

图 2-11 柴油加氢精制工艺流程

反应产物依次经与热混合进料、汽提塔底油、混合进料换热，然后经反应产物空冷器冷却至 50℃进入高压分离器。为了防止反应流出物中的铵盐在低温部位析出，将除盐水注至反应产物空冷器上游侧和换热器管程出口的管道中以溶解反应产生的铵盐。冷却后的反应产物在高压分离器中进行气、油、水分离。高分气(循环氢)经循环氢压缩机入口分液罐分液后，进入循环氢压缩机升压至 10.8MPa，然后分三路：一路作为急冷氢进入反应器；一路与经三级新氢压缩机升压至 11.0MPa 后的新氢混合，混合氢与原料油混合作为混合进料；另一路打旁路至反应产物空冷器前(未画出)，以防止压缩机在低循环量下引起的喘振。高分油减压后进入低压分离器，继续进行气、油、水分离。高压分离器底部的含硫污水减压后进入低压分离器脱气，低压分离器闪蒸出的低分气送至脱硫装置处理，底部的含硫污水减压后送出装置至酸性水汽提装置处理，低分油送去分馏部分。

从反应部分来的低分油经与精制柴油换热到约 200℃左右后从塔顶进入脱硫化氢汽提塔，汽提塔塔底通入汽提蒸汽，塔顶油气经汽提塔顶空冷器、汽提塔顶后冷器冷凝冷却至 40℃后进入汽提塔顶回流罐进行气、油、水分离。回流罐闪蒸出的含硫化氢气体与低分气一起送至脱硫装置处理；含硫污水与低分污水一起送出装置至酸性水汽提装置处理；油相经汽提塔顶回流泵升压后全部作为塔顶回流。为了抑制硫化氢对塔顶管道和冷换设备的腐蚀，在塔顶管道注入缓蚀剂。脱硫化氢汽提塔底油经与反应产物换热后进入产品分馏塔。分馏塔塔底设汽提蒸汽，塔顶油气经分馏塔顶空冷器、分馏塔顶后冷器冷凝冷却至40℃后进入分馏塔顶回流罐，回流罐液相经产品分馏塔顶回流泵升压后，一部分作为分馏塔的回流，另一部分作为石脑油产品送出装置。回流罐分水包排出的含油污水自压流出装置去污水处理装置。产品分馏塔底油经精制柴油泵升压后经换热器、空冷器冷却至50℃后作为柴油产品出装置。

2.6.3.2　加氢裂化

（1）流程类型

加氢裂化装置的工艺流程，根据原料性质、催化剂性能、产品方案、产品质量、装置规模等的不同，可以有很多种类型。目前工业上大量应用的加氢裂化工艺主要有单段串联工艺、单段工艺和两段工艺三种。

各种工艺按照操作方式和转化深度的不同，可分为一次通过、部分循环、全循环三种工艺流程。一次通过流程需控制一定深度的单程转化率，同时生产一定数量经过改质的尾油。而全循环流程可将进料全部转化为轻质产品。根据生产方案的不同，加氢裂化又可分为中馏分油型(喷气燃料-柴油)和轻油型(重石脑油)。

（2）工艺流程

加氢裂化装置一般由反应部分(包括压缩机)，分馏部分，轻烃回收、气体和液化气脱硫部分及公用工程部分等四部分构成。这里以应用最多的单段串联加氢裂化工艺为例介绍加氢裂化过程的工艺流程。

图2-12是典型的单段串联加氢裂化工艺反应部分和分馏部分的工艺流程。原料油自装置外来，经泵升压、换热后通过原料油过滤器除去其中大于$25\mu m$的颗粒，过滤后的原料油与循环油混合后进入原料油缓冲罐。自原料油缓冲罐出来的原料油经泵升压后与换热后的混和氢混合，再与反应流出物换热后进入进料加热炉加热至反应所需温度。加热后的混合进料进入加氢精制反应器进行加氢脱硫、脱氮反应，加氢精制反应器的流出物再进入加氢裂化反应器进行裂化反应。由加氢裂化反应器出来的反应流出物经换热降温至260℃后进入热高压分离器进行油、气两相分离。热高分气体经换热冷却至50℃进入冷高压分离器进行油、水、气三相分离；热高分液经加氢进料泵配液力透平(未画出)回收能量后进入热低压分离器。为了防止热高分气在冷却过程中析出铵盐堵塞管路和设备，通过注水泵将脱盐水注入热高分气空冷器上游管线。冷高分气体经循环氢脱硫塔脱硫、循环氢压缩机入口分液罐分液后进入循环氢压缩机升压，升压后的循环氢分为两路，一路作为急冷氢去反应器控制反应器各床层温度，另一路与来自经三级新氢压缩机升压后的新氢混合成为混合氢，混合氢经换热后与经加氢进料泵升压的原料油混合成为混合进料；冷高分油相与冷却后的热低分气体一并进入冷低压分离器；冷高分水相为含硫污水送出装置处理。冷低分气体至气体脱硫部分，冷低分液体经换热后与热低分液体送去分馏部分进行分馏。

冷低分液体与热低分液体从不同位置进入用蒸汽汽提的主汽提塔。主汽提塔塔顶油气经空冷器、后水冷器冷却后进入主汽提塔顶回流罐进行油、水、气三相分离，分离后的气体送至轻烃吸收塔；主汽提塔顶油分成两路，一路经回流泵升压后作为主汽提塔顶回流，另一路经泵升压后送至脱丁烷塔；分水包分出的酸性水至含硫污水总管。主汽提塔底液经泵升压、换热、分馏塔进料加热炉加热至约385℃后进入用蒸汽汽提的分馏塔下部进行分离。分馏塔

54

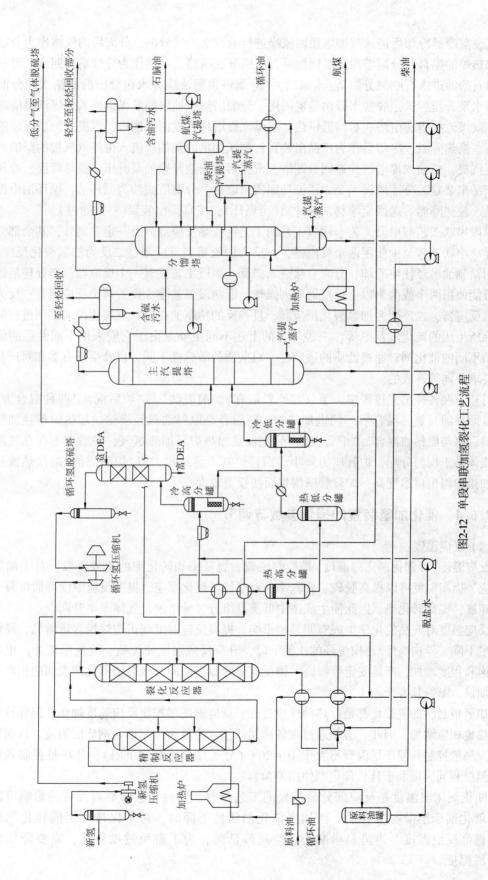

图2-12 单段串联加氢裂化工艺流程

顶油气经空冷器冷却后进入分馏塔顶回流罐进行油、水、气分离，分离后的气体作为分馏塔进料加热炉的燃料；分馏塔顶液经回流泵升压后分成两路，一路作为分馏塔顶回流，另一路作为粗石脑油进入石脑油分馏塔(未画出)；分馏塔顶回流罐分水包分出的凝结水经分馏塔顶凝结水泵升压后送至脱盐水罐供装置回用。分馏塔侧线抽出的航煤自流入航煤汽提塔进行汽提，航煤汽提塔底由塔底重沸器供热，航煤汽提塔顶气返回分馏塔，汽提后的航煤经航煤泵升压、换热降温、冷却后作为产品出装置；侧线抽出的柴油自流入由蒸汽汽提的柴油汽提塔进行汽提，柴油汽提塔顶气返回分馏塔，汽提后的柴油经柴油泵升压、换热降温、冷却后作为产品出装置。分馏塔设一个中段循环回流来取热。分馏塔底油为循环油，循环油由循环油泵送、换热降温后送回至原料油缓冲罐(全循环)，或直接出装置(一次通过)。

单段串联工艺与单段工艺、两段工艺的工艺流程除反应部分有一定差别外，其余部分大同小异。串联工艺至少使用两个反应器，一反为加氢精制反应器，二反为加氢裂化反应器，一反的精制油不经任何冷却、分离直接进入二反。单段工艺只有一个反应器，当处理量很大时也可能使用两个或两个以上反应器并列操作。而两段工艺至少设置两个反应器，一反为加氢处理反应器，二反则为加氢裂化反应器，且一反的精制油在进二反裂化段前必须进行分离以脱除所生成的硫化氢及氨等。三种工艺的上述不同主要是由于它们采用不同性能的催化剂，而不同的催化剂对原料性质的适应性、对杂质的敏感性不同，以及生产方案和对产品的质量要求不同等造成的。

另外，在各种工艺过程中，氢气与原料油有"炉前混油"与"炉后混油"两种混合方式。前者是原料油与氢气混合后一同进加热炉；而后者是原料油只经换热，加热炉单独加热氢气，随后再与原料油混合。"炉后混油"的优点是加热炉只加热氢气，炉管中不存在气液两相，流体易于均匀分配，炉管压力降小，而且炉管不易结焦，但"炉后混油"的换热流程复杂，加热炉因出口温度高、炉管管壁增加而使投资较大。

2.6.4　催化加氢装置的操作参数与调节

(1) 反应温度

反应温度(即催化剂床层温度)是控制脱硫、脱氮率和转化率的重要手段。对于加氢精制反应，提高温度可以提高脱硫、脱氮率；对于加氢裂化反应，提高反应温度可加快裂解反应的速度，提高转化率，因此使生成油中低沸点组分含量增加，气体产率升高。

反应温度对产品的化学组成有明显的影响。提高反应温度则正构烷烃含量增加，异构烷烃含量下降，异构烷烃/正构烷烃的比值下降；升高反应温度使脱硫、脱氮率增加，也使烯烃的饱和程度增加，产品安定性提高。但反应温度提高的同时也会使催化剂表面的积炭结焦速度加快，影响其寿命。

加氢精制和加氢裂化都是放热的反应过程，反应温度增加使反应速度加快，但释放出的反应热也相应增加。因此，必须通过在各床层间注入冷氢来控制催化剂床层温度，以保护催化剂。一般控制每段床层温升不大于 $10\sim20℃$ (分子筛催化剂取下限)，并尽量控制各床层入口温度相同，以利于延长催化剂使用寿命。

催化剂床层温度是反应部分最重要的工艺参数，其他工艺参数对反应的影响可以用调整催化剂床层温度来补偿。比如当催化剂活性下降时，为了保持一定的转化深度就需要提高反应温度。当进料量减小、空速降低时，为了避免过度转化，需要降低催化剂床层温度。

反应温度主要取决于催化剂性能、产品质量和原料油性质，应在催化剂活性允许的条件下采用尽可能低的反应温度。加氢精制的反应温度一般不超过420℃。加氢裂化可选的温度范围较宽，一般为260~440℃。

加氢精制反应温度主要通过调节进料加热炉出口温度和催化剂床层间的冷氢量进行控制。加氢裂化反应温度主要通过调节裂化反应器入口温度和催化剂床层间的冷氢量进行控制。

（2）反应压力

反应压力对加氢过程的影响是通过系统中的氢分压来实现的，氢分压决定于操作总压、氢油比、循环氢纯度、原料油汽化率及转化深度等。氢分压一般以反应器入口的循环氢纯度乘以总压来表示。总的来说，提高氢分压可加快加氢过程的反应速率，但对各种反应的影响程度不同。

对于加氢精制过程，由于加氢脱氮比加氢脱硫困难，压力对提高加氢脱氮反应速率的影响远大于加氢脱硫。通常硫化物的加氢脱硫和烯烃的加氢饱和反应在压力不太高时即可达到较高的转化深度，而馏分油的加氢脱氮则需要比加氢脱硫更高的反应压力，且氮含量越高则所需的反应压力也越高。另外，提高压力可显著地提高芳烃加氢饱和的反应速率。

对于加氢裂化过程，烷烃和环烷烃的加氢裂化反应不需要很高的氢分压就可以达到很高的反应速率。但由于加氢裂化还需要转化芳烃，特别是双环以上的芳烃需经历芳环加氢饱和过程，因此需要较高的氢分压。另外，原料油越重，反应压力也应越高。

提高反应压力虽有利于促进氮化物的加氢裂解和抑制缩合反应，因而减缓催化剂表面积炭速度，延长催化剂使用寿命，但设备投资相应增加，氢耗、能耗增加。降低反应压力，可以减少设备投资，能耗、氢耗均可下降，但氢浓度降低将导致催化剂表面上酸性中心结焦，加快积炭速度和缩短催化剂再生周期。

因此，反应压力对反应速度的影响要根据原料油性质、催化剂类型、产品要求和经济效益等诸多因素综合考虑。在具体工业装置上，反应压力并不作为一个操作变数。目前工业上催化加氢装置的操作压力一般在7.0~20.0MPa之间。

氢分压可通过以下方法来调节：通过调节补充新氢量改变总的系统压力；调节补充氢纯度；调整循环氢压缩机的转速；增加新氢量，加大排放废气量以提高循环氢纯度。

（3）空速

空速反映了装置的处理能力，也是控制加氢反应深度的一个重要参数。在加氢精制过程中，反应温度一定时降低空速，反应时间增长，烯烃饱和率、脱硫率和脱氮率都有所提高。在加氢裂化条件下，提高空速则反应时间缩短，原料转化率降低，加氢裂化转化深度下降，床温下降，氢耗略有下降，反应产物中轻组分减少，轻油收率下降，中间馏分油收率提高。因此，改变空速也和改变反应温度一样，是调节产品分布的一种手段。

空速的选择主要取决于催化剂活性、原料油性质和反应深度。提高空速意味着处理能力增大，故在不影响原料转化深度的前提下，应尽量提高空速，但空速的增加受到设备设计负荷的限制和相应的温度限制。实际生产中，反应器催化剂装填量一定，则空速随反应进料量变化而变化，也就是说进料量确定了，空速也就确定了，因此空速不是装置的主要调节参数。加氢过程的空速一般为0.5~10h^{-1}。

（4）氢油比

在加氢反应系统中，氢分压高对加氢反应在热力学上有利，同时也能抑制生成积炭的缩合反应。维持较高的氢分压是通过大量氢气循环来实现的。因此，加氢过程所用的氢油比大大超过化学反应所需要的数值。提高氢油比可以提高氢分压，有利于传质和加氢反应的进行。另外，大量的循环氢还可以把加氢过程放出的热量从反应器内带走，有利于床层温度的平稳。但是氢油比的提高也有一定的限度，过高会使原料在反应器内的停留时间缩短，加氢反应深度下降，同时增加了动力消耗，使操作费用增大。氢油比也不宜太小，过小会使加氢反应深度下降，催化剂积炭率增加；同时，换热器、加热炉管内的气体和液体流动变得不稳定，会造成系统的压力、温度波动。因此，要根据具体操作条件选择适宜的氢油比。例如汽油加氢精制的氢油比为 100~300（体积比），柴油加氢精制为 200~600（体积比），加氢裂化一般为 1000~2000（体积比）。

（5）催化剂活性

催化剂活性对加氢操作、产品收率和产品性质有着显著的影响，提高活性可以降低反应温度和压力，提高空速或降低氢油比。提高催化剂选择性，则可以生产更多的目的产品，减少不必要的副产品，增加催化剂的抗毒能力。随着开工周期延长，催化剂活性逐渐下降，此时必须相应提高反应温度，以保持一定的催化剂活性。在生产过程中，操作水平的高低及各种不正确的操作方法，均对催化剂活性有较大影响。

（6）循环氢纯度

循环氢纯度与催化剂床层的氢分压有直接的关系，保持较高的循环氢纯度，则可保持较高的氢分压，有利于加氢反应，是提高产品质量的关键一环。同时保持较高的循环氢纯度，还可以减少油料在催化剂表面缩合结焦，起到保护催化剂表面的作用，有利于提高催化剂的活性和稳定性，延长使用周期。但是如果要求过高的循环氢纯度，就必须大量排放部分循环氢，这使氢耗明显增大，成本提高。一般循环氢纯度控制在 85%（体积）以上。

2.6.5　催化加氢装置的主要工艺控制指标

不同的加氢精制、加氢裂化装置，由于加工的原料、采用的催化剂、生产方案、产品质量以及工艺过程等的不同，其操作条件和工艺控制指标可能有较大差别。表 2-13 和表 2-14 分别是一些加氢精制装置和馏分油加氢裂化装置的典型控制指标，仅供参考。

表 2-13　加氢精制装置的典型控制指标

装置（原料）	I（直馏柴油）	II（催化柴油）	III（直柴+催柴）	IV（直柴+催柴）
反应部分				
反应器入口温度/℃	初期 300，末期 340	331	初期 322，末期 355	
反应器出口温度/℃	初期 326，末期 364	373	初期 362，末期 390	≥405
催化剂床层温升/℃	≥40	≥40		≥75
反应器入口压力/MPa	4.12	7.94	6.3	≥7.8
反应器差压/MPa	≥0.3	≥0.4	≥0.3	≥0.5
体积空速/h⁻¹	≥4	2.19	2.0	0.8~1.5
反应器入口氢分压/MPa		6.4		
反应器入口氢油体积比	≤200	330	≤240	≤350
高压分离器压力/MPa	3.43	6.86	5.4	
低压分离器压力/MPa	1.18	1.18	1.6	
新氢纯度/%（体积）	≤87	≤87	≤87	≤88
循环氢纯度/%（体积）	≤80	≤85	≤85	≤80

装置(原料)	Ⅰ(直馏柴油)	Ⅱ(催化柴油)	Ⅲ(直柴+催柴)	Ⅳ(直柴+催柴)
分馏部分				
脱硫化氢汽提塔				
进料温度/℃	210	195	215	180~220
塔顶温度/℃	209	199	215	150~220
塔底温度/℃	208	198	218	
塔顶压力/MPa	0.62	0.63	0.7	
产品分馏塔				
进料温度/℃	247	270	273	255~285
塔顶温度/℃	151	142	162	120~160
塔底温度/℃	294	255	317	
塔顶压力/MPa	0.13	0.25	0.15	

表2-14 加氢裂化装置的典型控制指标

装置(工艺)	Ⅰ(单段串联循环)	Ⅱ(单段串联循环)	Ⅲ(单段循环)	Ⅳ(单段串联循环)
反应部分				
加氢精制反应器(段)				
入口温度/℃	初期355/末期377		339	初期365/末期390
出口温度/℃	初期388/末期407	初期≥405/末期≥425	404	初期≥405/末期≥425
总温升/℃	初期49/末期46		93	每一床层均≥15
入口压力/MPa	14.8	16.3	17.45	>12
入口氢分压/MPa	13.2	≤15.0		≤10
总压降/MPa	≥0.4		0.14	≥0.4
体积空速/h⁻¹	1.8	1.9	1.03	
氢油体积比	850	650	710	>700
加氢裂化反应器(段)				
入口温度/℃	初期383/末期397	初期368/末期409	364	初期380/末期406
出口温度/℃	初期394/末期407	初期374/末期413	394	初期390/末期416
总温升/℃	初期40/末期37	初期30/末期28	49	每一床层均≥15
入口压力/MPa			17.27	
氢分压/MPa	12.5			
总压降/MPa	≥0.4	0.32	0.1	≥0.4
体积空速/h⁻¹	1.98	1.5	0.98	
氢油体积比	850	650	1200	
新氢纯度/%(体积)				≥96
循环氢纯度/%(体积)	≤84	≤85		≤88
热高压分离器				
液位/%	40~60			40~60
压力/MPa	13.7	15.3		10.8
温度/MPa	≥260	210		250~280
冷高压分离器				
液位/%	40~60			40~60
压力/MPa	13~13.53	15.0		10.0~10.65
温度/MPa	≥50	50		≥50

装置(工艺)	I(单段串联循环)	II(单段串联循环)	III(单段循环)	IV(单段串联循环)
热低压分离器				
液位/%	40~60			40~60
压力/MPa	1.9	2.25	16.05	
温度/MPa	≥260	210		250~280
冷低压分离器				
液位/%	40~60			40~60
压力/MPa	≥1.8	2.2		1.8~2.2
温度/MPa	≥50	50		≥50
分馏部分				
主汽提塔				
进料温度/℃	260(热)/212(冷)	207		270(热)/175(冷)
塔顶温度/℃	80~118	98		60~85
塔底温度/℃	214~244	187		306
塔顶压力/MPa	0.8~0.9	0.73		1.25
常压分馏塔				
进料温度/℃	385	346		385
塔顶温度/℃	≥120	127		100~130
塔底温度/℃	330~359	318		352
塔顶压力/MPa	0.03~0.06	0.07		0.08~0.15

2.7　催化重整

催化重整是指在一定条件和催化剂的作用下，使石脑油中的环烷烃和正构烷烃分子结构重新排列，转化为芳烃和异构烷烃，同时副产氢气的工艺过程。

重整生成油富含芳烃和异构烷烃，是优质的高辛烷值汽油调合组分，一般的大型炼油厂中催化重整汽油约占产品汽油的30%~40%。重整生成油经芳烃抽提生产的苯、甲苯、二甲苯(简称BTX)占世界BTX总产量的70%左右，是重要的化纤、橡胶、塑料和精细化工的基本原料。另外，催化重整的副产氢气是炼油厂加氢装置的主要氢源之一。因此，催化重整装置不仅是重要的石油炼制工艺之一，在石油化工过程中也占有十分重要的地位。

采用不同的催化剂，催化重整有不同的名称。采用铂金属催化剂的重整过程称铂重整，采用铂铼催化剂的称铂铼重整(或双金属重整)，采用多金属催化剂的称多金属重整。

2.7.1　原料和产品

(1) 原料

目前，大部分炼油厂的催化重整装置都以常减压蒸馏装置得到的低辛烷值直馏石脑油(粗汽油)为原料。我国由于石脑油缺乏，为了解决重整装置和乙烯装置争料问题，有些炼油厂也将加氢裂化石脑油、焦化石脑油、乙烯裂解石脑油、抽余油甚至催化裂化石脑油作为催化重整的原料。为了满足重整工艺对原料组成的要求，上述各种原料中除加氢裂化石脑油外，基本上都需要先经过适当的处理后才能作为催化重整装置的进料。

在催化重整过程中，催化剂很容易因多种金属及非金属杂质而中毒，失去催化活性。为了保证使重整装置能够长周期运转，处理量大且目的产品收率高，则必须选择适当的重整原料并予以精制处理。对重整原料的选择主要有三方面的要求，即馏分组成、族组成和毒物及杂质含量。

对重整原料馏分组成的要求可根据生产目的来确定。催化重整装置主要有两种生产目的，即高辛烷值汽油调合组分和芳烃，不同生产目的可根据表2-15选择适宜的馏分组成。

表2-15 生产高辛烷值汽油组分及各种芳烃时的适宜馏程

目的产物	适宜馏程/℃	目的产物	适宜馏程/℃
苯(B)	60~85	苯-甲苯-二甲苯-重芳烃	60~165
甲苯(T)	85~110	高辛烷值汽油组分	80~180
二甲苯(X)	110~145	轻芳烃-高辛烷值汽油组分	60~180
苯-甲苯-二甲苯	60~145		

重整原料的族组成与产品收率和重整操作条件等密切相关。含较多环烷烃的原料是良好的重整原料。重整指数(或芳构化指数)和芳烃潜含量是表征重整原料油质量的重要指标。重整指数表示原料中环烷烃(N)和芳烃(A)的含量，通常用(N+2A)表示，重整指数越高则重整生成油的芳烃产量越大，辛烷值越高。芳烃潜含量表示原料中的$C_6 \sim C_8$环烷烃全部转化为芳烃的量与原料中芳烃量之和。重整生成油的实际芳烃含量与原料的芳烃潜含量之比则称为芳烃转化率或重整转化率。芳烃潜含量只能说明生成芳烃的可能性，实际的芳烃转化率除取决于催化剂的性质和操作条件外，还取决于环烷烃的分子结构。

对重整原料中杂质的要求，通常与催化剂的类型和操作条件密切相关。尤其是对双金属催化剂，随着催化剂Pt含量的降低以及操作压力的降低，对毒物的敏感性增强，抗杂质干扰能力也有所下降，因此对原料油的杂质含量要求也越严格。表2-16是我国双(多)金属重整催化剂对原料中杂质含量的要求与限制。

表2-16 我国双(多)金属催化剂对重整原料杂质含量的限制

杂质	半再生催化剂	连续重整催化剂	杂质	半再生催化剂	连续重整催化剂
As/(ng/g)	<1	<1	S/(μg/g)	<0.5	0.25~0.5
Pb/(ng/g)	<10	<10	Cl/(μg/g)	<0.5	<0.5
Cu/(ng/g)	<10	<10	H_2O/(μg/g)	<5	<2
N/(μg/g)	<0.5	<0.5			

（2）产品

① 高辛烷值汽油　催化重整产物中含有较多的芳烃和异构烷烃，它们都是高辛烷值汽油组分。重整汽油的辛烷值(RON)一般在95~105，是生产无铅汽油，特别是调合优质无铅汽油的重要组分，对调合汽油的辛烷值贡献大、可大幅度降低汽油的烯烃含量和硫含量，并可有效改善汽油的辛烷值分布。

② 轻芳烃　在重整生成油中，苯、甲苯、二甲苯及较大分子芳烃的含量很高，它们都是重要的化工原料。例如，苯可作聚酰胺纤维的原料，甲苯可以作为生产聚氨酯的原料，对二甲苯可生产聚酯纤维等。

③ 溶剂油　在芳烃生产过程中，重整生成油经芳烃抽提后产生部分抽余油，其主要组分是烷烃和环烷烃，芳烃的含量很少，且不含硫化物、氮化物以及重金属等有害物质，是生

产优质溶剂油的良好原料。

④ 氢气　氢气是重整装置的重要副产品,可以作为现代炼油、石油化工和合成行业(如合成氨、合成甲醇等)的氢源。在炼油厂中,重整氢气除了少部分用于重整装置的预加氢外,绝大部分经提纯后为加氢装置提供氢源。

2.7.2　工艺原理

对催化重整过程来说,无论是生产高辛烷值汽油组分还是生产轻芳烃,都要求将烷烃和环烷烃最大限度的转化成芳烃。在催化重整反应条件下,芳环十分稳定,不易发生化学反应。故催化重整反应过程中主要考虑烷烃和环烷烃的转化反应。

原料在催化重整反应器中所发生的化学反应可以归纳为三大类五种。①脱氢反应:包括六元环烷烃的脱氢反应、五元环烷烃的异构脱氢反应和烷烃的环化脱氢反应,其反应速度依次减小。六元环烷烃的脱氢反应是催化重整过程中最基本的反应,烷烃的环化脱氢反应对重整汽油的辛烷值和芳烃产率具有重要影响。这三种反应都是强吸热、体积增大、生成芳烃并产生氢气的可逆反应,无论是对于生产高辛烷值汽油还是对生产轻芳烃来说都是有利的。②烃类的异构化反应:包括五元环烷烃异构生成六元环烷烃和正构烷烃异构生成异构烷烃,是放热反应。由于六元环烷烃和异构烷烃更易于转化生成芳烃,所以该反应对于提高汽油辛烷值和增加轻芳烃收率也是有利的。③烃类的氢解和加氢裂化反应。加氢裂化反应生成较小的烃分子,使液体产品收率下降,但在加氢裂化的同时伴随着异构化反应,使汽油辛烷值提高,尽管如此,还应适当控制加氢裂化反应的发生。

除以上三大类反应以外,催化重整过程中还会发生少量的烯烃饱和反应、缩合生焦反应、芳烃的脱烷基和烷基转移等反应。

2.7.3　工艺流程

催化重整的目的产品不同时,其工艺流程也不相同。生产高辛烷值汽油时,重整工艺主要由原料预处理和重整反应两部分组成;生产芳烃时,除上述两部分外,还必须把目的产品(芳烃)从重整生成油中分离出来,即还需要芳烃抽提和芳烃精馏两部分。这里主要介绍原料预处理和重整反应部分的工艺流程。

2.7.3.1　原料预处理部分

原料预处理主要包括预分馏、预加氢和脱水等过程,主要目的是为重整反应提供馏程合适、杂原子和水分含量合格的原料油。

（1）预分馏

重整装置的生产目的不同,要求原料的馏程也不同。重整原料中不应含有不能生成芳烃的 C_6 以下的轻烃,轻烃不仅不能生成芳烃,还会增加装置能耗,降低氢气纯度等。为提高重整装置的经济性,需通过预分馏来切取合适的馏分。

目前工业装置中最常见的是重整进料的终馏点由上游装置控制合格,但初馏点过低,可采用单塔蒸馏流程以除去原料中的较轻组分。图 2-13 是典型的前分馏单塔流程原料预处理部分的工艺流程,全馏分石脑油由原料油泵从原料油罐抽出并升压后,经过换热达到预定的温度后进入预分馏塔,在预分馏塔内切割为轻、重两个馏分,塔顶轻组分(拔头油)出装置作为汽油调合组分,塔底重组分送到预加氢反应部分。该工艺流程可以降低预加氢反应部分的处理负荷,对拔头油硫含量要求不高的情况比较适用。

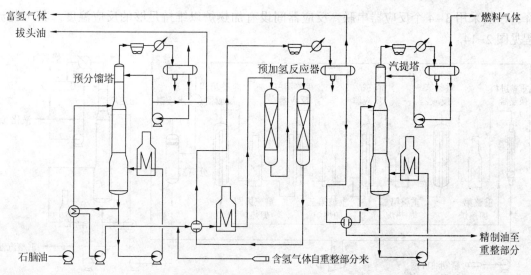

图 2-13　重整原料预处理部分工艺流程

（2）预加氢

预加氢的目的是脱除原料中对重整催化剂有害的杂质，使杂质含量达到要求。同时，还可使原料中携带的部分烯烃得到饱和，减少催化剂上的积炭，以延长操作周期。

预加氢一般采用钼酸钴、钼酸镍催化剂，预加氢的典型反应条件为：压力 2.0 ~ 2.5MPa，氢油体积比 100~200，空速 4~10h^{-1}，氢分压约为 1.6MPa。若原料含氮量较高时，需提高反应压力。若原料含砷量和氯含量超高，则还需要增加预脱砷和脱氯设施。

原料经加热后进入预加氢反应器，预加氢反应生成物经换热、冷却后进入高压分离器。高压分离器出来的富氢气体可作为加氢精制单元的氢源，液体油品去汽提脱水部分以除去其中的 H_2O、NH_3、H_2S 等。

（3）脱水

预加氢反应器出来的油-气混合物经冷却后在油气分离器中进行气液分离，由于相平衡的原因，部分 H_2S、NH_3、H_2O 和 HCl 等杂质溶解在生成油中。为保护催化剂，必须除去这些溶解在加氢生成油中的杂质。

采用纯汽提方法处理后的加氢生成油，水分和硫含量均不能够满足重整进料的要求，为此需要采用蒸馏汽提的方法，其工艺流程如图 2-13 所示。从油气分离器来的加氢生成油经换热后进入汽提塔，塔底设重沸炉将塔底油加热后返回塔内。塔底得到几乎不含水分的油，加氢生成油中的 H_2S 等也从塔顶排出，汽提塔顶得到酸性水和轻烃的混合物。汽提塔的操作压力约为 1.0MPa。

2.7.3.2　重整反应部分

根据催化剂再生方式的不同，重整反应部分可以分为固定床半再生式重整装置、固定床循环再生重整装置和移动床连续再生重整装置。与固定床半再生式重整装置相比，固定床循环再生重整装置中只是多了一个可以轮流切换出来进行再生的反应器，因此，这里只介绍固定床半再生式重整装置和移动床连续再生重整装置反应部分的工艺流程。

（1）固定床半再生式重整工艺

重整过程是在一定的温度和压力下进行的，反应过程包括升压、换热、加热、临氢反应、冷却、气液分离和油品分馏等过程。重整是吸热反应，物料通过绝热反应器后温度会下降，一般采用3~4个反应器串联，反应器间设有加热炉以维持足够的反应温度。其工艺流程见图2-14。

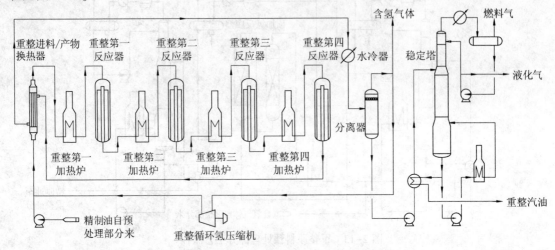

图2-14　固定床催化重整工艺流程

预处理精制后的石脑油由泵送入反应部分，先与循环氢混合，然后进入混合进料换热器与反应产物换热。换热后的物料经第一加热炉加热至反应温度后进入第一反应器，再依次经过第二加热炉、第二反应器、第三加热炉、第三反应器、第四加热炉、第四反应器。反应产物在混合进料换热器中与进料换热，再经冷却器冷却后进入产物分离罐，罐顶分出含氢气体，一部分作为循环氢，另一部分作为副产氢气送出装置。罐底的液体产物进入后续设备进行处理。

半再生式重整装置一个反应周期结束后，催化剂进行原位再生，再生流程与反应流程相同。

（2）连续重整工艺

连续重整是指催化剂可以连续再生的重整工艺。连续重整工艺采用移动床反应器，催化剂在反应器和再生器之间连续移动。由于催化剂上的积炭可以在装置不停工的条件下及时再生，能保持催化剂的活性，故其采用的反应条件比较苛刻，压力和氢油比较低，且装置的操作周期比较长。

连续重整反应器一般采用径向反应器，其结构详见本书第3章图3-121~图3-123。催化剂在反应器内依靠重力自上而下流动，而反应物则从催化剂床层外侧的环形空间径向穿过催化剂床层，进入反应器中心的收集管后再离开反应器。

图2-15是采用UOP公司CycleMax再生工艺的连续重整反应-再生系统的工艺原则流程图，图2-16是采用IFP/Axens公司RegenC再生工艺的连续重整反应-再生系统的工艺原则流程图。这两种工艺的反应物料流向与图2-14所示的固定床工艺相同，主要区别在于反应器的布置方式不同，其中UOP技术为轴向重叠式，而IFP技术为水平并列式。

（3）重整催化剂的再生

固定床半再生重整装置的催化剂再生采用原位再生，反应结束后，经过置换，通入含氧气体进行再生。而连续重整装置的再生在反应过程中同时在单独的再生系统内进行，在再生器的不同部位依次进行烧焦、氯化更新和干燥等过程。下面以UOP公司的第三代连续重整CycleMax再生工艺为例来介绍连续重整过程的催化剂再生工艺，如图2-15所示。

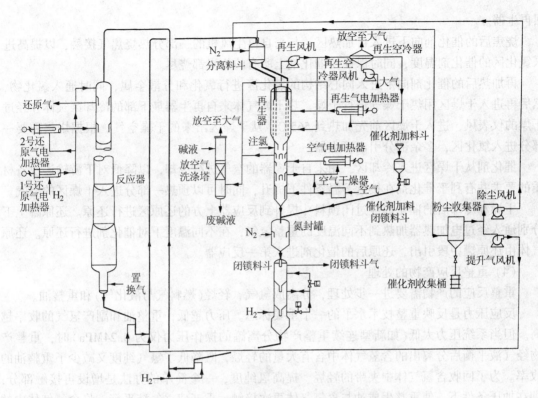

图 2-15 UOP 连续重整反应-再生系统工艺流程

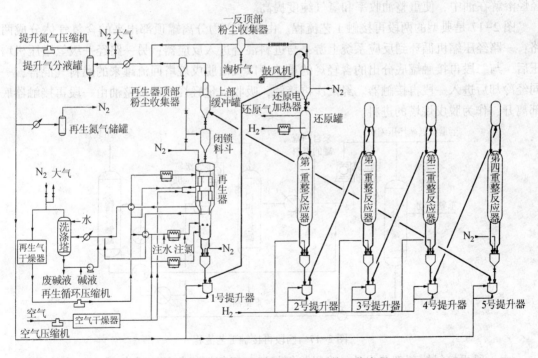

图 2-16 IFP 连续重整反应-再生系统工艺流程

CycleMax 工艺的再生器分成烧焦、再加热、氯化、干燥和冷却五个区。催化剂由最后一个反应器提升进入再生器后，先在上部两层筛网之间进行烧焦，烧焦所用氧气来自氯化区的气体供给，烧焦气氧含量 0.5%~0.8%。烧焦后气体用再生风机抽出，经空冷器冷却后返回再生器。

烧焦后的催化剂向下进入再加热区，与来自再生风机的一部分热烧焦气接触，以提高进入氯化区的催化剂温度，同时保证使催化剂上所有的焦炭都烧尽。

再加热后的催化剂向下进入同心结构的氯化区进行氧化和分散金属，同时通入氯化物，然后再进入干燥区用热干燥气进行干燥。热干燥气体来自再生器最下部的冷却区气体和经过干燥的仪表风，进入干燥区前先加热到565℃。从干燥区出来的干燥空气，根据烧焦需要一部分进入氯化区，多余部分引出再生器。

催化剂从干燥区进入冷却区，用来自干燥器的空气进行冷却，以降低对下游输送设备材质的要求并有利于催化剂在接近等温条件下提升，同时可以预热一部分进入干燥区的空气。

干燥和冷却后的催化剂经过闭锁料斗提升到反应器上方的还原区进行还原。还原罐上下分别通入经过电加热器加热到不同温度的重整氢气，在不同温度下对催化剂进行还原。还原气体由还原罐中段引出，还原后的催化剂进入第一反应器。

(4) 重整反应产物的处理

重整反应的产物需要进一步处理，分离成氢气、轻烃(燃料气与液化气)和重整油。

反应压力是反映重整技术水平的一个重要标志。压力越低，重整油和副产氢气的收率越高。但当系统压力太低(如新型连续重整产物分离罐的操作压力仅为 0.24MPa)时，重整产物经气液平衡后分离出的含氢气体中含有大量的轻烃，既降低了氢气纯度又减少了重整油的收率。为了回收含氢气体中夹带的轻烃、提高氢纯度，一个简单的办法是增设再接触部分，即在加压条件下，使重整生成油与含氢气体再次接触，重新建立气液平衡，将含氢气体中的轻烃溶解在油中，使重整油收率和氢气纯度提高。

图 2-17 是典型的两段再接触工艺流程。由重整产物分离罐顶部出来的含氢气体分成两路：一路经压缩机循环到反应系统上游，与进料混合进入反应器；另一路经一级氢增压机增压后，与二段再接触罐底分出的含轻烃的重整液以及由脱戊烷塔回流罐来的燃料气混合，一同经冷却后进入一段再接触器。经两次再接触，吸收大量轻烃后的重整油由一段再接触器底部离开，作为脱戊烷塔的进料。

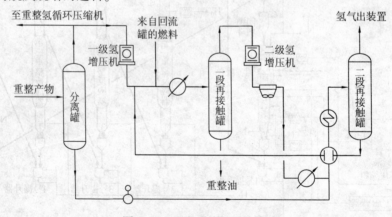

图 2-17　两段再接触工艺流程

由一段再接触罐顶部分出的一次吸收氢气经二级氢压机加压、冷却后，与重整产物气-液分离罐分出的、经泵增压后的重整液汇合，进入二段再接触罐，罐顶分出经两次加压、冷却分出轻烃后的高纯度氢气。二段再接触罐底分出的吸收部分轻烃后的重整液，作为一段再接触罐的吸收剂。

2.7.4 催化重整装置的操作参数与调节

影响催化重整反应结果的因素众多，除了催化剂和原料性质以外，影响催化重整反应的操作参数主要有反应压力、反应温度、空速和氢油比等。这些操作参数不仅影响催化重整的产品质量、产率和催化剂失活，还与装置的投资以及操作费用等密切相关，同时也反映了装置技术水平的高低。

在一定催化剂性能条件下，催化重整的操作参数取决于原料性质和产品要求，不同的原料和产品性质要求，应当选用不同的操作条件，而且操作条件在一定范围内可以互相补偿，如采用较高的空速时，可以适当提高反应温度来达到同样的反应效果。

（1）反应压力

反应压力是催化重整最基本的操作参数，对产品收率、反应温度及催化剂的稳定性都有影响。催化重整的主要反应是环烷烃的脱氢和烷烃的环化脱氢反应，都是分子数变多的反应，从热力学观点考虑，降低反应压力有利于芳烃的生成反应，但另一方面，降低反应压力后，氢分压降低，催化剂上的积炭速率增加，催化剂的活性和稳定性降低，操作周期缩短。另外，反应压力的选择还与原料和催化剂的性质有关，如易生焦的原料通常采用较高的反应压力，而催化剂的容焦能力大、稳定性好时则可以采用较低的反应压力。

目前，半再生式催化重整装置的操作压力一般为 1.0~1.8MPa，连续操作装置的反应压力一般为 0.8~1.0MPa，新一代连续重整装置的反应压力已降低到 0.35MPa。

（2）反应温度

催化重整的主要反应如环烷烃脱氢和烷烃的环化脱氢反应都是强吸热反应，不管是从反应速率还是化学平衡角度来讲，提高反应温度都有利于重整反应。反应温度是催化重整反应过程中最重要的可调参数。但重整反应温度的提高会受液体收率、催化剂稳定性以及设备材质等方面的限制。所以，反应温度的选择应综合考虑各方面的因素。

一般来说，采用铂催化剂时反应温度低一些，而采用铂铼、铂锡等双金属和多金属催化剂时可采用比较高的反应温度。目前工业装置中重整反应器的入口温度多在 480~530℃ 之间。

（3）空速

空速反映了反应时间的长短，是催化重整过程的重要操作参数。空速不仅影响重整产品的质量，还会影响重整装置的处理量。

由于重整反应中不同烃类的反应速率不同，故空速对各类反应的影响也不相同。一般来说，空速的改变对反应速度较慢的反应具有较明显的影响。所以，重整反应过程中空速的选择需要考虑原料的性质不同，如对易转化的环烷基原料，可选用较高的空速，而对反应速率较慢的石蜡基原料，需采用较低的空速。调整进料空速的原则是先降温后降空速，以保护催化剂。

工业上，一般铂重整装置的空速在 $3h^{-1}$ 左右，铂铼重整的空速为 $1.5\sim2h^{-1}$。

2.7.5 催化重整装置的主要工艺控制指标

采用 UOP 技术的某 $80\times10^4t/a$ 连续重整装置的主要工艺控制指标见表 2-17。表 2-18 是国内部分催化重整装置的操作参数，仅供参考。

表 2-17　某 $80 \times 10^4 t/a$ 连续重整装置主要工艺控制指标

项　目	控制指标（或设计值）	项　目	控制指标（或设计值）
预处理部分		汽提塔底液位/%	50~60
进料缓冲罐液位/%	50~60	重整反应部分	
预分馏塔进料温度/℃	118.6	反应器加权平均入口温度($WAIT$)/℃	528
预分馏塔顶温度/℃	86.6	反应器加权平均床层温度($WABT$)/℃	495
预分馏塔顶回流罐压力/MPa	0.25	一反/二反/三反/四反床层温降/℃	139/81/60/38
预分馏塔回流比 $R(L/D)$	0.97	一反/二反/三反/四反催化剂装填比例/%	14.8/18.1/25.2/41.9
预加氢反应温度(初期~末期)/℃	280~350	氢烃摩尔比	1.37
预加氢体积空速/h^{-1}	6.0	体积空速/h^{-1}	2.42
预加氢反应器氢油比	90	平均反应压力/MPa	0.35
预加氢反应器入口压力/MPa	2.7	重整产物分离罐压力/MPa	0.25
预加氢产物分离罐压力/MPa	2.0	重整产物分离罐液位/%	40~50
预加氢产物分离罐液位/%	40~50	一反~四反加热炉炉膛温度/℃	≥800
预加氢进料加热炉炉膛温度/℃	≥800	一反~四反加热炉炉膛负压/Pa	-40~-20
预加氢进料加热炉炉膛负压/Pa	-40~-20	催化剂再生部分	
汽提塔进料温度/℃	168.7	烧焦区入口氧含量/%(体积)	0.5~0.8
汽提塔顶温度/℃	126.2	烧焦区入口温度/℃	477
汽提塔回流比	0.22	烧焦区烧焦温度/℃	≥593
汽提塔顶回流罐压力/MPa	1.0	氯化区入口温度/℃	510
汽提塔顶回流罐液位/%	40~50	干燥区入口温度/℃	565
汽提塔底返塔温度/℃	220~240	吹扫区与分离区压差/kPa	2.5
汽提塔底重沸炉炉膛温度/℃	≥800	吹扫区与闭锁料斗压差/kPa	3.8
汽提塔底重沸炉炉膛负压/Pa	-40~-20	分离料斗与再生器压差/kPa	0

表 2-18　国内部分催化重整装置的操作数据

装　置	固定床半再生式		移动床连续再生式	
	AQ	HRB	ZA(重叠式)	ZB(并列式)
原料性质				
密度(20℃)/(g/cm^3)			0.734	0.732
馏程/℃	67~166	73~178	77~158	53~175
族组成(P/N/A)/%	61.2/31.4/7.4	56.6/37.2/6.2	52.63/37.93/9.44	56.52/37.21/6.27
反应条件				
催化剂	CB-6/CB-7	CB-11/CB-8	GCR-100	RC011
一反入口温度/温降/℃	482/75	498/59		528/141
二反入口温度/温降/℃	487/47	498/46	WAIT520	528/73
三反入口温度/温降/℃	502/27	500/22	WABT490	528/57
四反入口温度/温降/℃	505/24	500/14		528/38
体积空速/h^{-1}	1.81	2.00	1.98	2.4(WHSV)
氢油体积比	1205	一段 978/二段 1599	2.5(mol)	2.4(mol)
分离罐压力/MPa	1.25	1.0	0.24	0.23
产品				
C$_5^+$产品辛烷值(RON)	91.0	94.2	100.7	102
C$_5^+$收率/%(体积)	87.9	85.12	89.4	85.22
芳烃产率/%(体积)	48.7	49.1	66.65	
H$_2$产率/%(体积)	2.15	2.48	3.57	3.82

2.8 延迟焦化

焦炭化过程(简称焦化)是以贫氢重质油(如减渣、裂化渣油等)为原料,在高温(500~550℃)下进行深度热裂化和缩合反应的热加工过程,是处理渣油的手段之一,又是唯一能生产石油焦的工艺过程。

焦化是重要的重油轻质化过程,其主要优点是它可以加工残炭值及金属含量很高的各种劣质渣油,而且工艺比较简单,投资和操作费用低。它的主要缺点是焦炭产率高及液体产物的质量差。如今焦化过程已不仅仅单纯为了增产汽油、柴油等轻质油品,石油焦也不再只是焦化过程的副产品,焦化工艺已经成为生产碳材料的重要工艺技术。随着渣油/石油焦的气化技术和焦化-气化-气电联工艺技术的不断发展,延迟焦化工艺在今后很长一段时间内都将是渣油深度加工的重要手段。

炼油工业中曾采用过的焦化方法主要有釜式焦化、平炉焦化、接触焦化、延迟焦化、流化焦化和灵活焦化等。目前世界上焦化的主要形式是延迟焦化和流化焦化,约85%以上的焦化处理能力都属于延迟焦化类型。所谓延迟焦化,是指控制原料油在焦化加热炉管内的反应深度,尽量减少炉管内的结焦,使焦化反应主要在加热炉后面的焦炭塔内进行。

2.8.1 原料和产品

延迟焦化可以处理多种原料。各种高硫、高酸的劣质渣油都可以作为延迟焦化的原料,从各种其他炼油工艺和石化装置产出的重质油也可以作为焦化的原料,如三废处理得到的废油、催化裂化油浆、丙烷脱沥青得到的硬沥青、乙烯裂解装置的乙烯焦油等。但目前焦化装置最主要的原料还是各种劣质减压渣油。另外,国内有很多炼油厂以国外进口的各种不同牌号的燃料油作为焦化装置的原料。

延迟焦化的产品有气体、汽油、柴油、焦化蜡油和石油焦。各产品的产率范围如下:焦化气体 7%~10%(质量分数,下同)、焦化汽油 8%~15%、焦化柴油 26%~36%、焦化蜡油 20%~30%、焦炭 15%~35%。

焦化气体主要以 C_1 和 C_2 组分为主,含有少量的 C_3 和 C_4 组分,焦化气体可用作燃料或制氢原料等。焦化汽油和焦化柴油中不饱和烃(尤其是二烯烃和环烯烃)的含量高,且含硫、氮等杂原子的非烃类化合物含量也高,因此它们的安定性很差,必须经过精制过程后才能作为发动机燃料。焦化蜡油主要用作加氢裂化或催化裂化的原料,有时也用于调合燃料油。焦炭(石油焦)除了可作冶金工业或其他工业用的燃料外,还可以作高炉炼铁之用,如果焦化原料及生产方法选择适当,石油焦经煅烧及石墨化后,可用于制造炼铝、炼钢的电极以及原子能反应堆的减速剂和航空工业中的某些石墨制品。

2.8.2 工艺原理

焦化过程的转化机理可以用自由基机理进行解释。焦化原料经加热至反应温度后进入焦炭塔,在高温作用下主要发生两类反应,即吸热的裂化反应和放热的缩合反应。前者生成小分子量的汽油、柴油等轻质石油产品,而后者生成高度缩合的稠合芳香结构,直至缩合生成焦炭。

焦化反应过程中,裂化反应是主要的化学反应。在高温作用下,烃分子中较弱的化学键断裂生成自由基，小分子的自由基可以从其他分子中抽取一个氢自由基而生成氢气或甲烷以及一个新的自由基。较大的自由基很快会断裂成较小分子的烯烃和自由基。还有约 10% 的自由基之间相互结合生成烷烃，终止反应。一系列的自由基反应最终生成小分子的烯烃和烷烃。自由基机理可以解释焦化过程中的很多反应现象。

烃类的焦化反应是一个复杂的平行-顺序反应，随着反应深度的增大，反应产物的分布也在发生变化，作为中间产物的汽柴油馏分的收率会在反应进行到某个深度时出现最大值，然后开始下降，而作为最终产物的气体和焦炭在反应进行到某个深度时开始生成，并随着反应深度的增加，其收率单调增大。所以，在焦化过程中，控制合适的反应深度是提高轻质油品收率和改善产品分布的关键。

焦炭是焦化过程的重要产品，一般认为，焦炭主要是由原料中的沥青质、胶质和芳香分经缩合反应生成的。渣油中的沥青质和胶质等胶体悬浮物可以发生"歧变"形成交联结构的无定形焦炭，而芳烃通过叠合反应和缩合反应形成交联很少的、具有结晶外观的焦炭。

2.8.3 工艺流程

延迟焦化的工艺流程有不同的类型，就生产规模而言，有一炉两塔流程、两炉四塔流程等。延迟焦化装置一般由反应、分馏、焦炭处理和放空系统等几部分组成。

（1）反应部分

焦化反应部分的工艺流程如图 2-18 所示。

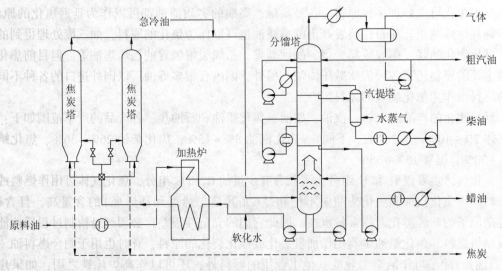

图 2-18 延迟焦化工艺流程

焦化原料油首先与焦化蜡油换热，并经加热炉对流室加热，然后进入焦化分馏塔底部的缓冲段，在人字形挡板上与反应油气逆流接触，一方面，将过热的反应油气冷却到饱和状态，另一方面，将反应油气中携带的焦粉洗涤下来，进入塔底的原料油与循环油混合后，温度达到 340~350℃，由加热炉进料泵送入加热炉辐射段加热至 500~550℃（我国延迟焦化加热炉出口温度一般控制在 493~502℃），此时，原料油有部分汽化和轻度裂化。为了保持所需要的流速、控制停留时间和抑制炉管内的结焦，需向炉管内注入水蒸气，以加快原料油通过炉管的速度。原料油出加热炉后快速进入焦炭塔中，发生裂解和缩合反应，最终转化成轻烃和焦炭。

焦炭塔实际上是一个空塔，主要作用是提供反应空间使油气在其中有足够的停留时间以进行反应。焦炭塔为间歇操作，交替进行反应、除焦过程，一般需要有两组(2台或4台)焦炭塔轮换进行操作，即一组焦炭塔进行反应，另一组进行除焦。原料油出加热炉后，通过四通阀切换进一组焦炭塔，当反应进行到一定程度后，焦炭塔内的焦炭聚结到一定高度(塔高的2/3)时，通过四通阀将原料切换至另一焦炭塔进行反应。此时，第一组焦炭塔依次进行吹扫、水冷、放水、开盖、切焦、闭盖、试压和预热以备下一个工作循环使用。焦炭塔的切换周期一般为16~24h。

焦炭塔采用水力除焦，切焦水的压力取决于焦炭挥发分、生焦量和焦炭塔直径的大小，一般使用15~35MPa的高压水进行焦炭层的钻孔、切割和切碎，最后将焦炭由塔底排入焦炭池中，经脱水后运出装置。

（2）分馏系统和吸收-稳定系统

延迟焦化装置的分馏系统和吸收-稳定系统与催化裂化基本相同，具体工艺流程描述可参见催化裂化的相应部分。与催化裂化分馏系统最大的不同就是，多数延迟焦化装置的原料油首先进入主分馏塔底部进行换热并与循环油混合，然后再进入加热炉进行加热。

（3）放空系统

为了控制污染和提高气体收率，延迟焦化装置设有气体放空系统。放空系统用于处理焦炭塔切换过程中从塔内排出的油气和蒸汽。典型的密闭式气体放空系统如图2-19所示。

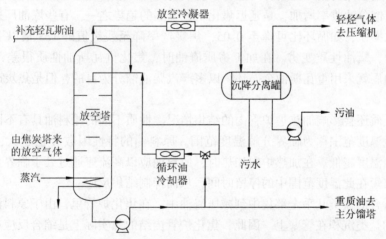

图2-19 延迟焦化放空系统工艺流程

焦炭塔反应完成后，开始除焦前需泄压并向塔内吹入蒸汽以汽提吸附的油气，再注水冷却焦层至70℃以下后开始除焦。此过程中从焦炭塔汽提出来的油气、蒸汽混合物排入放空塔的下部，用经过冷却的循环油从放空气体中回收重质烃，重质烃经脱水后可以将其送回焦化主分馏塔或作为焦炭塔急冷油。放空塔顶排出的油气和蒸汽混合物经冷凝冷却后，在沉降分离罐内分离出污油和污水，分别送出装置。分离罐分出的轻烃气体经压缩后送入燃料气系统。

（4）焦炭处理系统

焦炭处理系统主要是将焦化装置生产的焦炭进行处理并装车外运。目前炼油厂所采用的焦炭处理系统主要包括两大类：①敞开式处理系统。该类系统的操作条件差，环境污染严重。该类处理系统又可分为直接装车系统，焦池装车系统和储焦坑装车系统。②脱水罐。脱水罐为密闭式焦炭处理系统，其操作清洁，污染少。根据焦炭塔和脱水罐相对位置的不同，脱水罐又分为泥浆式脱水罐和重力式脱水罐。

2.8.4 延迟焦化装置的影响因素与操作参数

延迟焦化是一个复杂的平行-顺序反应，对其反应结果的影响因素众多。最主要的影响因素有原料油性质、加热炉出口温度和反应压力。

(1) 原料油性质

延迟焦化装置的产品产率和性质在很大程度上取决于原料油的性质。一般来说，随着原料油密度和残炭值的增加，焦炭的产率增大。残炭值是原料油生焦倾向的主要指标，一般情况下焦炭产率约为残炭值的 1.5~2 倍。原料油的性质同时还可影响焦炭的性质，如当原料油中沥青质和杂原子含量低时，易于生成海绵焦和蜂窝焦；焦化的原料越差，生成弹丸焦的可能性就越大，高残炭值(>20%)、高沥青质含量和低胶质含量的原料的弹丸焦产率有时可达 50% 以上；而当选用富含芳香烃的油品作为焦化原料时，可以生产优质的针状焦。

焦化原料的性质对其单程裂化深度和循环比有重要影响。循环比是反应产物经分馏塔分出的塔底循环油与新鲜进料的流量比。焦化过程中，新鲜原料首先进入加热炉对流室预热，然后进入焦化分馏塔底与循环油混合后一起进加热炉辐射室加热后进入焦炭塔反应。对于较重的、易结焦的劣质原料，由于其黏度大、沥青质含量高、残炭值大，单程裂化深度受到限制，就需要采用较大的循环比，有时达 1.0 左右。通常对于一般原料，循环比为 0.1~0.5。循环比降低，馏分油收率增加，是延迟焦化工艺发展的趋势之一，有些炼油厂采用低循环比或超低循环比操作，如循环比可降至 0.05，焦炭产率降至残炭值的 1.3 倍以下。但采用低循环比操作时，蜡油性质变劣。在加工劣质渣油时，焦化重瓦斯油性质很差，影响后续加工，有的炼油厂就采用重瓦斯油全循环，以多产汽柴油馏分为目的，但是焦炭产率也会随之上升。

原料油性质还会影响加热炉炉管内的结焦情况。性质不同的原料油具有不同的最易结焦温度范围，此温度范围称为临界分解温度范围。原料油的特性因数 K 值越大，临界分解温度范围的起始温度越低。在加热炉内加热时，原料油应以高流速通过处于临界分解温度范围的炉管段，缩短在此温度范围中的停留时间，从而抑制结焦反应。

原油中所含的盐类几乎全部集中到减压渣油中。在焦化炉管里，由于原料油的分解、汽化，使其中的盐类沉积在管壁上。因此，焦化炉管内结的焦实际上是缩合反应产生的焦炭与盐垢的混合物。有些重金属盐类的存在还会促进脱氢反应，进而促进缩合生焦，为了延长开工周期，必须限制原料油中的含盐量。

焦化装置的主要生产目的是提高轻质油收率，除了以生产针状焦为主要目的的装置外，原料的选择一般没有多少余地，因此，焦化装置更多的是针对原料的性质选择适宜的操作条件以尽量提高液体产品的产率而降低焦炭产率。

(2) 加热炉出口温度

焦化装置的反应温度一般用加热炉出口温度或焦炭塔温度来表示。加热炉出口温度是焦化装置的重要操作指标，它直接影响到炉管内和焦炭塔内的反应深度，进而影响焦化装置的产品分布和产物性质。

对于同一原料，其他反应条件固定时，加热炉出口温度升高，反应速率和反应深度增加，气体、汽油和柴油的产率增大，蜡油的产率降低，焦炭的产率也由于其中挥发分的降低而减小。

加热炉出口温度对焦炭塔内的泡沫层高度也有影响。泡沫层本身是反应不彻底的产物，挥发分高。因此，泡沫层高度除了与原料起泡沫性能有关外，还与加热炉出口温度直接有关。提高加热炉出口温度，可以使泡沫层在高温下充分反应和生成焦炭，从而降低泡沫层的高度。

加热炉出口温度必须控制在合适的范围内。加热炉出口温度过高，容易造成焦炭塔内的泡沫夹带并使焦炭硬度增大，造成除焦困难，还会使加热炉管转油线的结焦倾向增大，炉管局部过热而变形，影响操作周期。加热炉出口温度也不能过低，否则容易使焦化反应不完全而生产软焦或沥青。因此，必须选择合适的加热炉出口温度，对于易于发生裂化和缩合反应的重质原料或残炭值较高的原料，加热炉出口温度可以低一些。

挥发分含量是焦炭的重要质量指标，生产中一般控制焦炭的挥发分在 6.0%~8.0%。在操作中用焦炭塔温度来控制焦炭的挥发分含量。

（3）反应压力

焦化装置的反应压力一般用焦炭塔顶的压力来表示。反应压力对焦化装置的产品分布具有一定影响。压力降低，液体油品易于挥发，缩短了油气在焦炭塔内的停留时间，从而降低了反应深度，蜡油的产率增大而汽柴油的产率降低。故为了得到较高的柴油产率时，应采用较高的反应压力。一般焦炭塔的操作压力在 0.12~0.28MPa 之间，但在生产针状焦时为了使原料进行深度反应，需采用 0.7MPa 左右的反应压力。

生产过程中，应综合考虑以上几个影响因素对焦化装置反应结果的影响，采用合适的反应条件。如虽然降低焦炭塔的操作压力有利于提高液体产品的收率和降低焦炭产率，但降低压力会使焦炭塔顶焦粉的携带量加重，甚至导致产生弹丸焦，装置的投资和操作费用增加。

2.8.5 延迟焦化装置的主要工艺控制指标

表 2-19 是某延迟焦化装置的主要工艺控制指标。

表 2-19 某延迟焦化装置的主要工艺控制指标

项目名称	指标	项目名称	指标
加热炉六路分支出口温度/℃	500±1	分馏塔轻蜡油抽出温度/℃	330±10
加热炉炉膛温度/℃	≤800	分馏塔重蜡油集油箱温度/℃	360±10
加热炉炉膛温差/℃	≤40	分馏塔蒸发段温度/℃	≤400
加热炉管壁温/℃	≤650	分馏塔塔底温度/℃	≤380
加热炉分支流量/(t/h)	29~40	接触冷却塔顶压力/MPa	≤0.25
加热炉对流入口注汽量/(t/h)	50~120	焦化柴油出装置温度/℃	≤60
加热炉辐射入口注汽量/(t/h)	230~300	焦化蜡油出装置温度/℃	60~80
加热炉辐射管注汽量/(t/h)	50~120	重污油外甩温度/℃	≤100
焦炭塔顶部操作压力/MPa	≤0.25	冷焦水放水温度/℃	≤100
焦炭塔试压压力/MPa	0.25	冷焦水罐温度/℃	≤90
焦炭塔顶油气出口温度/℃	420±5	接触冷却塔底液位/%	30~60
分馏塔顶部操作压力/MPa	≤0.12	接触冷却塔顶温度/℃	≤160
分馏塔顶部温度/℃	120±10	空气预热器排烟温度/℃	160~180
分馏塔顶循环油返回温度/℃	60±5	加热炉烟气氧含量/%(体积)	≤5
分馏塔柴油集油箱温度/℃	230±10		

2.9　烃类热裂解

石油化学工业中大多数中间产品(有机化工原料)和最终产品(三大合成材料)均以烯烃和芳烃为原料，除由重整生产芳烃以及由催化裂化副产物中回收部分烯烃(主要是丙烯和碳四烯烃)外，主要由烃类热裂解制乙烯装置(简称乙烯装置)生产各种烯烃和芳烃。乙烯装置在生产乙烯的同时，副产大量的丙烯、丁烯、丁二烯、苯、甲苯和二甲苯等，是石油化工基础原料的主要来源。世界上约90%的丙烯、90%的丁二烯、30%的芳烃均来自乙烯装置。以三烯(乙烯、丙烯、丁二烯)、三苯(苯、甲苯和二甲苯)总量计，约65%来自乙烯生产装置。因此，乙烯生产在石油化工基础原料生产中占主导地位，乙烯生产的规模、成本、生产稳定性、产品质量等将直接影响企业的生产和效益，乙烯装置在石化企业中成为关系全局的核心，乙烯产量也常作为衡量一个国家和地区石油化工发展水平的标志。

2.9.1　原料和产品

基本有机化学工业的原料路线经历了三个阶段：最初的农副产品路线；煤及其加工路线；石油天然气路线。目前石油天然气路线在基本有机化工原料中占据绝对优势，世界上90%以上的有机化学制品来源于石油天然气。

来自石油天然气的原料来源有两个方面：一是天然气处理厂生产的天然气凝液(NGL)或其产品，如乙烷、丙烷、丁烷、天然汽油等；二是炼油厂的加工产品，如炼厂气、石脑油、柴油(减压柴油与常压柴油)、重油、渣油以及炼油厂二次加工油，如焦化加氢油、加氢裂化尾油等。

天然气(尤其是凝析气及油田伴生气)中除含有甲烷外，一般还含有一定量的乙烷、丙烷、丁烷、戊烷以及更重烃类。为了符合商品天然气质量指标，或为了获得宝贵的液体燃料和化工原料，需将天然气中的烃类按照一定要求分离与回收。目前，天然气中的乙烷、丙烷、丁烷、戊烷以及更重烃类除乙烷有时是以气体形式回收外，其他都是以液体形式回收的。由天然气中回收到的液烃混合物称为天然气凝液(NGL)，简称液烃或凝液，我国习惯上称其为轻烃。天然气凝液的组成根据天然气的组成、天然气凝液回收目的及方法不同而异。从天然气中回收凝液的工艺过程称为天然气凝液回收(NGL回收，简称凝液回收)，我国习惯上称为轻烃回收。回收到的天然气凝液或直接作为商品，或根据有关产品质量指标进一步分离为乙烷、液化石油气(LPG，可以是丙烷、丁烷或丙烷、丁烷混合物)及天然汽油(C_5^+)等产品。因此，天然气凝液回收一般也包括了天然气分离过程。NGL也可以直接用作裂解原料。

炼厂气是原油在炼油厂加工过程中所得副产气的总称，它主要包括催化裂化气、加氢裂化气、焦化气、重整气等。炼厂气是低级烃类混合物，其甲烷含量低，主要是$C_2 \sim C_4$组分，其中$C_2 \sim C_4$烷烃为裂解过程的有效组分。炼厂气中还含有丰富的$C_2 \sim C_4$烯烃，特别是含较多的C_3、C_4烯烃。因为烯烃在裂解时很容易发生结焦，如果炼厂气中烯烃含量大，必须将炼厂气中的烯烃除去之后再用作裂解原料，也可以从炼厂气中回收丙烯直接用作有机合成原料。

原油经常减压蒸馏装置分馏出的直馏馏分油，如石脑油、煤油、柴油、减压馏分油（VGO）等都可用作裂解原料。

炼油厂二次加工装置加工得到的石脑油（有些需要加氢）也是裂解的好原料。如加氢裂化装置可将减压馏分油转化为汽油、中间馏分油和加氢裂化尾油，加氢裂化尾油一般是>350℃的馏分，其 *BMCI* 值小于 15，乙烯收率大于 30%，丙烯收率接近 20%，是一种优质的裂解原料。因此有加氢裂化的炼油厂，应很好地利用尾油作为生产乙烯的原料。

目前乙烯生产原料的发展趋势有两个，一是原料趋向多样化，二是原料中的轻烃比例增加。

烃类的裂解反应产物复杂。即使是纯组分裂解，得到的产物也是很复杂的。产物分子大小分布很宽，从 H_2 到焦油。例如，乙烷的裂解产物中包含有氢、甲烷、乙炔、乙烯、乙烷、丙烯、丙烷、丙炔、丙二烯、混合碳四以及更重的组分。裂解反应产物中经鉴别出来的化合物多达 100 多种。经过后续的分离系统可得到聚合级乙烯和聚合级丙烯等目的产品，乙烯可用于生产线性低密度聚乙烯、环氧乙烷、乙二醇等，丙烯可用于生产本体聚丙烯、丙烯腈等；联产的混合碳四可供给丁二烯抽提装置抽提丁二烯；副产品裂解汽油加氢后的加氢裂解汽油可作为芳烃装置抽提原料；其他副产品裂解燃料油、甲烷-氢尾气等可作工业炉燃料。

2.9.2　工艺原理

石油化工中所谓裂解是指石油烃（裂解原料）在隔绝空气和高温条件下分子发生分解反应而生成小分子烯烃或（/和）炔烃的过程。所以烃类热裂解是一个非催化高温反应过程，是生产乙烯、丙烯同时副产丁二烯、苯、甲苯、二甲苯、燃料油等基本有机原料及燃料最基础的，也是最主要的工艺过程。

裂解过程中反应类型复杂多样，包括脱氢、断链、异构化、聚合、缩合、焦化等。生成目的产物（乙烯、丙烯等烯烃）的反应称一次反应，同时还生成氢、甲烷、乙炔、乙烷等。烯烃在适宜条件下继续反应转化成其他产物，这些消耗烯烃的反应称为二次反应。最后烯烃经过炔烃中间阶段而生碳和经过芳烃中间阶段而结焦，这是裂解过程不希望发生的。

整个裂解工艺过程中还涉及到吸收、吸附、加氢反应、压缩、精馏、制冷等单元操作，详细介绍见 2.9.3~2.9.6。

石油烃裂解制乙烯的方法很多，但管式炉裂解法具有技术成熟、结构比较简单、运转稳定性好和烯烃收率高等优点，现在世界上约有 99% 的乙烯是由管式炉裂解法生产的。

通常烯烃厂的裂解车间主要分为裂解单元、压缩净化单元、分离单元和制冷单元等几个重要单元。下面将分单元介绍各部分的工艺流程。

2.9.3　裂解单元工艺流程

裂解单元主要包括裂解炉、急冷热交换系统和急冷-分馏系统等三部分，其工艺流程如图 2-20 所示。

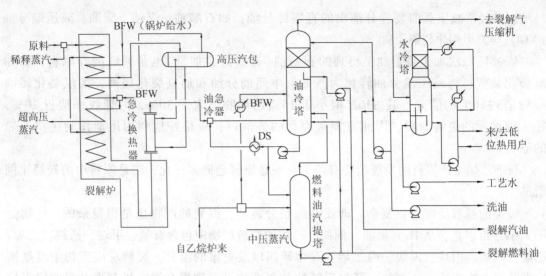

图 2-20 裂解和急冷部分工艺流程

2.9.3.1 裂解炉部分

（1）原料预热

裂解原料主要在对流段预热，为减少燃料消耗，也常常在进入对流段之前利用低位能热源（例如急冷水、急冷油）进行预热。原料预热到一定程度后，需在裂解原料中注入稀释蒸汽，并注入微量的 CS_2，以防止炉管管壁催化效应和炉管渗碳。

（2）对流段

管式裂解炉的对流段用于回收烟气热量，回收的烟气热量主要用于预热裂解原料和稀释蒸汽，使裂解原料汽化并过热至反应起始温度后，进入辐射段加热进行裂解。此外，根据热量平衡也可以在对流段进行锅炉给水预热、助燃空气的预热、稀释蒸汽的过热和超高压蒸汽的过热，对流段设置的预热管都是水平安装的。烟气从对流室上部进入烟囱。

（3）辐射段

烃和稀释蒸汽混合物在对流段预热至物料横跨温度（即对流段的预热出口温度，也是辐射段的入口温度）后进入辐射盘管，辐射盘管在辐射段内用高温燃烧的燃料气或燃料油直接加热，使裂解原料在管内升至反应所需温度并进行裂解反应。辐射段的炉管设置在炉膛中心，呈垂直单排，炉膛两侧及底部安装多排火嘴，两侧烧燃料气，底部火嘴可油气混烧。每台炉的反应管为平行的几组（四组或六组），故物料要分开，分别进入各组反应管。

2.9.3.2 急冷热交换系统

裂解炉辐射盘管出口的高温裂解气达 800℃ 以上，为了抑制二次反应的发生，需将辐射盘管出口的高温裂解气快速冷却。急冷的方法有两种，一是用急冷油（或急冷水）直接喷淋冷却，另一种方式是用换热器进行冷却。用换热器冷却时，可回收高温裂解气的热量而副产出高位能的高压蒸汽。该换热器被称为急冷换热器（Transfer Line Exchanger，缩写为 TLE），急冷换热器与汽包构成的发生蒸汽的系统称为急冷锅炉（或废热锅炉）。经废热锅炉冷却后的裂解气温度尚在 400℃ 以上，此时可再由急冷油直接喷淋冷却。

裂解炉辐射盘管出口的高温裂解气进入急冷换热器，物料走管程，管外是高压沸腾水，裂解产物的热量迅速传给沸腾水，产生高压水蒸气。柴油裂解炉出来的高温裂解气经急冷冷却后降至 450~550℃，同时副产 11.8MPa 的高压蒸汽。由急冷锅炉出来的裂解气，在油急冷器中用急冷油（180℃）直接喷淋冷却至 250℃ 后进入油冷塔（也称汽油分馏塔）。

经裂解炉对流段预热的锅炉给水进入汽包，汽包内的锅炉给水利用虹吸原理流经急冷锅炉循环，以产生高压饱和蒸汽，经汽液分离后，进入对流段或蒸汽过热炉过热至520℃，再并入高压蒸汽管网。

2.9.3.3 急冷-分馏系统

本系统的主要目的是把裂解气进一步冷却、回收热量，并对裂解产物进行粗分，主要包括油冷系统、水冷系统和稀释蒸汽发生系统。

（1）油冷系统

从各TLE出来的裂解物料汇入一条总管中，经急冷器直接急冷后进入油冷塔底部，由下向上通过塔内，在裂解气入口上部一定位置也通入急冷油（为油冷塔塔底的重馏分），在塔中裂解气被进一步冷却。塔釜温度随原料的不同而控制在180~200℃左右，塔顶温度控制在100~110℃左右，保证裂解气中的水分从塔顶带出油冷塔。从裂解气中回收的热量经过一个急冷油循环系统用于产生稀释蒸汽或者裂解原料的预热。

油冷塔塔底出重馏分（常称为裂解燃料油），其中大部分经急冷油循环泵送到稀释蒸汽发生器，然后分别送进原料预热器以及急冷器。小部分送至燃料油汽提塔进行汽提，塔顶汽相返回油冷塔，塔底裂解燃料油产品送至裂解燃料油储罐，一般供给开工锅炉和蒸汽过热炉做燃料用。

从油冷塔侧线抽出少量物料（馏程相当于轻柴油），并入裂解燃料油管线（如图2-20所示），或者进入轻柴油汽提塔进行汽提，汽提塔顶汽相返回油冷塔，塔底裂解柴油产品经冷却后送至裂解柴油储罐，供给裂解炉做燃料用。

油冷塔的主要作用是：①进一步冷却裂解气，回收热量并用于产生稀释蒸汽；②对裂解产物进行粗分，分成裂解气、裂解汽油、裂解柴油和裂解燃料油。

（2）急冷水系统

油冷塔塔顶出来的裂解气进入水冷塔，将裂解气冷却至40℃后进入裂解气压缩机，塔顶出口气体中加入氨水，以防止酸性气体的腐蚀。水冷塔塔釜温度为80℃，塔内冷凝下来的汽油与急冷水进入急冷水沉降槽进行油水分离。

急冷水沉降槽中，上层为裂解汽油，大部分经油冷塔回流泵送至油冷塔顶作为回流，另一部分送至汽油汽提塔，经过蒸汽汽提除去溶解在其中的C_4以下气态烃后作为裂解汽油产品送至裂解汽油加氢单元。

急冷水沉降槽中，下层为热的（80℃）冷却水，分成两部分：其中一部分先去分离工段作工艺热源后返回，经冷却后进入水冷塔的上部和顶部做回流；另一部分泵送至工艺水汽提塔，将汽提出的酸性气体及轻烃送回水冷塔，汽提之后的急冷水称为工艺水，送至稀释蒸汽发生系统。

（3）稀释蒸汽的发生系统

工艺水经预热后泵送至稀释蒸汽包，稀释蒸汽包中的工艺水借热虹吸原理在稀释蒸汽发生器中循环，以裂解燃料油为热源，发生0.7MPa（表压）的稀释蒸汽。另有一台蒸汽发生器以中压蒸汽为热源，以补充热量不足部分。汽包出来的稀释蒸汽需经过热器过热至180℃后才能与原料油混合。

纵观裂解单元整个流程，其充分考虑了高温裂解气的余热回收，这是降低乙烯能耗的主要途径。

高温裂解气的热量可分为：①裂解气出裂解炉的出口温度至裂解气的露点温度的高位能热量，目前多采用各种类型的废热锅炉发生超高压蒸汽来回收热量；②裂解气露点温度以下至100°C左右的中位能热量，采用急冷循环油移出热量，并用于发生低压稀释蒸汽或预热裂解原料；③100°C以下的裂解气低位能热量，采用水洗或水冷的方法回收热量。该流程因回收大量热量，副产高压蒸汽和稀释蒸汽，并为分离工段提供热源，使能耗大大降低；且回收了稀释蒸汽的凝液，减少了排污，有利于环境保护。

2.9.4 裂解气压缩净化单元工艺原理及工艺流程

裂解气压缩净化单元主要包括裂解气净化系统和裂解气压缩系统两部分。

2.9.4.1 裂解气净化系统

裂解气净化系统的作用和目的是为了排除对后续操作的干扰和产品提纯而将杂质除去，包括酸性气的脱除、干燥、脱炔、脱CO等。

（1）酸性气的脱除

裂解气中CO_2、H_2S等是具有腐蚀性的酸性气体。H_2S含量较高时会严重腐蚀设备，缩短裂解气干燥用的分子筛寿命，使催化剂中毒等；CO_2除了会腐蚀设备之外，在深冷低温操作的设备中会结成干冰堵塞设备和管道，破坏正常生产；酸性气体杂质对产品合成也有危害。

酸性气的主要来源：一是裂解原料带入，二是裂解过程中转化而来。裂解气中酸性气含量约为$0.2\% \sim 0.4\%$（摩尔），一般要求将裂解气中酸性气脱除至10^{-6}以下。常用方法是以NaOH溶液为吸收剂的碱洗法和以乙醇胺溶液为吸收剂的再生法。图2-21为酸性气体脱除的两段碱洗工艺原则流程图。

（2）干燥

五段压缩机出口裂解气冷却至15°C，此时，其中饱和水含量约为$(600 \sim 700) \times 10^{-6}$，水在深冷分离操作时会结成冰，另外还能与烃在塔内或管道内生成烃水合物，如$CH_4 \cdot 6H_2O$、$C_2H_6 \cdot 7H_2O$等。冰或水合物凝结在管壁，增加动力消耗，甚至堵塞管道和设备，以至造成停车。故需要进行干燥脱水处理。为避免低温系统冻堵，通常要求将裂解气水含量脱至1×10^{-6}以下。

目前，裂解气干燥均采用吸附法进行，以3A分子筛为干燥剂，双床操作（一床操作，一床再生）。双床吸附干燥操作的工艺流程如图2-22所示。

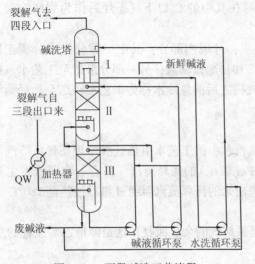

图2-21 两段碱洗工艺流程

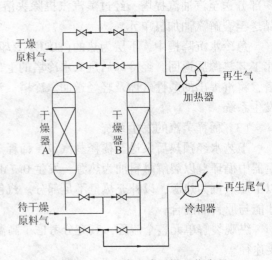

图2-22 双床吸附干燥工艺流程

（3）脱炔

液态烃裂解得到的裂解气中含乙炔 0.1%～0.5%，丙炔和丙二烯 0.2%～0.9%，会影响产品纯度，乙炔分压过高会引起爆炸，丙炔、丙二烯的存在会影响聚丙烯反应的顺利进行。为得到聚合级烯烃产品，必须将之脱除至 $(5～10)×10^{-6}$ 以下。在大中型乙烯厂，裂解气中炔烃的脱除主要采用溶剂吸收法和催化选择加氢法两种工艺。近年来美国鲁姆斯公司将催化加氢和精馏技术结合在一起，实现了碳三加氢在脱丙烷塔中的一步完成。它是反应精馏技术的应用，称为 CD-hydro（Catalytic Distillation hydrogenation）。

催化加氢法是将裂解气中的炔烃或二烯烃转化成烯烃或烷烃，以此达到脱除目的。催化加氢法工艺流程简单，能量消耗较少，没有环境污染，应用日趋普遍。加氢脱炔催化剂有钯催化剂和非钯催化剂两大类。

在乙烯的生产过程中，由于工艺路线的不同，加氢脱炔分为前加氢和后加氢两种。前加氢工艺是指裂解气经碱洗脱除酸性气后，未经精馏分离，即进行加氢脱炔的过程；后加氢工艺是指裂解气中氢气和甲烷等轻质馏分分出后，再对分离所得的碳二、碳三馏分分别进行加氢的过程，通常称为碳二加氢、碳三加氢。两床绝热加氢脱炔的工艺流程如图 2-23 所示。

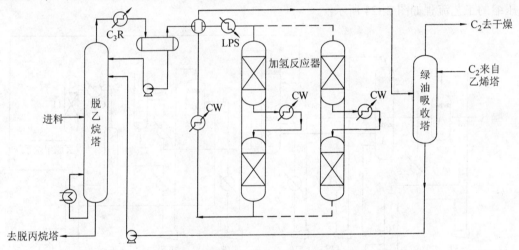

图 2-23　两床绝热加氢脱炔工艺流程

加氢反应器为固定床两段反应器，由于加氢过程是放热反应，为防止温升过大（容易发生聚合反应），在两段反应器之间设一冷却器。反应器的出入口温差约为 55℃。两段绝热反应器设计时，通常使得运转初期在第一段内转化乙炔 80%，其余 20% 在第二段内转化，而在运转后期，随着第一段加氢反应器内催化剂活性的降低，逐步过渡到第一段转化 20% 而第二段转化 80%。随着催化剂使用时间的增加，其表面被高分子烃（聚合物）逐渐覆盖，一定时间后催化剂就需要再生。

（4）甲烷化反应

烃类裂解生产乙烯、丙烯的过程，伴随副产相当数量的富氢馏分，其组成大致为：90%～96% 的 H_2，4%～9% 的 CH_4，0.1%～1.0% 的 CO、CO_2 等杂质。由于 CO、CO_2 的存在，会造成碳二、碳三加氢催化剂的失活，因此这种富氢不能直接用作加氢的氢源。乙烯厂中常用甲烷化方法脱除 CO，即在甲烷化反应器内，富氢中的 CO 与 H_2 发生反应转化为 CH_4 和 H_2O，达到 CO 含量小于 $5\mu g/g$ 的指标要求。

2.9.4.2 裂解气压缩系统

裂解气压缩系统是产物分离过程的保证，为分离过程创造必要条件。

裂解气的压缩，一方面可以提高深冷分离的操作温度，从而节约低温能量和低温材料，如脱甲烷塔塔顶操作压力为 3.0MPa 时，塔顶温度为 -90 ~ -100℃，若塔顶操作压力为 0.5MPa 时，塔顶温度降为 -130 ~ -140℃；另一方面加压会促使裂解气中的水和重烃冷凝，除去之可以减少干燥脱水和精馏分离的负荷。但加压太大也不利，这会增加动力消耗，提高对设备材质的强度要求，此外还会降低烃类的相对挥发度，增加分离难度，如压缩机出口压力大于 3.8MPa 时，甲烷和乙烯的相对挥发度接近于 1，不易分离。一般认为经济上合理而技术上可行的操作压力约为 3.7MPa。

压缩过程近似一个绝热过程，压缩后裂解气温度会升高，烯烃、尤其是二烯烃在高温下易聚合。所以压缩机一般为多段压缩，段间设置冷却器，利用循环水冷却裂解气至入口温度为 38 ~ 40℃左右，使压缩机出口温度低于 100℃。目前乙烯装置中，多数采用五段压缩，对于以轻烃为原料的装置来说，由于裂解气中双烯含量低，因此可适当提高各段出口温度，采用四段压缩。压缩机主要有离心式和往复式两种，大型乙烯装置均采用离心式压缩机。裂解气压缩的工艺流程如图 2-24 所示。

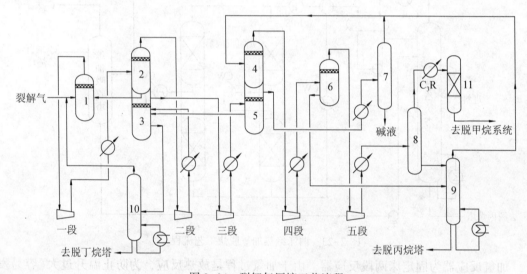

图 2-24　裂解气压缩工艺流程

1—一段吸入罐；2—二段吸入罐；3—三段吸入罐；4—四段吸入罐；5—三段排出罐；6—五段吸入罐；
7—碱洗塔；8—苯洗塔；9—凝液汽提塔；10—汽油汽提塔；11—干燥器；C_3R—丙烯冷剂

由裂解工段来的 40℃、0.14MPa 的裂解气进入五段式离心压缩机压缩到 3.69MPa。该压缩机前四段出口气体分别利用循环水冷至 38℃，在三、四段之间设置胺洗、碱洗设备，脱除酸性气体。压缩机前三段的冷凝烃类送至汽油汽提塔，回收的轻组分返回压缩机一段入口。四段冷凝烃类进入凝液汽提塔。五段压缩出口裂解气水冷后进入苯洗塔，脱除其中的苯，以防在深冷时冻结。苯洗塔底烃类进入凝液汽提塔，凝液汽提塔顶碳二以下轻组分返回四段压缩机入口，塔釜液进入脱丙烷塔。各段的冷凝水集中起来送回裂解工段急冷水塔。除苯后的裂解气用 18℃和 3℃的丙烯及脱乙烷塔进料冷却至 15℃（以便尽可能多的除去水分，减少干燥器负荷）后进入裂解气干燥器。

2.9.5 裂解气分离单元工艺原理及工艺流程

裂解气分离单元由一系列的精馏塔组成，得到合格产品。因分离温度低，也常称为深冷分离过程。一般根据进料组分的性质以及产品的分离要求来确定分离流程。裂解气净化之后主要含有 H_2、CH_4、C_2H_4、C_2H_6、C_3H_6、C_3H_8、混合 C_4、C_5^+ 等组分。目前深冷分离的塔序主要有以下几种：顺序分离流程、前脱乙烷流程、前脱丙烷流程等。

① 顺序分离流程(也称 123 流程)　以碳数为序，第一个塔为脱甲烷塔(C_1)，第二个塔为脱乙烷塔(C_2)，第三个塔为脱丙烷塔(C_3)，即被称为 123 流程。典型代表为鲁姆斯公司的顺序分离流程。

② 前脱乙烷流程(也称 213 流程)　包括前加氢和后加氢两种流程。

③ 前脱丙烷流程(也称 312 流程)　包括前加氢和后加氢两种流程。

几种典型分离流程的共同点是：①采取先易后难的分离顺序，即先将不同碳原子数的烃分开，再分离同一碳原子数的烯烃和烷烃。②最终出产品的乙烯塔与丙烯塔并联安排，且置于流程最后，作为二元组分精馏处理，有利于保证产品纯度以及操作稳定。

它们的不同点是：①精馏塔排列顺序不同；②加氢脱炔的位置不同；③冷箱位置不同。

三种代表性深冷分离流程的比较见表 2-20，三种分离过程的流程如图 2-25 所示。

表 2-20　深冷分离三大代表性流程的比较

比较项目	顺序分离流程	前脱乙烷流程	前脱丙烷流程
对裂解气的适应性	不论裂解气组分是轻是重，都能适应	最适合 C_3、C_4烃含量较多而丁二烯含量较少的气体(如炼厂气分离后的裂解的气体)，但不能处理丁二烯含量较多的裂解气	可处理较重裂解气，特别是含 C_4较多的裂解气
冷量消耗及利用	所有组分都进入脱甲烷塔，加重脱甲烷塔冷冻负荷，消耗高能位的冷量多，冷量利用不合理	C_3、C_4烃不经脱甲烷塔冷凝，而在脱乙烷塔冷凝，消耗低能位的冷量，冷量利用合理	C_4烃在脱丙烷塔冷凝，冷量利用比较合理
分子筛干燥负荷	分子筛干燥在流程中压力较高而温度较低的位置，吸附有利，容易保证裂解气的露点，负荷小	情况与顺序分离流程相同	由于脱丙烷塔在压缩机三段出口，分子筛干燥只能放在压力较低的位置，且三段出口 C_3以上重烃不能较多冷凝下来，影响分子筛吸附性，所以负荷大，费用高
塔径大小	所有馏分都进入脱甲烷塔，负荷大，深冷塔直径大，耐低温合金钢耗用多	脱甲烷塔负荷小，塔径小，耐低温合金钢可节省。而脱乙烷塔径大	该流程情况介于前两种流程之间
设备多少	流程长，设备多	随加氢方案不同而不同	采用前加氢时，设备较少
操作中的问题	脱甲烷塔居首，釜温低，再沸器不易堵塞	脱乙烷塔居首，压力大，釜温高，如 C_4以上烃含量多，二烯烃在再沸器聚合，影响操作且损失丁二烯	脱丙烷塔居首，置于压缩机段间除去 C_4以上烃，再送入脱甲烷塔、脱乙烷塔，可防止二烯烃聚合

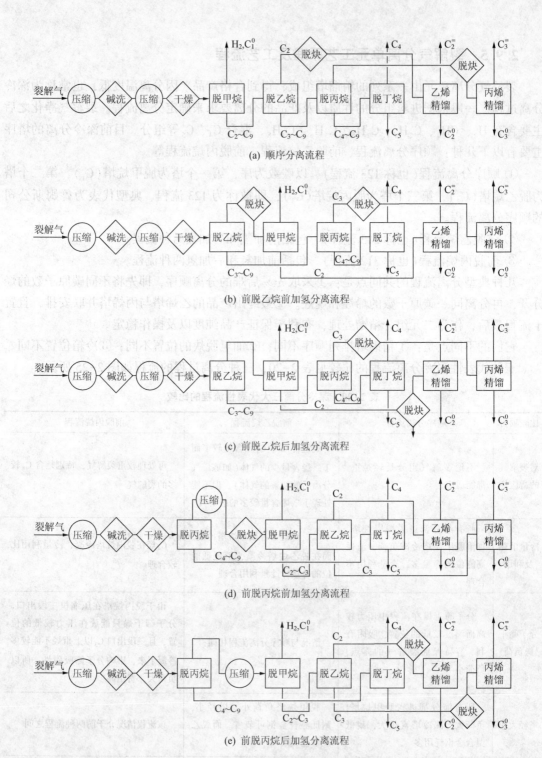

图 2-25 三种代表性深冷分离流程示意图

（1）脱甲烷过程

脱甲烷系统的任务是将裂解气中氢气、甲烷以及其他惰性气体与 C_2 以上组分分开，包括冷箱与脱甲烷塔。裂解气分离过程中脱甲烷塔是保证乙烯回收率和乙烯产品纯度的最关键设备，它温度最低（低压脱甲烷塔顶为 -129℃，塔底为 -45.6℃）、冷量消耗最大、乙烯损失最大。

脱甲烷工艺根据分离压力不同，可分为高压法脱甲烷与低压法脱甲烷。早期乙烯厂深冷分离部分多采用高压脱甲烷工艺，后采用高压(3.4MPa)预冷和低压(0.59MPa)脱甲烷系统代替一般的高压脱甲烷系统。在低压下脱甲烷可提高甲烷和乙烯的相对挥发度，有利于分离，大大降低了最小汽提量和最小回流比，从而节省了能量。并且采用原料气本身经过再沸器降温代替冷剂制冷降温，省掉了一个外来热源，因而效率高，节省了能量。但低压脱甲烷并不适合所有原料，只适用于裂解产品的 CH_4/C_2H_4 比值较大的场合，如柴油、石脑油裂解等。

(2) 冷箱的位置及作用

由于深冷分离中的低温换热设备温度低($-160 \sim -100$℃)，极易散冷，故通常将其板翅式换热器等根据它们在工艺流程中的不同位置包装在一个或几个矩形箱子里，然后在箱内及低温设备外壁之间填充如珍珠岩等隔热材料，一般称之为冷箱。它的原理是用节流膨胀来获得低温，依靠低温来回收乙烯、制取富氢和富甲烷馏分。

由于冷箱在流程中的位置不同，可分为后冷(后脱氢)和前冷(前脱氢)两种流程。后冷流程是冷箱放在脱甲烷塔之后，用来处理塔顶气；前冷流程是冷箱放在脱甲烷塔之前，用来处理塔的进料。

与后冷流程相比，前冷流程的优点是采用逐级冷凝和多股进料，可以节省低温冷剂并减轻脱甲烷塔的负荷；不仅乙烯回收率高，氢气的回收率也高(前冷90%以上，后冷53%)，而且可获得91%~95%的富氢(后冷只有70%左右)；进料前分离氢气，增大了甲烷/氢比，从而提高了脱甲烷塔的分离效果。前冷流程的缺点是脱甲烷塔的适应性小，流程复杂，自动化要求高。近年来倾向于前冷流程，原料深度预冷，且采用多股进料。

(3) 脱乙烷流程

在顺序分离流程中，脱甲烷塔釜所得的 C_2 以及 C_2 以上馏分，分成两股进料，一股直接进入脱乙烷塔，另一股经过预热后进入脱乙烷塔，这样可以最大限度地从进料中回收冷量。在脱乙烷塔，由塔顶切割出 C_2 馏分，以进一步精制并分离出乙烯产品，塔釜液则为 C_3 及 C_3 以上重组分，送至脱丙烷塔进一步分离。其流程如图2-26所示。

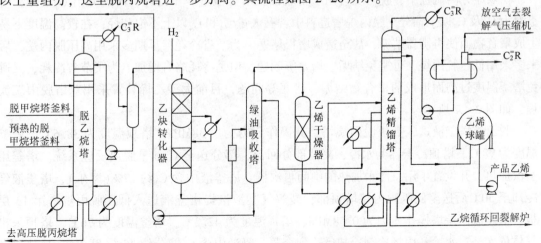

图2-26　脱乙烷、乙炔加氢和乙烯精馏工艺流程

83

改进的脱乙烷塔流程是将脱乙烷塔顶气相不经过冷凝器直接进入乙炔加氢反应器，加氢后的产品经过 C_2 绿油吸收塔及干燥器后进入乙烯精馏塔，脱乙烷塔回流来自乙烯塔的侧线，采用该联合流程有如下优点：

① 节约冷量，实际上相当于乙烯塔又增加了一个中间再沸器，采用该联合装置，每吨乙烯节省能耗约 156MJ。

② 脱乙烷塔操作压力降低，有利于乙烯与乙烷的分离，回流量减少。

③ 省掉了脱乙烷塔顶冷凝器，节约投资。

④ 减少了乙烯塔再沸器的加热面积。

由于压力低，脱乙烷塔釜温度亦低，因此可以采用急冷水加热，节约蒸汽。

（4）乙烯精馏塔

乙烯精馏塔在深冷分离装置中作为主产品塔，其操作好坏直接影响产品质量；乙烷和乙烯较难分离，所需塔板数较多；塔温仅低于脱甲烷塔，冷量消耗很大（36%）。因此乙烯精馏塔也是保证乙烯回收率和乙烯产品纯度的关键设备。

乙烯塔的操作大致可以分为两类：一是低压法，操作压力一般为 0.5~0.8MPa，此时塔顶冷凝温度为 -50~-60℃ 左右，塔顶冷凝器需用乙烯作冷剂；另一类是高压法，操作压力一般为 1.9~2.3MPa，此时塔顶冷凝温度为 -23~-35℃ 左右，塔顶冷凝器需用丙烯作冷剂。

有效能分析结果表明，高压法与低压法过程效率大致相等（约 21%）。低压法虽然降低了回流比而节省了冷冻功耗，由于压缩功耗的增加，其总功耗仍高于高压法。高压法材质要求低，操作简便，总功耗低，因而目前大多采用高压乙烯精馏。高压法对于乙烯的输送、储存也有利。乙烯塔设置中间再沸器回收冷量（-23℃），回收比塔底再沸器（-5℃）低的冷量。

由于乙烯塔进料中含有氢气带入的甲烷以及未反应的氢气，一般采用塔顶脱除甲烷，侧线（约第 9 层板）出乙烯产品，一个塔起两个塔的作用。其流程如图 2-26 所示。

（5）脱丙烷流程

在顺序分离流程中，脱丙烷塔用于将脱乙烷塔釜液进一步处理，塔顶分出 C_3 馏分，塔釜液为 C_4 及 C_4 以上馏分。脱丙烷塔进料中含有大量 C_4 和 C_4 以上不饱和烃，在较高温度下易生成聚合物而使再沸器结垢，甚至造成塔板堵塞。为节省冷耗，早期多采用高压脱丙烷，后来多采用低压脱丙烷，可避免结垢、堵塞等问题，但是冷耗略有增加。为了节省冷耗，又避免塔釜温度过高而形成的聚合物结垢、堵塞等问题，目前大型乙烯装置采用双塔脱丙烷流程，如图 2-27 所示。

脱乙烷塔釜液送入高压脱丙烷塔，其操作压力为 1.38MPa，塔顶温度为 38.6℃，塔釜温度为 78℃。塔顶冷凝器为水冷，凝液部分回流，部分送至 C_3 加氢脱炔反应系统。塔釜用蒸汽加热，并设置了用急冷水加热的中间再沸器。塔釜液中含 C_3 约 27%（摩尔），塔釜液经冷却至 50℃ 后送至低压脱丙烷塔顶部，裂解气凝液汽提塔釜液送入低压脱丙烷塔第 13 层板。低压脱丙烷塔操作压力为 0.58MPa，塔顶温度为 42.2℃，塔釜温度为 76℃。塔顶采出气体依次经过水冷和丙烯冷剂冷却后达到全凝，凝液中含 C_3 馏分约 45%（摩尔），换热后送至高压脱丙烷塔第 39 层板。塔釜液送至脱丁烷塔进一步处理。

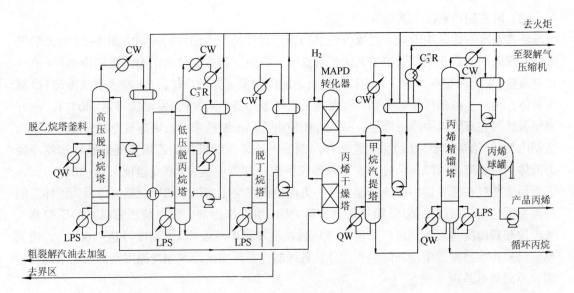

图 2-27　脱丙烷、脱丁烷和丙烯精馏工艺流程

2.9.6　压缩制冷单元工艺原理及工艺流程

如上所述，裂解气采用深冷分离法进行分离时向其提供冷量的任务是由制冷单元实现的。目前，广泛采用蒸气压缩制冷(简称压缩制冷)和节流膨胀制冷。

在制冷系统中工作的制冷介质称为制冷剂或简称冷剂。裂解气深冷分离过程中通常采用的是甲烷、乙烯和丙烯等烃类冷剂。

工业上采用的压缩制冷单元由制冷压缩机、冷凝器、节流阀(或称膨胀阀)、蒸发器等设备组成。裂解气深冷分离过程一般采用的是丙烯(图 2-27 中的 $C_3^=R$)制冷系统，以及由甲烷、乙烯和丙烯三种烃类冷剂制冷系统覆叠而成的阶式制冷系统(覆叠或级联制冷系统，用于脱甲烷系统)。

(1) 阶式制冷系统原理

采用丙烷、丙烯等冷剂(其标准沸点分别为-42.1℃和-47.4℃)的压缩制冷系统，其制冷温度最低仅约为-45~-40℃。如果要求更低的制冷温度(例如，低于-80~-60℃)，必须选用乙烷、乙烯这样的冷剂(其标准沸点分别为-88.6℃和-103.7℃)。但是，由于乙烷、乙烯的临界温度(乙烷为 32.1℃，乙烯为 9.2℃)较高，故在压缩制冷循环中不能采用空气或冷却水(温度为 35~40℃)等冷却介质，而是需要采用丙烷、丙烯或氨制冷循环蒸发器中的冷剂提供冷量使其冷凝。

为了获得更低温位(例如，低于-102℃)的冷量，此时就需要选用标准沸点更低的冷剂。甲烷可以制取-160℃温位的冷量。但是，由于甲烷的临界温度为-82.5℃，在压缩制冷循环中其蒸气必须在低于此温度下才能冷凝。此时，甲烷蒸气就需采用乙烷、乙烯制冷循环蒸发器中的冷剂使其冷凝。这样，就形成了由几个单独而又互相联系的不同温位冷剂压缩制冷循环组成的阶式制冷系统。

在阶式制冷系统中，用较高温位制冷循环蒸发器中的冷剂来冷凝较低温位制冷循环冷凝器中的冷剂蒸气。这种制冷系统可满足-140~-70℃制冷温度(即蒸发温度)的要求。

85

（2）阶式制冷系统工艺流程

阶式制冷系统常用丙烷、乙烯（或乙烷）及甲烷作为三个温位的冷剂。图2-28为天然气液化装置采用的阶式制冷系统工艺流程示意图。图中，制冷温位高的第一级制冷循环（第一级制冷阶）采用丙烷作冷剂。由丙烷压缩机来的丙烷蒸气先经冷却器（水冷或空气冷却）冷凝为液体，再经节流阀降压后分别在蒸发器及乙烯冷却器中蒸发（蒸发温度可达-40℃），一方面使天然气在蒸发器中冷冻降温，另一方面使由乙烯压缩机来的乙烯蒸气冷凝为液体。第二级制冷循环（第二级制冷阶）采用乙烯作冷剂。由乙烯压缩机来的乙烯蒸气先经冷却器冷凝为液体，再经节流阀降压后分别在蒸发器及甲烷冷却器中蒸发（蒸发温度可达-102℃），一方面使天然气在蒸发器中冷冻降温，另一方面使由甲烷压缩机来的甲烷蒸气冷凝为液体。制冷温位低的第三级制冷循环（第三级制冷阶）采用甲烷作冷剂。由甲烷压缩机来的甲烷蒸气先经冷却器冷凝为液体，再经节流阀降压后在蒸发器中蒸发（蒸发温度可达-160℃），使天然气进一步在蒸发器中冷冻降温。此外，各级制冷循环中的冷剂制冷温度常因所要求的冷量温位不同而有差别。

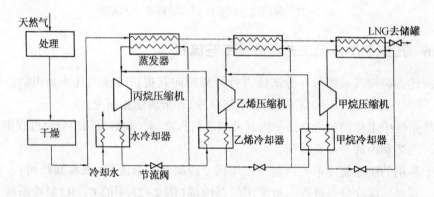

图2-28　阶式制冷系统工艺流程

阶式制冷系统的优点是能耗较低。以天然气液化装置为例，当装置原料气压力与干气外输压力相差不大时，每液化1000m³天然气的能耗约为300~320kW·h。如果采用混合冷剂制冷系统和透平膨胀机制冷系统，其能耗将分别增加约20%~24%和40%以上。另外，由于其技术成熟，故在20世纪60年代曾广泛用于液化天然气生产中。

阶式制冷系统的缺点是流程及操作复杂，投资较大，故目前除极少数天然气液化装置采用阶式制冷系统外，大多采用透平膨胀机制冷系统。但是，在乙烯裂解装置中由于所需制冷温位多，丙烯、乙烯冷剂又是本装置的产品，储存设施完善，加之阶式制冷系统能耗低，故仍广泛采用之，其工艺流程与图2-28基本相同。

2.9.7　乙烯裂解装置的操作参数与调节

2.9.7.1　裂解过程的工艺条件

裂解原料的特性、裂解反应条件、裂解反应器的形式和结构等诸多因素影响着石油烃的裂解结果，各因素之间彼此相互关联又相互制约。这里主要介绍工艺条件对裂解过程的影响。

影响裂解过程的工艺条件主要包括反应温度、反应时间、反应压力及稀释比等。

总体而言，高温、低压、短停留时间(反应时间)的反应条件对生产乙烯有利。

(1) 反应温度　乙烯裂解属于强吸热反应，提高反应温度，有利于提高一次反应对二次反应的相对速率，因此可提高乙烯产率。烃类裂解制乙烯的最适宜反应温度一般为 800～900℃。当温度超过 900℃，甚至达 1100℃时，对生成焦炭反应极为有利，原料转化率虽有增加，但产品收率却大大降低。

(2) 反应时间　在一定的反应温度下，每一种裂解料都有其最适宜的停留时间。如果裂解原料在反应区停留时间太短，大部分原料还来不及反应就离开了反应区，使原料的转化率降低；延长停留时间，虽然原料的转化率提高，但二次反应几率加大，会造成乙烯产率的下降，生焦和成碳的机会增多。裂解温度与停留时间是相互关联的，反应温度愈高，最佳反应时间愈短。为此烃类裂解必须创造一个高温、快速、急冷的反应条件，保证在操作中很快地使裂解原料上升到反应温度，经短时间(适宜停留时间)的高温反应后，迅速离开反应区，又很快地使裂解气急冷降温，以终止反应。烃类裂解的反应时间很短，一般都低于 1 秒。

(3) 反应压力和稀释比　烃类裂解的一次反应(断链、脱氢等)都是分子数增加的反应，而聚合、缩合、生焦等二次反应都是分子数减少的反应，因此降低压力有利于提高乙烯的平衡产率，抑制二次反应的进行。为了降低反应压力，通常采用在裂解原料中加入惰性稀释剂(水蒸气或其他气体)的方法，以降低原料烃分压。工业上常用水蒸气作为稀释剂。裂解过程的压力一般约 150～300Pa，稀释比则因裂解原料类型而异。

2.9.7.2　分离过程对乙烯收率的影响

在分离过程中，乙烯损失约为 3%。几个损失之处为：①冷箱尾气(氢气与甲烷)中带出损失，约占乙烯总量的 2.25%；②乙烯塔釜液中乙烷带出损失，约占乙烯总量的 0.40%；③脱乙烷塔釜液中带出损失，约占乙烯总量的 0.284%；④压缩段间凝液带出损失，约为乙烯总量的 0.066%。由此可知，乙烯损失主要由冷箱尾气带出，其影响因素主要是原料气组成、操作温度和压力。

(1) 原料气组成　原料气中 C_1^0/H_2 分子比值对尾气中乙烯损失影响很大。这是因为氢气的存在导致露点的下降，为了保证分离要求，使乙烯回收率一定，必须降低塔顶温度或提高压力。实际生产中，操作条件一般不变，所以在条件不变时，C_1^0/H_2 分子比值减小，尾气中乙烯含量增加，即损失增加。

(2) 压力和温度的影响

增大压力和降低温度都可以减少尾气中乙烯损失。但是压力的增高和温度的降低都受到一定的限制。①压力增高，降低了甲烷/乙烯的相对挥发度，造成分离困难，使甲烷难以从塔釜液中蒸出。要保证分离要求就必须增加塔板数或加大回流比，因此要增加投资或多消耗冷量。②塔顶温度的降低受到冷剂温度水平的限制。

2.9.8　乙烯裂解装置的主要工艺控制指标

乙烯裂解装置的主要操作条件和工艺控制指标因裂解原料性质、工艺技术、生产方案等的不同而各异，但各装置的差别不会很大。表 2-21 列出了某石化公司烯烃厂裂解装置加工轻烃/石脑油/轻柴油原料时的主要工艺控制指标，仅供参考。

表 2-21 乙烯裂解装置的主要工艺控制指标

项　目	指　标	项　目	指　标
裂解与急冷系统		裂解气压缩系统	
裂解炉出口温度/℃	820~870	一段吸入温度/℃	40
急冷锅炉出口裂解气温度/℃	≤600(由设计定)	一段吸入压力/MPa	0.024
急冷器出口裂解气温度/℃	210~260	一段排出压力/MPa	0.154
稀释蒸汽压力/MPa	0.65~0.75	二段吸入温度/℃	39
炉子排烟温度/℃	139~153	二段吸入压力/MPa	0.132
超高压蒸汽温度/℃	480~520	二段排出压力/MPa	0.347
废热锅炉汽包压力/MPa	9.5~11.5	三段吸入温度/℃	39
汽包液位/%	40~60	三段吸入压力/MPa	0.342
油冷塔塔顶温度/℃	102~110	三段排出压力/MPa	0.8
油冷塔塔釜温度/℃	180~210	四段吸入温度/℃	40
水冷塔塔顶温度/℃	30~40	四段吸入压力/MPa	0.77
水冷塔进料温度/℃	102~108	四段排出压力/MPa	1.68
水冷塔塔釜温度/℃	80~92	五段吸入温度/℃	27
水冷塔塔顶压力/MPa	0.033	五段吸入压力/MPa	1.43
水冷塔塔釜压力/MPa	0.037	五段排出压力/MPa	3.87
急冷水上段返回温度/℃	36~40	各段排出温度/℃	79~89
急冷水中段返回温度/℃	52~56	吸入罐、排出罐液位/%	20
裂解气净化与分离系统		丙烯制冷压缩机	
碱洗塔/水洗塔操作温度/℃	顶46/底48	一段吸入温度/℃	-40/37.7
碱洗塔/水洗塔塔压/MPa	顶1.58/底1.62	一段吸入压力/MPa	0.032/0.054
裂解气干燥器进口温度/℃	12~15	二段吸入温度/℃	-24/21.6
苯洗塔出料温度/℃	10	二段吸入压力/MPa	0.032/0.187
乙炔加氢反应器入口温度/℃	67	三段吸入温度/℃	-5/-7.4
乙炔加氢反应器出口压力/MPa	3.6	三段吸入压力/MPa	/0.365
冷箱出口氢气压力/MPa	3.3	四段吸入温度/℃	16/6.9
甲烷化反应器入口温度/℃	170	四段排出温度/℃	82/69
低压/高压脱甲烷塔顶压力/MPa	0.56/3.10	四段吸入压力/MPa	0.81/0.625
低压/高压脱甲烷塔顶温度/℃	-136/-99	四段排出压力/MPa	1.56/1.68
低压/高压脱甲烷塔釜温度/℃	-53/-10	吸入罐液位/%	1st~4th: 15%/25%/25%/25%
脱乙烷塔压力/MPa	2.6	乙烯制冷压缩机	
脱乙烷灵敏板温度/℃	27	一段吸入温度/℃	-101
低压脱丙烷塔压力/MPa	0.73	一段吸入压力/MPa	0.009
高压脱丙烷塔压力/MPa	1.46	二段吸入温度/℃	-83
脱丁烷塔顶压力/MPa	0.4~0.43	二段吸入压力/MPa	0.19
脱丁烷塔灵敏板温度/℃	60	三段吸入温度/℃	-61
低压/高压乙烯精馏塔压力/MPa	0.5~0.8/1.9~2.3	三段吸入压力/MPa	0.63
低压/高压乙烯精馏塔塔顶温度/℃	-60~-50/-35~-23	三段排出温度/℃	-11.9
丙烯精馏塔顶压力/MPa	1.9	三段排出压力/MPa	1.113
丙烯精馏塔塔顶温度/℃	49.4	吸入罐液位/%	1st~3rd: 50%/50%/50%
丙烯精馏塔塔釜温度/℃	66.2		

88

2.10 其他工艺过程及辅助装置简介

2.10.1 润滑油生产过程

成品润滑油由基础油和添加剂两部分组成。添加剂的含量一般很少，只占产品量的百分之几，甚至百万分之几。可见，基础油是润滑的主体，也是润滑油添加剂的"载体"。基础油的品质对润滑油的性能起决定性作用。因此，润滑油生产的关键是基础油的生产。

通过常减压蒸馏得到的润滑油原料只是按馏分轻重或黏度的大小加以切割的，其中含有许多对润滑来说不利的组分，要生产得到合乎质量要求的基础油，必须经过一系列的加工过程以除去非理想组分。显然，基础油的生产目的就是脱除润滑油原料中的非理想组分。

以石油为原料生产润滑油基础油，主要是利用原油中较重的部分，有物理法和加氢法两种。

物理法是传统的润滑油基础油生产方法，其流程如图2-29所示。为了生产不同黏度的润滑油，物理法首先将重质油在减压下分馏为轻重不同的几个馏分和渣油。前者为馏分润滑油料，可用以制取变压器油、机械油等低黏润滑油；后者为残渣润滑油料，用来制取汽缸油等高黏润滑油。从润滑油料到基础油产品，还要经过通常所说的"老三套"工艺进行加工，即溶剂精制—溶剂脱蜡—白土补充精制。最后经调合即可得到各种成品润滑油。其中，溶剂精制的目的是除去润滑油馏分中的非理想组分，提高它的黏温特性、抗氧化安定性，降低腐蚀性等；溶剂脱蜡的目的是除去润滑油中的高凝固点组分，满足低温使用性能；白土补充精制目的是除去机械杂质、微量溶剂、环烷酸盐、胶质等。调合的目的是将几种润滑油基础油（或加添加剂）调合以获得多种不同规格和性能的润滑油产品。另外，残渣油中尚含有大量沥青质，因此制取残渣润滑油时必须先经溶剂脱沥青，才能进行精制。物理法受原油本身化学组成的限制很大，低硫石蜡基原油是润滑油的良好原料。

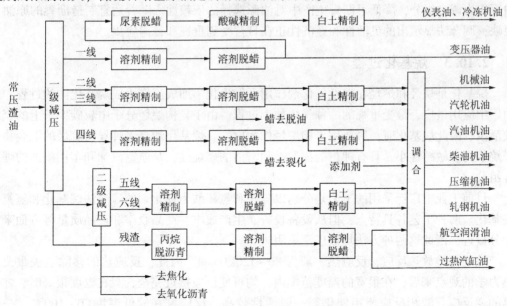

图2-29 润滑油生产的传统工艺流程

加氢法是目前渐多采用的润滑油基础油生产方法。加氢反应能使多环芳烃饱和、开环、转变为少环多侧链的环烷烃，可提高黏度指数等质量。加氢技术具有原料来源广、过程灵活、产品质量好、收率高的优点，但由于其操作压力很高（约 10~20MPa），装置设备投资和操作费用都较高。

2.10.2　沥青生产过程

沥青是一种以减压渣油为主要原料生产的重要石油产品，它呈黑色固态或半固态的黏稠状，广泛应用于道路建设、建筑、水利工程、电气绝缘和防腐等方面。

石油沥青的生产方法有多种，常见的主要有以下几种：

（1）蒸馏法　是将原油经常减压蒸馏拔出汽油、煤油、柴油等轻质馏分油以及减压馏分油后，余下的残渣如符合道路沥青规格时就可以直接生产出沥青产品，所得沥青也称直馏沥青，是生产道路沥青的主要方法。由于蒸馏条件的限制，一般只能生产软化点低的道路沥青，其工艺流程与一般原油蒸馏的流程无原则区别。

（2）溶剂法　是利用非极性的低分子烷烃溶剂对减压渣油中的各组分具有不同的溶解度，从渣油中分离出富含饱和烃和芳烃的脱沥青油，同时得到含胶质和沥青质的浓缩物。后者直接或通过调合、氧化等方法来生产沥青产品。

（3）氧化法　是在一定范围的高温下向减压渣油或脱油沥青中吹入空气，使其组成和性能发生变化，所得产品称为氧化沥青。减压渣油在高温和吹空气的作用下会产生汽化蒸发，同时会发生脱氢、氧化、聚合缩合等一系列反应。这是一个多组分相互影响的十分复杂的综合反应过程，而不仅仅是发生氧化反应，但习惯上称为氧化法和氧化沥青，也有称为空气吹制法和空气吹制沥青。氧化法可以提高沥青的软化点，减小针入度及温度敏感性。

（4）调合法　调合法生产沥青最初是指由同一原油的构成沥青的不同组分按质量要求所需的比例重新调合，所得的产品称为合成沥青或重构沥青。随着工艺技术的发展，调合组分的来源得到扩大。如可以同一原油或不同原油的一、二次加工的残渣或组分以及各种工业废油等作为调合组分，降低了沥青生产中对油源选择的依赖性。随着适宜制造沥青的原油日益短缺，调合法显示出的灵活性和经济性正在日益受到重视和普遍应用。

2.10.3　烷基化过程

烷基化是烷烃和烯烃在酸性催化剂作用下发生化学加成反应生成烷基化油的过程，是炼油厂中应用最广、最受重视的一种气体加工过程。由于异构烷烃分子中叔碳原子上的氢原子较活泼，因此烷基化时一般要用异构烷烃作为原料。烷基化油是多种异构烷烃的混合物，其辛烷值高、敏感性小，具有理想的挥发性和清洁的燃烧性，是航空汽油和车用汽油的理想调合组分。

目前工业上广泛采用的工艺是分别以硫酸和氢氟酸为催化剂的硫酸法烷基化和氢氟酸法烷基化。两种工艺各具特点，但从设备投资、生产成本、产品收率和产品质量等方面来看都十分接近，因此这两种方法均被广泛采用。

烷基化是放热反应，反应热一般为 80~120kJ/mol，因此，反应热的移除至关重要。从热力学的观点来看，在很宽的温度范围内，均可使反应接近完全，只在温度很高时，才有明显的逆反应。液相反应所用催化剂一般活性较高，反应可在较低温度（0~100℃，一般在 0~30℃）下进行。采用适当的压力是为了维持反应物呈液相以及调节反应温度。为了减少烯烃的聚合以及多烷基化物的生成，常采用较高的烷烯摩尔比(5~14∶1)以及较短的停留时间。

硫酸法烷基化一般采用阶梯式反应器，反应器通常分为七段，前五段是反应段，反应原料分批加入五个反应段，以提高烷烯的内比，抑制副反应的发生。图2-30为硫酸法烷基化的工艺流程。

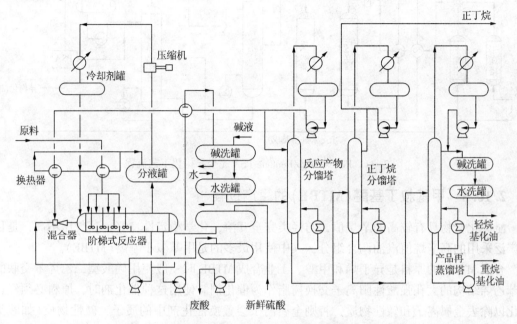

图2-30　硫酸法烷基化工艺流程

2.10.4　烷烃异构化过程

烷烃异构化是指在一定的反应条件和有催化剂存在下，将正构烷烃转化成异构烷烃的过程。炼油工业异构化过程主要以 C_5/C_6 烷烃为原料生产高辛烷值汽油组分，是炼厂提高轻质馏分辛烷值的重要方法。异构化汽油不含硫、芳烃和烯烃，辛烷值高，是清洁汽油的理想组分。

烷烃的异构化反应是可逆的放热反应，异构体之间存在着热力学平衡关系，温度越低，平衡对生成异构烷烃越有利。由于异构化反应是分子数不变的反应，在通常条件下反应的平衡组成不受总压的影响。烷烃的异构化反应遵循正碳离子反应机理。

烷烃异构化过程所使用的催化剂主要有弗瑞迪-克腊夫茨型催化剂和双功能型催化剂两大类型，双功能型催化剂按使用的反应温度又分为高温型和低温型。由于弗瑞迪-克腊夫茨型催化剂存在诸多不足之处，目前已经很少使用。双功能型催化剂与催化重整催化剂有相似之处，主要应用于临氢异构化过程，是由镍、铂、钯等有加氢活性的金属担载在氧化铝、氧化硅-氧化铝、氧化铝-氧化硼或泡沸石等酸性担体上组成的，该催化剂的异构化活性高，反应温度较低。另外，现在工业上使用的还有一种固体超强酸催化剂，这类催化剂可以在80℃的低温下仍然具有比较好的异构化活性。

烷烃异构化工艺按照原料的流向可以分成一次通过流程和循环流程。一次通过流程是指异构化原料一次通过反应器。但由于异构化是可逆反应，在工业反应条件下平衡转化率并不高，为了提高正构烷烃的总转化率和异构化产物的辛烷值，异构化工艺往往采用循环流程。循环流程是指一次通过后未完全反应的正戊烷或/和正己烷经分离后循环回反应器的进料段再次进行反应，直至完全发生异构化，也称为完全异构化。图2-31为 UOP 公司的 Penex/

DIH/Pentane PSA 完全异构化工艺流程。

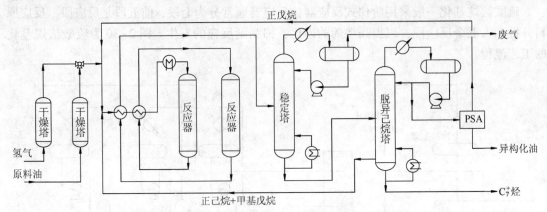

图 2-31   Penex/DIH/Pentane PSA 完全异构化工艺流程

2.10.5   甲基叔丁基醚(MTBE)的生产过程

醚类化合物具有较高的辛烷值，与烃类完全互溶，化学稳定性良好，蒸气压不高，是目前广泛采用的高辛烷值汽油调合组分，其中使用最多的是甲基叔丁基醚(MTBE)。

合成 MTBE 的原料是异丁烯和甲醇。工业合成 MTBE 时一般使用磺酸型二乙烯苯交联的聚苯乙烯结构的大孔强酸性阳离子交换树脂作为催化剂。使用这种催化剂时，原料必须经过净化以除去金属离子和碱性物质，否则金属离子会置换催化剂中的质子，碱性物质(如胺类等)也会中和催化剂上的磺酸根，从而使催化剂失活。

工业装置上，醚化反应是在固定床或膨胀床内进行的，反应物料是液相。反应后的物流中除 MTBE 外，还有未反应的甲醇以及除异丁烯以外的其他 C₄ 组分。由于甲醇与 C₄ 或 MTBE 都会形成共沸物，在产物分离时可以有多种方案。图 2-32 所示是在压力下采用三塔产物分离的 MTBE 合成工艺流程。首先在第一个塔内将甲醇与 C₄ 的共沸物蒸出，在塔底得到 MTBE，然后用水萃取的方法从共沸物中回收甲醇，最后再从甲醇水溶液中蒸出甲醇返回反应器。反应后剩下的 C₄ 组分主要是正丁烯和异丁烷等，可作为烷基化的原料。

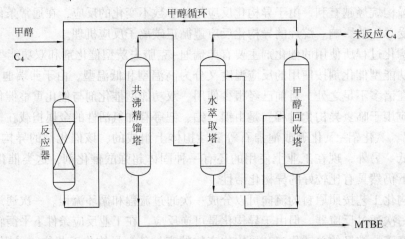

图 2-32   MTBE 合成的工艺流程

2.10.6 气体分馏

炼厂气体分馏过程的任务是分离液化气，为后续气体加工装置提供合适的原料。

液化气是由 C_3、C_4 的烷烃和烯烃组成的烃类混合物。这些烃类的共同特点是沸点低，如丙烷、丁烷和异丁烯的沸点分别为 -42.07℃、-0.5℃ 和 -6.9℃，在常温常压下均为气体，但在一定压力下(2.0MPa 以上)为液态。气体分馏装置就是在一定的压力下，利用液化气中各组分沸点的不同，采用精馏的方法将各组分加以分离的过程。气体分馏需要在几个精馏塔内进行，由于各种气态烃之间的沸点差别很小，如丙烯的沸点仅比丙烷低 4.6℃，所以要达到一定的分离要求，精馏塔的塔板数必须很多，一般要几十甚至上百块塔板。精馏塔的个数需根据所分离的组分数及分离要求来确定。

图 2-33 为一个五塔流程的气体分馏的工艺流程。原料首先进入脱丙烷塔，从塔顶分出 C_2、C_3 馏分，经冷凝冷却后，部分作为塔顶回流，其余进入脱乙烷塔，从脱乙烷塔顶分出乙烷，塔底物料进入脱丙烯塔，从脱丙烯塔顶分出丙烯，塔底产物为丙烷。脱丙烷塔底物料进入脱异丁烷塔，塔顶分出轻 C_4 馏分(主要是异丁烷、异丁烯和丁烯-1 组分)，脱异丁烷塔的塔底物料进入脱戊烷塔。脱戊烷塔的塔底产物为戊烷，塔顶产物为重 C_4 馏分(主要是丁烯-2 和正丁烷)。

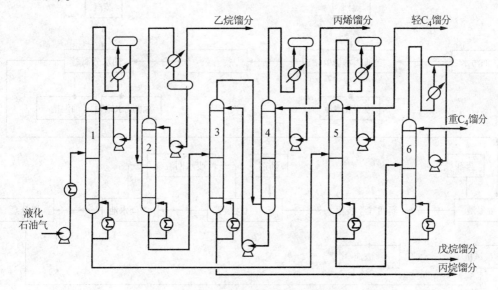

图 2-33　气体分馏装置的工艺流程

1—脱丙烷塔；2—脱乙烷塔；3—脱丙烯塔下段；4—脱丙烯塔上段；5—脱异丁烷塔；6—脱戊烷塔

气分装置中的每个精馏塔塔底都有再沸器，塔顶有冷回流，都是完整意义上的精馏塔。各塔的操作温度均不高，一般在 55~110℃ 之间；操作压力视分离物系的不同而异，压力的选择原则是使各个烃在一定温度下呈液态，如一般脱丙烷塔、脱乙烷塔和脱丙烯塔的压力为 2.0~2.2MPa，脱丁烷塔和脱戊烷塔的压力为 0.5~0.7MPa。

2.10.7 "三废"处理

炼油化工过程中不可避免地会产生各种废水、废气和废渣，如不加以治理而直接排放，必将严重污染环境，危害人们的健康。为了保护环境，必须对所产生的各种废水、废气和废渣进行严格治理，达到国家规定的标准后进行排放或循环使用。

（1）废水处理

炼油化工过程废水的来源主要有：原油脱盐水、循环水排污、工艺冷凝水、产品洗涤水、机泵冷却水及油罐排水等。不同来源的废水中所含的污染物有较大差异。如油罐区排水的污染物主要是石油烃类；催化裂化装置排水中的污染物除烃类外，还含有较多的含硫化合物、氨及酚类等。由于各种来源废水的污染情况不尽相同，炼油化工过程中往往将废水分为含油废水、含硫废水、含盐废水和含碱废水等分别进行收集和处理。一般含油废水和含盐废水可直接进入污水处理厂处理，而含硫废水和含碱废水一般需要经过预处理后才能进入污水处理厂，否则会影响生物氧化过程中的生物繁殖。

污水处理方法包括物理方法（沉淀、隔油、聚结过滤、油水旋流分离等）、物理-化学方法（混凝法、气浮法）和生物化学方法（活性污泥法、生物膜法、膜法 A/O 工艺）等。

污水处理方法一般需根据废水的性质及其处理的难易程度来选用，并组合成最佳的处理流程。炼油化工厂废水处理一般均需经过隔油、溶气气浮（或聚结过滤）和生物氧化这三个步骤，采用这种流程处理炼油废水一般能取得较好的效果。图 2-34 即为某大型炼油厂含油废水的处理流程。

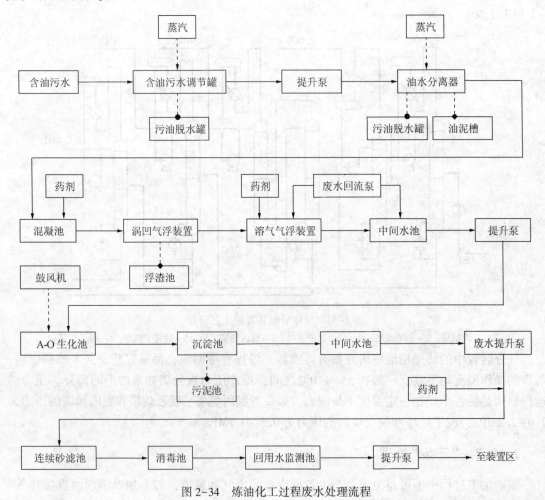

图 2-34　炼油化工过程废水处理流程

（2）废气处理

由于炼油化工过程废气的来源不同，其组成和性质也各不相同，因此需要采取不同的方法加以处理。

① 含硫气体的处理

在炼油化工过程中，诸如加氢精制、加氢裂化和催化裂化等装置的气体产物中都含有 H_2S，当加工含硫原油时其含量更是可观。为了降低对环境的危害，这些气体在排放前都必须先经过脱硫处理，脱出的酸性气（含有 H_2S 及 CO_2）经硫磺回收后才能排放，一方面防止了污染大气，另一方面也可以为硫酸工业等提供原料，取得显著的经济效益。

② 锅炉及加热炉的燃烧废气处理

加热炉及锅炉在燃烧过程中会产生大量废气。加热炉一般以减压渣油为燃料，当硫含量较高时经燃烧后将向环境排出硫化物、氮氧化物和粉尘等。这部分废气虽然组成相对单一，但燃烧废气总排放量占废气排放总量的 60% 以上，排放的污染物绝对量大，目前多经除尘后直接高空排放。烟气中的硫主要是以 SO_2 状态存在，要脱除 SO_2 在技术上并不困难，只是因烟气的量比较大，其中 SO_2 的浓度又较低，投资及运转费用较高。目前常用的烟气脱硫方法为石灰/石灰石浆液洗涤法，使 SO_2 与石灰/石灰石反应生成亚硫酸钙和硫酸钙而除去。

③ 氧化沥青尾气的处理

渣油在氧化过程中会产生具有恶臭气味且有毒的气体，其中含有 3，4-苯并芘等致癌物质，必须予以处理后才能排放。氧化沥青尾气中含有油蒸气，需先采用水洗或油洗等方法把油气除去。然后将尾气通入焚烧炉内，在 850～1050℃ 下进行燃烧，使废气中 3，4-苯并芘的含量降至 $2\mu g/m^3$ 以下。

④ 火炬气的治理

炼油化工过程中的火炬原为产气装置开停工和事故处理时的安全设施，一般情况下不应向火炬排放气体。对于装置和系统因产需不平衡或操作波动而放空的低压气也应设法加以利用，以减少损耗和大气污染。目前对火炬气的治理措施包括：设置低压石油气回收装置；采用新型火炬头和低耗长明灯，实现自动点火等。

⑤ 含烃废气的治理

炼油化工企业在生产、储存和运输的各个环节都会有烃类的排放和泄漏，排入大气后造成环境污染。目前的主要措施是采用密封性能好的管阀件和设备减少泄漏，利用各种改进工艺对轻烃进行回收利用，轻质油品使用浮顶储罐减少挥发损失，采用浸没式装车措施降低蒸发损失等。

⑥ 含颗粒物废气的治理

催化裂化装置再生器排出的烟气含有大量催化剂粉尘。一般再生器内均设有两级旋风分离器以回收催化剂循环利用，在再生器的烟气管道上使用三级旋风分离器进一步回收细粉颗粒物。还可采用第四级旋风分离器、电除尘法或湿洗系统进一步降低粉尘排放量。

（3）废渣处理

炼油化工过程产生的固体废弃物主要来自生产工艺本身及污水处理设施，主要有废酸渣、废碱渣、废白土渣、各种废催化剂，以及污水处理厂的池底泥、浮渣和剩余活性污泥等。

① 碱渣、酸渣的处理

碱渣、酸渣是炼油化工厂对油品进行碱洗和酸洗的产物，由于该工艺比较落后，目前在炼油化工厂中酸碱洗工艺已经基本淘汰，碱渣、酸渣的处理不再显得重要。对碱渣、酸渣的处理，主要是通过各种化学方法，回收其中的有用组分，进行无害化处理。

② 废催化剂的处理

对于含有贵稀金属的废催化剂一般由催化剂生产厂回收，或送往指定处理厂回收其中的贵稀金属。

催化裂化催化剂是炼油厂消耗量最大的一种催化剂，目前其废催化剂的处理主要是采用填埋方法。近年来采用磁分离技术、化学复活技术等对催化裂化废催化剂进行处理后，可部分进行再利用；从催化裂化三级旋分器得到的细粉催化剂可以代替白土用于油品精制，既可以降低精制温度，其含水量又无须严格控制。这些新措施在一定程度上降低了催化剂的消耗量，缓解了对环境的污染。

③ "三泥"的处理

池底泥、浮渣和剩余活性污泥，俗称"三泥"，其含水率很高，必须先通过脱水工艺再进行最终处理。

池底泥、浮渣的热值很高，含氢氧化铝等物质。把它们按不同比例掺入黏土中制成砖坯进行焙烧，其砖的抗压强度符合国家标准。含油6%～8%的油泥和木屑或煤拌和还可以作为烧砖的燃料。

浮渣是由氢氧化铝和附着在它上面的油及少量其他固体废物组成。在浮渣中加入适量的硫酸生成硫酸铝的水溶液，可作为污水浮选处理的浮选剂。

绝大多数炼油厂对污水处理厂污泥的处理方法是浓缩、脱水、焚烧。焚烧是将污泥热分解，经氧化使污泥变成体积小、毒性低的炉渣。

2.10.8　公用工程

公用工程是维持炼油厂正常生产所必需的。主要包括：

（1）供电系统

多数炼油化工厂使用外来高压电源，炼厂应有降低电压的变电站及分配用电的配电站。为了保证电源不间断，多数炼厂备有两个电源。为了保证在断电时不发生安全事故，炼厂一般还自备小型的发电机组。

（2）供水系统

炼油化工厂用水主要包括冷凝冷却、发生蒸汽、洗涤产品、冲洗管线设备、消防以及生活用水等。新鲜水的供应系统主要由水源、泵站和管网组成，有的还需要水的净化设施。大量的冷却用水需要循环使用，故炼油化工厂应设有循环水系统。

（3）供水蒸汽系统

主要由蒸汽锅炉和蒸汽管网组成。供应全厂的工艺用蒸汽、吹扫用蒸汽、动力用蒸汽等。一般都备有1MPa和4MPa两种不同压力等级的蒸汽锅炉。

（4）供气系统

炼油化工厂的供气系统主要供应厂内部使用的各种烧焦气体、吹扫及反吹气体等。因此，炼油化工厂都建有压缩空气站、氧气站(同时供应氮气)等。

（5）原油和产品储运系统

主要包括原油及产品的输油管或铁路装卸站、原油储罐区、产品储罐区等。

此外，多数炼油化工厂还设有机械加工维修、仪表维护、研究机构、消防队等设施。

3 炼油化工主要设备

3.1 流体输送设备

炼油化工过程所加工的原料及所生产的产品绝大多数都是流体，在生产过程中常常需要将这些流体通过管线进行输送，有时由低处送往高处，有时由低压设备送往高压设备。为了达到这些目的，必须将一定的外界能量加于流体，以克服流体在流动过程中产生的阻力，并补偿输送流体时所不足的总能量，例如由于位能提高所需要的能量。流体输送设备的作用就是向流体作功以提高流体的机械能。当然，这些装置都需要原动机来带动。

流体输送机械的种类繁多，但总起来说可分为两大类，一类是液体输送机械，如各种泵；另一类是气体输送机械，如鼓风机、压缩机及抽真空设备。

3.1.1 液体输送机械

输送液体机械可分为叶片式泵和容积泵（或称正位移泵）两大类。叶片式泵内有高速旋转的叶轮向液体传送动能，然后转换成为液体的压力能，如离心泵、混流泵、轴流泵、旋涡泵、离心旋涡泵等。容积泵是利用活塞或转子的挤压使液体升压并向前推进，如往复泵、回转泵等。

3.1.1.1 离心泵

离心泵是炼油化工过程中最常用的一种液体输送机械。离心泵具有以下优点：结构和操作简单，便于调节和自控；流量均匀，效率较高；流量和压头的适用范围较广；适用于输送各种黏度、腐蚀性或含有悬浮物的液体。

1）工作原理

离心泵的基本原理是利用叶轮高速旋转时所产生的离心力来增加流体的能量。

图 3-1 为离心泵装置简图。其主要由叶轮、泵壳、轴封装置三部分构成，叶轮上安装有 6~8 片后弯叶片，泵壳中央的吸入口与吸入管相连通，吸入管的末端装有底阀，以防止停车时泵内液体倒流回储液槽内。离心泵的叶轮安装在泵壳内，并紧固在泵轴上，泵轴由电动机直接带动。液体经底阀和吸入管进入泵内，由排出管排出。

在泵启动前，泵壳内灌满被输送的液体。启动后，叶轮由泵轴带动高速转动，液体跟着叶轮旋转，在离心力的作用下，液体从叶轮中心被抛向外缘并获得能量，以高速离开叶轮外缘进入蜗形泵壳。在泵壳中，液体由于流道的逐渐扩大而减速，

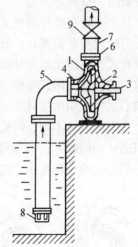

图 3-1 离心泵装置简图
1—叶轮；2—泵壳；3—泵轴；
4—吸入口；5—吸入管；6—排出口；
7—排出管；8—底阀；9—调节阀

又将部分动能转变为静压能，最后以较高的压力自泵出口进入液体管路。叶轮内液体被抛出后，在叶轮的中心造成低压区(真空)。由于泵的吸入管一端与叶轮中心相通，另一端浸没于被输送液体内，在液面的压力与泵内压力(负压)的压差作用下，液体经吸入管进入泵内，填补了被排出液体的位置，只要叶轮不停的转动，离心泵就能源源不断地吸入和排出液体。

2) 离心泵的主要部件

离心泵主要由叶轮、泵体、密封装置、平衡装置和传动装置组成。图3-2所示为IS型单级单吸离心式清水泵，为B型泵的改进型。IS型泵为悬臂式结构，轴承装于叶轮的同一侧。

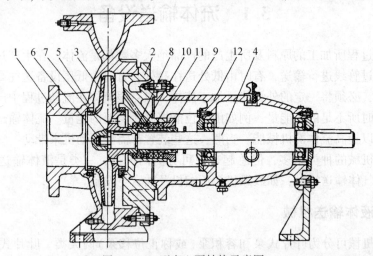

图3-2　IS型离心泵结构示意图

1—泵体；2—泵盖；3—叶轮；4—轴；5—密封环；6—叶轮螺母；7—止动垫圈；
8—轴盖；9—填料压盖；10—填料环；11—填料；12—悬架轴承部件

（1）叶轮

叶轮是把机械能传给液体的主要部件。离心泵的叶轮分为开式、半开式和闭式叶轮三种，如图3-3所示。

开式叶轮在叶片两侧无盖板，适于输送含有杂质悬浮物的物料，它制造简单、清洗方便，但叶轮与泵壳密合不好，部分液体流回吸入口侧，因此效率低。在叶片侧加一后盖板即为半开式，它适于输送易沉淀和含细粒状固体料液，效率高于开式，但也较低。叶片两侧装有前后盖板则为闭式叶轮，它的造价较高，但效率也高，适用于不含有杂质的清洁液体。油品离心泵多采用闭式叶轮。

按吸液方式不同，叶轮还有单吸式和双吸式两种，如图3-4所示。对单吸式叶轮，液体只能从一侧吸入，而双吸式叶轮可同时由两侧吸入。显然，双吸式泵具有较大的吸液能力，但是它的结构复杂，造价较高。

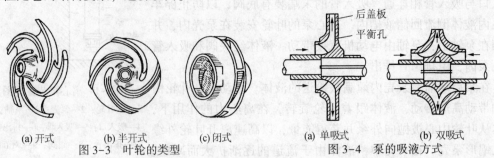

(a) 开式　　(b) 半开式　　(c) 闭式　　　　(a) 单吸式　　　　(b) 双吸式
图3-3　叶轮的类型　　　　　　　　图3-4　泵的吸液方式

（2）泵体（泵壳）

单级泵的壳体一般为蜗牛壳形状（如图3-5所示），是按液体离开叶轮后的自由流动轨迹设计制造的。液体在蜗形泵壳中向外流动时，由于流道横截面积逐渐增大，而流速平缓减小，便将部分动能转化为静压能，出口部分呈喇叭状的扩散管，同样起到能量转换的作用。

在有些直径较大、扬程较高的离心泵中，为了提高其静压能，在泵壳的外圆周装有一个固定的带叶片的盘，称为导轮（如图3-5所示）。从叶轮甩出的液体进入导轮的叶道，叶道截面逐渐加大，液体速度逐渐减小，静压能不断提高。

多级泵的泵壳为圆筒形，除了最后一级外，其他各级在靠近叶轮外缘都固定一导轮，其作用是把从叶轮流出的液体导向下一级叶轮，导轮上有许多导向叶片，也起转能的作用。

（3）密封装置

为了防止泵内液体外漏或空气进入泵内而影响安全运转和降低泵的工作效率，必须在叶轮或轴与泵体之间采取密封措施。

① 叶轮与泵体之间的密封　在泵体与叶轮互相靠近的边缘上安装密封环（又称口环），以防止叶壳之间的缝隙处产生过多的局部漏损，同时，还可承受叶轮与泵壳的互相摩擦。密封环磨损严重时可以随时更换。

② 轴与泵体之间的密封（轴封）　轴与泵体之间是液体可能向外渗漏的主要渠道，轴封区域如图3-6所示。轴封措施一般有填料密封与机械密封两种。

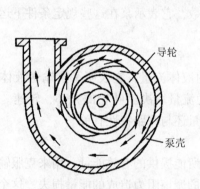

图3-5　泵壳与导轮

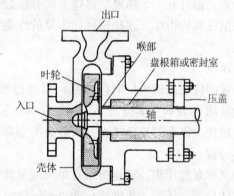

图3-6　离心泵轴封区域示意图

填料密封（如图3-7所示）主要由填料套、填料环、填料和填料压盖所组成。填料一般采用浸油或涂有石墨的石棉绳或包有抗磨金属的石棉填料等。填料密封是靠压盖把填料压紧并迫使其变形来达到密封目的的，严密程度可以对压盖的松紧程度加以调节。填料密封的优点是简单易行，但维修工作量大，功率损失也较大。因此，填料密封目前大多已被新型的机械密封取代。

图3-8为机械密封的结构示意图。泵壳体与压盖用垫圈固定密封在一起。静环与压盖之间用静环密封圈密封，并用防转销使静环固定。动环依靠弹簧及传动螺钉压紧在静环上，动环与轴之间有动环密封圈密封，动环随轴转动与静环相对转动形成径向密封面，所以也叫端面密封。当密封面被磨损时，依靠弹簧的张力可使动环和静环之间仍然保持良好的密封，传动螺钉可调节弹簧的张力，静环密封圈可以补偿微小的偏斜。

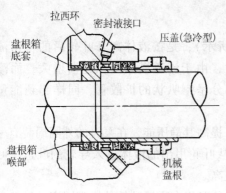

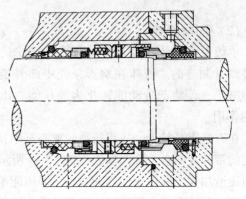

图 3-7　填料密封结构示意图　　　　　图 3-8　机械密封结构示意图

（4）平衡装置

离心泵在输送液体时，由于叶轮前后轮板不对称，叶轮两侧受的液体压力不相等，便产生了指向液体进口的轴向推力，这种轴向推力对泵的正常运转、安全生产以及功率均是有害的。为了克服或减弱这种轴向推力，通常采用叶轮上开平衡孔，多级泵上装平衡盘，采用止推轴承等平衡措施。也有把单吸式多级泵叶轮对装或采用双吸式叶轮的方法。

（5）传动装置

传动装置包括泵轴、轴承和联轴器等。

3）离心泵的主要性能参数

每台泵上都钉有一个铭牌。铭牌上标有该台泵的型号、流量、扬程、转速、轴功率和效率等有关泵性能的指标。这些指标称为泵的性能参数，它表示泵在这些规定条件下运转时最经济合理。

（1）流量

离心泵的流量是指单位时间内泵向管路输送的液体流量，它表明了泵输送液体量的能力。流量常用 Q 表示，单位为 m^3/h 或 m^3/s。泵的流量取决于叶轮的大小，转速。叶轮越大，转速越快，则泵的流量越大。离心泵的实际流量还与管路特性有关。

（2）扬程

扬程又称泵的压头，它是指泵对单位质量液体所能提供的有效能量，用来克服输送液体时由于液体位置、压力、速度变化和克服输送过程的摩擦阻力造成的能量损失。这个指标说明泵对输送流体提供能量的能力。扬程常用 H 表示，其单位以（m 液柱）表示。泵的扬程与叶轮的结构、大小和转速有关。

（3）轴功率

泵的轴功率是指泵在单位时间内从驱动机（电机）获得的能量。轴功率常用 N 表示，单位为 W 或 kW。泵本身不产生能量，它之所以能使液体增力增能，是靠驱动机带动泵轴旋转，从驱动机处获得了能量。泵将驱动机提供的大部分能量传递给了液体，提高了液体的能量；另一部分则在运转过程中被消耗。液体真正获得的功率称为有效功率（N_e）。

（4）效率

泵的效率（η）是指泵的有效功率和轴功率的比值。泵的效率反映了离心泵能量损失的大小。效率与泵的大小、类型、制造精密程度和所输送液体的性质、流量有关。一般小型泵的效率为 50%～70%，大型泵可达到 90% 左右。此值由实验测得。

4）离心泵的类型

炼油化工中使用的离心泵种类较多，按所输送的液体性质可分为清水泵、耐腐蚀泵、油泵、杂质泵等；按泵轴上叶轮的数目可分为单级离心泵和多级离心泵；按叶轮的吸入方式可分为单吸离心泵和双吸离心泵。各种类型的离心泵按其结构特点各自成为一个系列。

（1）清水泵

清水泵简称水泵，用于输送清水和物理、化学性质与清水类似的液体。使用温度一般低于80℃。常用的水泵有 IS 型、D 型和 Sh 型等。

IS 型水泵系指单级单吸悬臂式离心水泵。扬程范围为 $9\sim98mH_2O$，流量范围为 $4.6\sim360m^3/h$。IS 型水泵的结构如图 3-2 所示。

D 型水泵系指多级离心水泵，一般有 2 级到 9 级，最多达 12 级。扬程范围为 $14\sim351mH_2O$，流量范围为 $10.8\sim850m^3/h$。多级水泵多用于流量不太大，而扬程较高的场合。

Sh 型水泵系指双吸离心泵，扬程范围为 $9\sim140mH_2O$，流量范围为 $120\sim12500m^3/h$，双吸水泵适用于流量较大而扬程不高的场合。Sh 为双吸式离心水泵的系列代号。

（2）油泵

油泵用于输送不含固体颗粒的石油及其产品，其特点是密封要求高，故多用机械密封装置。国内炼厂广泛应用的是 Y 型油泵（包括 Y 型及 YS 型）和改进型 AY 型油泵（见图 3-9 和图 3-10）。

Y 型油泵的扬程范围为 $60\sim603m$，流量范围为 $6.25\sim500m^3/h$，温度范围为 $-20\sim400$℃。

以 100YⅡ-60A，250YSⅢ-150×2 型泵为例，Y 型油泵符号的意义如下：

100，250——泵吸入口直径，mm；

　　　Y——单吸离心油泵；

　　　YS——双吸离心油泵；

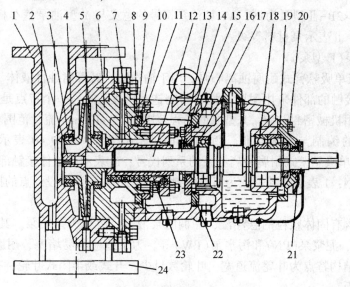

图 3-9　AY 系列油泵结构图（单级单吸悬臂式）

1—泵体；2—叶轮螺母；3—叶轮密封环；4—泵体密封环；5—叶轮；6—泵盖；7—机械密封部件；
8、22—水冷腔盖；9、10、15、16—O 形圈；11—轴承架；12—轴；13、20—防尘盘；14、19—轴承压盖；
17、18—轴承；21—风扇；22—填料；23—密封部件；24—泵支架

101

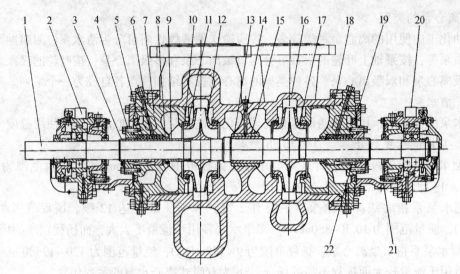

图 3-10　AY 系列油泵结构图（两级双吸两端支承式）

1—轴；2、20—轴承箱体；3—填料轴承；4—中开填料压盖；5—填料；6—填料环；7、18—泵盖；
8—喉部衬套；9—挡套；10—壳体密封环；11—叶轮密封环；12—第一级叶轮；13—级间衬套；14—级间轴套；
15—定位螺钉；16—泵体；17—第二级叶轮；19—水冷腔盖；21—托架；22—机械密封部件

　　Ⅱ，Ⅲ——泵所用材料代号；

　　60，150——泵设计点的单级扬程，m；

　　　A——叶轮经第一次切割；

　　　2——叶轮的级数。

　　AY 型油泵的温度范围为 $-45 \sim 420℃$，流量范围为 $2.5 \sim 600m^3/h$，扬程为 $30 \sim 330m$（指单级和双级）。

　　以 200AY150×2B-Ⅱ型泵为例，AY 型油泵符号的意义与 Y 型油泵基本相同，其中 B 表示叶轮切割次数；Ⅱ表示泵材料等级。

　　（3）耐腐蚀泵（F 型泵）

　　F 型泵是单级单吸悬臂式耐腐蚀离心泵，用于输送酸、碱等腐蚀性液体。它的主要特点是与腐蚀性液体接触的部件采用耐腐蚀性材料制造。F 型泵的另一个特点是对密封要求高，为此 F 型泵多采用机械密封装置。F 型泵的扬程范围为 $15 \sim 195m$，流量范围为 $2 \sim 400m^3/h$。

　　F 型泵符号的编制与水泵类似，例如 40FM1-26 型泵，其中 40 表示泵吸入口直径（mm）；F 为单级单吸悬壁式耐腐蚀离心泵的系列代号；M 表示与蔽体接触部件材料的代号，即铬镍钼钛合金钢；1 表示轴封型式为机械密封装置；26 表示该泵设计点的扬程（m）。

　　（4）杂质泵

　　因用于输送含有固体颗粒的悬浮液、黏稠的浆液等，故称为杂质泵。其系列代号为 P，细分为砂泵（PS）、泥浆泵（PN）和污水泵（PW）等。为了适应不易堵塞、耐磨和便于拆洗的要求，这类泵的结构特点为叶轮流道宽、叶轮数目少、开式或半闭式叶轮，有的泵壳内还衬有耐磨的铸钢护扳。

　　5）离心泵的操作

　　正确地操作离心泵是泵正常运转的重要保证。离心泵的一般操作步骤如下：

　　（1）灌泵。启动泵前，必须使泵内和吸入管内充满被输送的液体。

　　（2）关闭出口阀启动。在流量为零的情况下启动使泵所需的功率最小，以免在启动瞬

102

间因电动机过载而烧坏。当泵启动待其达到正常转速、压力表和真空表有正常额定的指示后，应逐渐打开出口阀，直至达到所要求的流量为止。

（3）检查。在泵运转过程中，要经常检查压力表和真空表读数是否正常，轴承的润滑情况是否良好，以及泄漏、机器振动、声响等情况，如发现异常现象，应查明原因，并及时处理。

（4）停泵。应先关闭出口阀，再断电停泵。否则，突然停泵，会使排出管路中的高压液体倒流回泵体内，导致叶轮倒转，甚至打坏叶轮。如果长时间停泵，还应将泵体及管路中的液体排净，以免锈蚀和冬季结冰冻裂。

离心泵操作时还应注意以下事项：①离心泵启动前要先灌泵，否则空气存在泵内，叶轮转动时离心力减小而使泵吸不上液体。②离心泵启动前要先半闭出口阀（即关阀启动），这样可以减小启动电流，以免电机被烧坏。③离心泵可以采用开关出口阀来调节其流量，一般不调节入口阀。④对于输送温度较高液体的离心泵，在启动前要使泵预热到工作状态。预热速度一般为每小时温升 50℃ 以内，并每隔 10min 盘车半圈。当温度高于 150℃ 时，应每隔 5min 盘车一次，以防泵轴产生变形。⑤切忌离心泵空转，以防烧坏摩擦副，或者引起抱轴。⑥泵并联操作时应尽量使支管的阻力对称均匀。⑦对输送温度高于 120℃ 液体的离心泵，应注意轴承部位的冷却。⑧输送容易结晶的液体时，尤其要注意机械密封的冲洗，并将密封部位的结晶清理干净。

离心泵运行中觉见的故障及排除方法见表 3-1。

表 3-1　离心泵常见故障及排除方法

故障现象	故 障 原 因	排 除 方 法
（一）泵不能启动或启动负荷大	1. 原动机或电源是否正常 2. 泵卡住 3. 填料压得太紧 4. 排出阀未关	1. 检查电源和原动机情况 2. 用手盘动联轴器检查 3. 放松填料 4. 关闭排出阀，重新启动
（二）泵不排液	1. 灌泵不足（或泵内气体未排完） 2. 泵转向不对 3. 泵转速太低 4. 滤网堵塞、底阀不灵 5. 吸上高度太高，或吸液槽真空	1. 重新灌泵 2. 检查旋转方向 3. 检查转速、提高转速 4. 检查滤网，清除杂物 5. 减低吸上高度；检查吸液槽压力
（三）泵排液后中断	1. 吸入管路漏气 2. 灌泵时吸入侧气体未排尽 3. 吸入侧突然被异物堵住 4. 吸入大量气体	1. 检查吸入侧连接处及填料函密封情况 2. 按要求重新灌泵 3. 停泵清理异物 4. 检查吸入口有否旋涡，淹没深度是否太浅
（四）流量不足	1. 同（二）、（三） 2. 系统静扬程增加 3. 阻力损失增加 4. 减漏环及叶轮磨损过大 5. 其他部位漏液 6. 泵叶轮堵塞、磨损、腐蚀	1. 采取相应措施 2. 检查液位高度和系统压力 3. 检查管路及止逆阀等障碍 4. 更换或修理减漏环及叶轮 5. 检查轴封等部位 6. 清洗、检查、调换
（五）扬程不够	1. 同（二）1~4，（三）1，（四）6 2. 叶轮装反（双吸泵） 3. 液体密度、黏度与设计条件不符 4. 操作流量太大	1. 采取相应措施 2. 检查叶轮 3. 检查液体的物理性质 4. 减小流量

故障现象	故障原因	排除方法
(六) 运行中功耗大	1. 叶轮与承磨环、叶轮与泵壳有磨擦 2. 同(五) 3. 液体重度增加 4. 填料压得太紧或干摩擦 5. 轴承损坏 6. 转速过高 7. 泵轴弯曲 8. 轴向力平衡装置失效 9. 联轴器对中不良或轴向间隙大小	1. 检查并修理 2. 减小流量 3. 检查重度 4. 放松填料，检查水封管 5. 检查修理或更换轴承 6. 检查驱动机和电源 7. 矫正泵轴 8. 检查平衡孔，回水管是否堵塞 9. 检查、调整
(七) 泵震动或异常声音	1. 同(三)4，(六)5，7，9 2. 振动频率为0%~40%工作转速。过大的轴承间隙轴瓦松动，油内有杂质，油性质(黏度、温度)不良，因空气或流程液体使油起泡，润滑不良，轴承损坏 3. 振动频率为60%~100%工作转速。有关轴承问题同2，或者是密封间隙过大，护圈松动，密封磨损 4. 振动频率为2倍工作转速。不对中，联轴器松动，密封装置摩擦，壳体变形，轴承损坏，支承共振，推力轴承损坏，轴弯曲，不良的收缩配合 5. 振动频率为 n 倍工作转速。叶轮叶片频率，压力脉动，不对中心，壳体变形，密封摩擦，支座或基础共振，管路、机器共振，齿轮啮合不良或磨损 6. 振动频率非常高。轴摩擦，密封、轴承、齿轮不精密、轴承抖动，不良的收缩配合等	1. 采取相应措施 2. 检查后，采取相应措施，如调整轴承间隙，清除油杂质，更换新油 3. 检查，调整或更换密封 4. 检查，采取相应措施，修理、调整或更换 5. 同4，加固基础或管路 6. 同4
(八) 轴承发热	1. 同(六)5，7，9 2. 润滑油油量不足，油质不良 3. 轴承装配不良 4. 冷却水断路	1. 同(六)5，7，9 2. 增加油量或更换润滑油 3. 调整、修理 4. 检查、修理
(九) 轴封发热	1. 同(六)4 2. 水封圈与水封管错位 3. 冲洗、冷却不良 4. 机械密封有故障	1. 同(六)4 2. 重新检查对准 3. 检查冲洗冷却循环管 4. 检查机械密封

3.1.1.2 旋涡泵

旋涡泵是一种特殊类型的离心泵。

图3-11为旋涡泵的结构示意图。它的主要构件为泵壳和叶轮。泵壳呈圆形，叶轮为一圆盘，其上有很多径向叶片，叶片与叶片间形成凹槽，在泵壳与叶轮之间有一和泵壳同心的圆形流道，吸入口和排出口在泵的顶端相对，并由隔板隔开。隔板与叶轮间隙极小，因此，吸入腔与排出腔得以分隔开来。

在被液体充满的旋涡道内，当叶轮高速旋转时，由于离心力的作用，将叶片凹槽中的液体以一定的速度甩向流道，在截面较宽的流道内，液体的流速减慢，一部分动能转换成

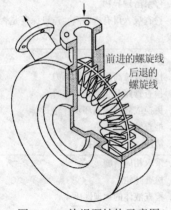

前进的螺旋线
后退的螺旋线

图3-11　旋涡泵结构示意图

静压能。与此同时，叶片凹槽内侧又因液体被甩出而形成低压，因而流道中压力较高的液体又可能重新进入凹槽，再次受到离心力的作用而又一次增大压力。这样，从泵的入口液体被吸入后，多次通过叶片凹槽和流道之间的反复的旋涡运动，当达到出口时，就获得了较高的压头。

由于旋涡泵内液体在流道与凹槽之间的反复迂回运动是靠离心力的作用，故旋涡泵在启动前也需要灌泵。但是当流量减小时泵的扬程增加很快，所以旋涡泵的流量是靠回流支路来调节，另外，旋涡泵启动时要开出口阀。

我国生产的旋涡泵系列型号为 W。如 XWB-8/110 型，XWB 表示小流量旋涡泵，8 表示流量(m³/h)，110 表示扬程(m)。再如 CQW15-20 型，CQ 表示磁力驱动泵，W 表示旋涡式，15 表示进出口直径(mm)，20 表示扬程(m)。

旋涡泵适用于输送黏度不高以及不含有固体颗粒的液体。

3.1.1.3 往复泵

往复泵是利用泵内容积的变化供给液体能量的。按往复元件不同，往复泵分为活塞泵、柱塞泵和隔膜泵。这里主要介绍活塞泵。

活塞泵由泵缸、活塞、吸入阀、排出阀和驱动机组成。一般应用于较高压力(≥7MPa)及较小流量(<100m³/h)。驱动机为电动机或内燃机通过减速机构传动，并借曲柄连杆机构将旋转运动变为作复运动。这种活塞泵(电动或内燃机传动)结构较复杂，只能依靠机械方法改变往复次数或行程长度调节流量，为防止过载在出口管路上需设置安全阀。另一种活塞泵是利用蒸汽推动汽缸活塞，使装在同一活塞杆的泵缸活塞一起运动，这种泵称为蒸汽直接作用活塞泵。通过调节蒸汽滑阀的开度来调节泵进流量，改变蒸汽入口压力来改变泵出口压力，而当蒸汽压力不足以克服外部阻力时会自动停止工作而不会过载。

图 3-12 为单动往复泵的工作原理示意图。活塞在泵缸内左右移动达到的顶点称为"死点"。两死点之间的活塞行程即活塞移动的距离称为"冲程"。当活塞往复一次(移动双冲程时)，只吸入、排出液体各一次，故称为单作用泵，它的排量是不均匀的。由于泵的排量不均匀，将引起惯性阻力损失，增加动力消耗，为改善这种排量的不均匀性从而出现了双动泵或三动泵。双动往复泵的工作原理如图 3-13 所示，它至少有四个单向阀门分布在缸的两端。在活塞向左移动时右上端活门关闭右下端阀门开启。与此同时，左上端阀门开启，左下端阀门关闭。如活塞向右，各阀门动作均为反向。

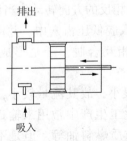

图 3-12 单动往复泵的工作原理

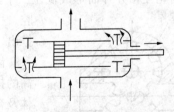

图 3-13 双动往复泵的工作原理

蒸汽直接作用往复式活塞泵按蒸汽缸的数目分为单缸和双缸；按液缸侧一侧或两侧工作分为单作用和双作用；双缸双作用直接作用蒸汽泵应用最广泛。图 3-14 为典型的直接作用蒸汽往复泵。

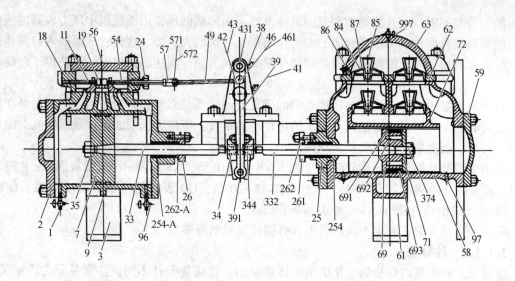

图 3-14　典型的直接作用蒸汽往复泵

1—汽缸；2—汽缸盖；3—汽缸支腿；7—汽缸活塞；9—汽缸活塞环；11—滑阀；18—蒸汽室；
19—蒸汽室盖；24—阀杆盘根压盖；25—液缸活塞杆盘根箱；26—汽缸活塞杆盘根压盖；33—汽缸活塞杆；
34—蒸汽活塞连接套；35—汽缸活塞螺母；38—配汽机构支架；39—长杆；41—短杆；42—上摇杆轴，（长轴）；
43—下摇杆轴，（短轴）；46—曲柄销；49—阀杆连杆；54—阀杆；56—阀杆螺母；57—阀杆接头；58—液缸；
59—液缸盖；61—液缸支腿；62—阀板；63—盖；69—液缸活塞体；71—液缸活塞盖；72—液缸活塞套；84—阀；
85—阀导向；86—阀座；87—阀弹簧；96—汽缸排凝阀；97—液缸排凝堵头；254-A—汽缸活塞杆盘根箱衬套；
254—液缸活塞杆盘根衬套；261—液缸活塞杆盘根箱压盖；262—液缸活塞杆盘根箱盖衬套；
262-A—汽缸活塞杆盘根箱压盖衬套；332—液缸活塞杆；344—活塞杆连接螺母；
374—活塞杆螺母；391—销；431—键；461—销螺母；571—配注阀杆销；572—配注阀杆销螺母；
691—液缸活塞开口环；692—液缸活塞环；693—液缸活塞软盘根环；997—放气考克

3.1.1.4　回转泵

回转泵是另一种形式的容积泵，其与往复泵的差别在于无活门等部件，活动的部件为在泵内旋转的转子，由于转子的作用吸入排出液体。回转泵分为叶片泵、轴向活塞泵、齿轮泵、叶形转子泵及螺杆泵等。齿轮泵和螺杆泵是炼油化工厂中常用的回转泵。

（1）齿轮泵

齿轮泵主要由泵壳和一对相互啮合的齿轮所构成，结构如图 3-15 所示。其中一个轮为主动轮，由电动机带动，另一个为从动轮，与主动轮呈相反的方向转动。当齿轮转动时，吸入腔因两齿轮互相分开而形成低压，于是液体进入吸入腔低压齿穴中，并沿壳壁送至排出腔。排出腔内齿轮相互合胧，于是形成高压而将液体排出。

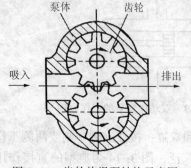

图 3-15　齿轮旋涡泵结构示意图

齿轮泵的齿穴很小，故其流量较小，但可以产生较高的扬程，在炼油化工生产中常用来输送极为黏稠的液体及膏状物料，如重质燃料油等。但是不宜输送有固体颗粒的液体，以防止齿轮和泵壳的磨损。黏稠液体本身对齿轮还具有润滑作用。我国生产的 KCB 型齿轮油泵的流量范围为 $1.1 \sim 5 \mathrm{m}^3/\mathrm{h}$，扬程范围为 $33 \sim 145 \mathrm{mH}_2\mathrm{O}$。

（2）螺杆泵

螺杆泵泵壳中的转子是相互啮合的螺杆，当需要很高压力时，可采用较长的螺杆，螺杆较长时最大出口压力可达 17MPa，流量范围 1.5～500m³/h。结构如图 3-16 所示。

回转泵在启动时一定要打开出口阀以免损坏转子和泵壳。

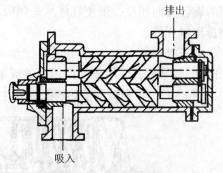

图 3-16　螺杆旋涡泵结构示意图

3.1.2　气体输送与压缩机械

气体输送机械的结构和原理与液体输送机械大体相同。但气体是可压缩的，当输送过程中气体压力发生变化时，其体积和温度也随之而改变。气体压力变化的程度，常用压缩比表示。气体输送和压缩机械按其结构和工作原理，可分为透平式和容积式两大类，透平式又分为离心式和轴流式两种，容积式可分为往复式和回转式两种。此外，为了便于选择，也可按其出口压力或压缩比的大小分为四类：

① 通风机　出口压力不大于 15kPa(表压)，压缩比为 1～1.15；
② 鼓风机　出口压力为 15～300kPa(表压)，压缩比小于 4；
③ 压缩机　出口压力为 0.3MPa(表压)以上，压缩比大于 4；
④ 真空泵　造成真空的气体输送设备，可减压到 20kPa(绝压)以下。

3.1.2.1　鼓风机

（1）离心鼓风机

离心鼓风机亦称透平鼓风机，其结构如图 3-17 所示。它的作用原理是利用高速旋转的叶轮 2 产生的离心力使气体的压头增大而被排出。

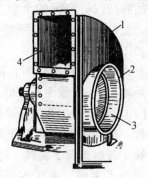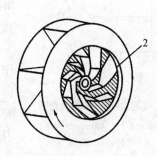

图 3-17　离心鼓风机结构示意图
1—机壳；2—叶轮；3—吸入口；4—排出口

由于单级叶轮所产生的压头很低，故离心鼓风机一般都采用多级叶轮，如图 3-18 是一台五级离心鼓风机。

离心鼓风机送气量大，但所产生的风压不高，其出口压力一般不超过 294kPa，气体压缩比也不高，所以没有冷却装置，各级叶轮尺寸基本相等。

（2）旋转式鼓风机

旋转式鼓风机类型很多，其中应用最广的是罗茨鼓风机。罗茨鼓风机的结构如图 3-19 所示，其作用原理与齿轮泵类似。机壳内有两个腰形转子，有时是两个三星形转子(又称风叶)。两转子之间，转子与机壳之间间隙很小，使转子能自由运动而无过多的泄漏。两转子间的旋转方向相反，则使气体从一侧吸入，从另一侧排出。如果改变转子的方向可使其吸入和排出口互换。

罗茨类鼓风机的特点是风量变动范围大，在 1.8～540m³/min 之间，出口表压不超过 80kPa，效率较高。罗茨类鼓风机的流量用旁路调节，出口阀不可完全关闭。操作时温度不得高于 85℃，否则转子受热膨胀而发生碰撞。

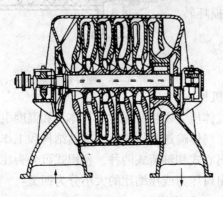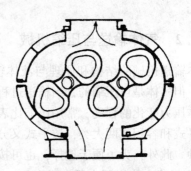

图 3-18　五级离心鼓风机　　　　图 3-19　罗茨鼓风机

3.1.2.2　压缩机

炼油化工生产中所用的压缩机主要有往复式和离心式两大类。

1）往复式压缩机

（1）结构与工作原理

往复式压缩机的基本结构和工作原理与往复泵相似。但由于气体的密度小、可压缩，因此在结构上要求吸入和排出活门灵巧轻便而易于启闭，活塞与汽缸之间的余隙要小，各处配合应更严密。此外还需根据压缩情况附设冷却装置。其结构如图 3-20 所示。

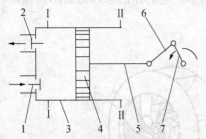

图 3-20　往复式压缩机工作原理示意图
1—吸入阀；2—排出阀；3—汽缸；4—活塞；
5—活塞杆；6—连杆；7—曲轴

往复式压缩机在工作时，活塞 4 在汽缸 3 中作往复运动。Ⅰ-Ⅰ 截面至缸的顶端为余隙。活塞自 Ⅰ-Ⅰ 向右移动时，开始是余隙内残余高压气体膨胀过程，当膨胀至压力低于外界供气设备的压力时，阀 1 开启，阀 2 关阀，气体被吸入。达 Ⅱ-Ⅱ 位置时吸入完毕。当活塞开始向左移动时，气

体开始压缩，阀 1 自动关闭，当气体被压缩到比高压设备的压力高时，阀 2 自动开启，气体被压入汽缸。活塞不断往复运动，气体就不断被吸入和压出，而且气体还得到了压缩。由于气体排出有脉动现象，故常设置缓冲罐等附属设备。

（2）往复式压缩机的压缩级数和压缩比

单级往复式压缩机是气体只经过一次压缩，这种一级压缩终压较低。多级压缩机是将气体进行多次压缩，因此可达到较高的终压。

图 3-21 为气体进行二级压缩的示意图。气体经过第一级汽缸被压缩后，压力有所提高，但是气体的温度也随之增高。通常，为防止被压缩的炼厂石油气在高温下结焦，压缩终了温度应小于 90～110℃，因此需经中间冷却器冷却，使温度降低，并且还要通过一个凝液

分离器将气体中的凝液除去，然后气体再进入第二级汽缸进行压缩。若再增加压缩级数可达三级或多级压缩。多级压缩的优点是：①避免气体终温过高；②提高汽缸容积的利用率；③减少功率消耗。但是级数取得过多又会增加制造维修的困难，增加固定投资。所以往复式压缩机应选择合适的级数。

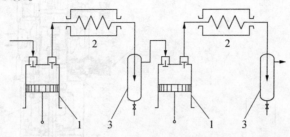

图 3-21　二级压缩机示意图

1——级、二级汽缸；2——级、二级冷却器；3—油水分离器

一级压缩的压缩比为 p_1/p_0（p_1 为一级终压，p_0 为入口压力），多级压缩的总压缩比为 $p_终/p_0$。压缩机的各级压缩比一般取 2~4，冷却条件较好的可以达 6~7。新设计的压缩机级数可根据条件相近的现有机器来选择，亦可根据终压来选择级数，可参考表 3-2。级数确定后，可根据等压缩比定律求得各级压缩比。

表 3-2　压缩机的终压与级数

终压 $p_终$/MPa	<0.5	1	3	10	15	20	35	>65
级数 i	1	2	3	4	5	4~6	5~6	6~7

（3）往复式压缩机的型式

往复式压缩机型式很多，在其结构型式上，往复式压缩机常按汽缸中心线位置，分为立式、卧式和角式。立式压缩机的汽缸中心线和地面垂直；卧式压缩机的汽缸中心线和地面平行；角式压缩机的汽缸中心线彼此成一个的角度，结构紧凑，动力平衡性较好。按照汽缸中心线的位置不同，角式压缩机又发为 L 型、V 型和 W 型等，如图 3-22 所示。

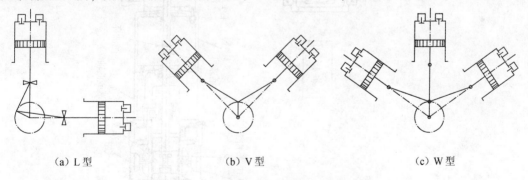

（a）L 型　　　　　　　　（b）V 型　　　　　　　　（c）W 型

图 3-22　角式压缩机的结构示意图

图 3-23 为一台往复式氢气压缩机的剖面图，该压缩机由机身（曲轴箱）、曲轴、连杆、十字头、中间连接体、汽缸、活塞、活塞杆、压力填料、气阀及卸荷器等部件组成，在系统中还包括每级汽缸进出口的缓冲罐、级间冷却器和分液罐以及机身润滑油站、汽缸和填料的注油器和软化水站等部件。

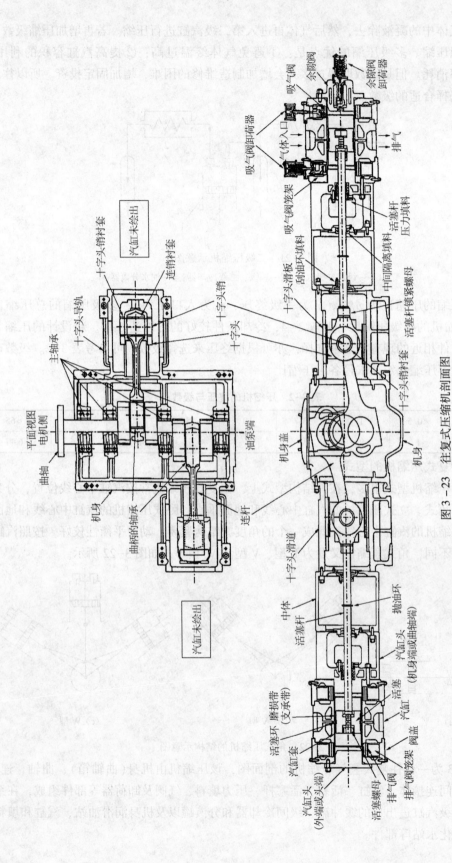

图 3 - 23 往复式压缩机剖面图

2）离心式压缩机

离心式压缩机常称为透平压缩机，其主要结构和工作原理与离心式鼓风机相同，只是离心式压缩机的叶轮级数更多，有时可达 10 级以上，且转速较高，故能产生较高的压力，一般压力为 0.4~1MPa（绝压）。图 3-24 所示为催化重整装置循环氢气离心式压缩机。

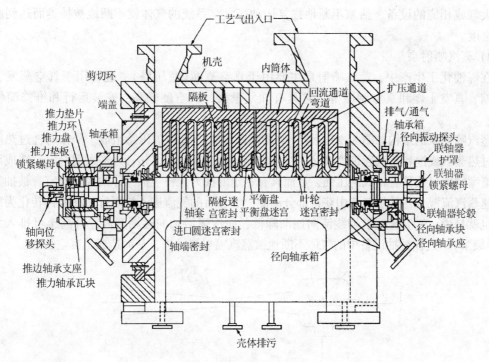

图 3-24　离心式压缩机

由于气体压力逐渐增大，体积缩小，叶轮逐级变小。气体经几次压缩后，温度显著上升，因而压缩机可分为几段，段与段之间设有中间冷却器，以降低气体的温度。

离心式压缩机转速较高，一般在 5000r/min 以上，最高可达 13900r/min，所以离心式压缩机的制造要求都比泵更加严格。

我国离心式压缩机的代号与离心鼓风机相同，仅增加一个"A"字以资区别。如 DA350-61 型即表示此机系单侧吸入的离心式压缩机，流量 350m³/min，6 级叶轮，第一次设计。

与往复式压缩机相比，离心式压缩机具有体积小、重量轻、维护方便、运转平稳、操作可靠、调节容易、流量大且均匀、压缩器不受油污染等优点。因此，近年来随着炼油化工生产的迅速发展，往复式压缩机已越来越多地被离心式压缩机所取代。离心式压缩机的缺点是制造精度要求高，当流量和压头偏离额定值时效率较低。

3.1.2.3　真空泵

在炼油化工生产中有些设备需要在一定的真空度下操作，其压力低于大气压，如减压蒸馏等。真空泵就是用来达到一定真空度的设备。炼油化工生产中用得较多的真空泵有往复式真空泵和蒸汽喷射泵，其他还有旋片式、水环式真空泵等。

真空泵又可分为干式和湿式两类，干式只能从容器中抽出干燥气体，真空度最高可达 96%~99.9%，湿式在抽气时允许带有较多液体，真空度只能达到 85%~90%。

1）往复式真空泵

往复式真空泵又称活塞式真空泵，可用于从设备中抽出空气和其他气体，但不适用于抽取腐蚀性气体或带有硬颗粒灰分的气体。往复式真空泵的工作原理类似于往复式压缩机，只是压缩比很高(例如，对于95%的真空度，压缩比约为20左右)，它属于干式抽真空设备。

往复式真空泵是在电动机的驱动下，通过曲轴、连杆使汽缸内的活塞作往复运动，活塞作吸入行程时通过吸入阀从真空系统吸入气体；活塞作排出行程时，气体由排气阀经排气管排入大气或相应的设备。活塞不断地往复运动，真空系统的气体就不断地被抽走而达到所要的真空度。

2) 蒸汽喷射泵

在炼油化工生产中，蒸汽喷射泵主要用于真空蒸馏(减压塔)，也可用于真空蒸发、真空浓缩、真空干燥和真空制冷等。它具有抽气量大，真空度较高，安装运行和维修简便等优点。

蒸汽喷射泵的结构如图3-25所示，它由喷嘴、混合室和扩压管组成。操作时，过热度不大的过热蒸汽或饱和蒸汽通过喷嘴时，将压力能转换为动能，以超音速进入混合室，造成混合室在喷嘴的出口处具有较低的压强，从而具有一定的抽力，将被抽气体抽入混合室。被抽气体和高速蒸汽流混合，并从气流中获得部分动能，混合后的气流进入扩压管，动能再转化为压力能。也就是说，气流速度沿轴线流向逐渐降低，而压强沿轴向逐渐升高，升高至可排入大气(指单级泵)。这样被抽设备中的气体不断地被蒸汽喷射泵抽去，从而造成了真空状态。

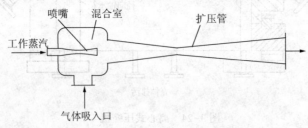

图3-25 单级蒸汽喷射泵结构示意图

由于单级蒸汽喷射泵仅能达到90%的真空度，对有些场合(如原油减压蒸馏)是不够的。为了获得更高的真空度，工业上往往将几台真空泵串联起来操作，在每级泵之间配置冷凝器，冷凝器可用间壁式冷凝器，也可用直接混合式冷凝器。工程上最多采用5级蒸汽喷射泵，其极限真空(绝压)可达1.3Pa。

蒸汽喷射泵的压缩比范围一般为1~6，它的级数可参照表3-3选取。

表3-3 蒸汽喷射泵级数选择

级数	1	2	3	4
吸入压力范围/kPa(绝压)	最低12.0，一般采用13.3	2.67~13.3	0.67~4.0	0.11~0.67

图3-26是典型的原油常减压蒸馏减压蒸馏塔塔顶2级蒸汽喷射泵抽真空系统的工艺流程。其减压塔顶真空度为93~96kPa，即残压约5~8kPa(绝压)，也有选用3级蒸汽喷射泵的。蒸汽喷射泵级间设间壁式冷凝器。冷凝器的作用是减少后一级的气体负荷。塔顶气体中的冷凝液和水蒸气凝液由下部安装的高约10m的大气腿(管线)排入下面的水封槽。

3.1.3 管路

管子、管件、阀门等管道元件和支架合称管路，它的作用是连接有关设备，使流动状态的原料、产品和其他物料在其间得以流通，以保证生产正常进行。

112

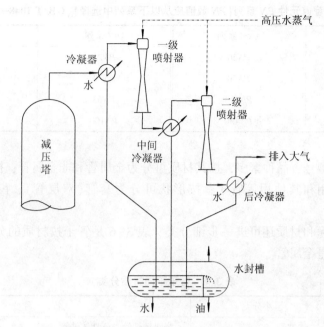

图 3-26 减压蒸馏塔顶二级抽真空系统

3.1.3.1 管道元件的 *DN*(公称尺寸)和 *PN*(公称压力)

为便于生产及安装使用,我国制定的管子、管件和阀门等管道元件的统一标准是按照其 *DN*(公称尺寸)和 *PN*(公称压力)来表示的。

DN(公称尺寸):用于管道系统元件的字母和数字组合的尺寸标识。它由字母 *DN* 和后跟无因次的整数数字组成。这个数字与端部连接件的孔径或外径(用 mm 表示)等特征尺寸直接相关。例如 *DN*100 表示公称尺寸为 100mm 的管道元件。GB/T 1047—2005 给出的管道元件 *DN* 系列优先选用的数值见表 3-4。

PN(公称压力):与管道系统元件的力学性能和尺寸特性相关、用于参考的字母和数字组合的标识。它由字母 *PN* 和后跟无因次的数字组成。例如 *PN*10 表示公称压力为 10MPa 的管道元件。公称压力是规定的标准压力等级,表示管道元件的耐压程度。GB/T 1048—2005 给出的管道元件的 *PN* 系列数值见表 3-5。

表 3-4 管道元件 *DN* 系列(优先选用的 *DN* 数值)(GB/T 1047—2005)

*DN*6	*DN*100	*DN*700	*DN*2200
*DN*8	*DN*125	*DN*800	*DN*2400
*DN*10	*DN*150	*DN*900	*DN*2600
*DN*15	*DN*200	*DN*1000	*DN*2800
*DN*20	*DN*250	*DN*1100	*DN*3000
*DN*25	*DN*300	*DN*1200	*DN*3200
*DN*32	*DN*350	*DN*1400	*DN*3400
*DN*40	*DN*400	*DN*1500	*DN*3600
*DN*50	*DN*450	*DN*1600	*DN*3800
*DN*65	*DN*500	*DN*1800	*DN*4000
*DN*80	*DN*600	*DN*2000	

表 3-5　管道元件 *PN* 系列(*PN* 数值应从以下系列中选择) (GB/T 1048—2005)

DIN 系列	ANSI 系列	DIN 系列	ANSI 系列
*PN*2.5	*PN*20	*PN*25	*PN*260
*PN*6	*PN*50	*PN*40	*PN*420
*PN*10	*PN*110	*PN*63	
*PN*16	*PN*150	*PN*100	

3.1.3.2　管子

管子的规格、型号、品种繁多，按其材质可分为金属管和非金属管；按用途可分为输送用、传热用、结构用和其他用等管子；按形状可分为套管(双层管)、齿片管、各种衬里管等。

按照管子的用途和材质还可进一步细分类，表 3-6 是管子按材质的分类。炼油化工生产中常大量使用的是金属管。

表 3-6　管子不同材质分类

大分类	中分类	小分类	名　称
金属管	铁管	铸铁管	高级铸铁管、延性铸铁管
	钢管	碳素钢管	普通钢管、高压钢管、高温钢管
		低合金钢管	低温用钢管、高温用钢管
		合金钢管	奥氏体钢管
	有色金属管	铜及铜合金钢管	铜管、铝黄铜、铝砷高强度黄铜、铜、镍、蒙乃尔合金、耐腐耐热镍基合金
		铅管、铝管、钛管	
非金属管	橡胶管		橡胶软管、橡胶衬里管
	塑料管		聚氯乙烯、聚乙烯、聚四氟乙烯
	石棉管		石棉管
	混凝土管		混凝土管
	玻璃陶瓷管		玻璃管、玻璃衬里管

（1）铸铁管

铸铁管价钱便宜又耐腐蚀，但其性脆，强度低。常用于冷水管和阴沟排水管路。不允许用于炼油化工厂蒸汽、气体和油品管路。

（2）钢管

钢管按制造方法可分为有缝钢管和无缝钢管两种，按钢材种类可分为普通钢管和合金钢管。

有缝钢管外表面镀锌的称白铁管，不镀锌的称黑铁管，它可用于天然气、水、低压蒸汽和空气等管路。

无缝钢管材质均匀，强度较有缝钢管高，因而管壁较薄，在炼油化工厂中应用广泛。无缝钢管适合于输送各种操作压力在 25MPa 以下的物料，例如高压蒸汽、高压水、炼厂气、天然气和各种油品，规格常以 φ 外径×厚度表示。

某些特殊用途的管子，如裂化炉管等需要耐高温和较高的压力，则采用镍铬合金钢管为宜。

（3）有色金属管

有色金属管是以铜、铅和铝等金属制造的管子，其中铅管耐酸腐蚀，常用于硫酸、盐酸等管路。铜管导热性好，可做特殊用途的换热器。细铜管常用来输送有压力的液体。如压缩机的润滑系统以及仪表管路。铝管密度小，导热性能和耐酸腐蚀性能好，小直径铝管可代替铜管输送有压力液体。

此外，炼油化工厂在有些情况下也采用非金属管，如陶瓷、水泥和塑料管等。

3.1.3.3 管件

管件是用来连接管子的配件。在管系中改变走向、标高或改变管径以及由主管上引出支管等均需管件。

1）管件的种类

管件可按用途和形状进行分类，见表3-7和表3-8。

表3-7 管件按用途分类表

使用场所	管件名称	使用场所	管件名称
直管的连接处	法兰、活接头、管接头（管箍）	异径处	变径管（大小头）、变径管接头、补心、变径接管
弯管处	弯头、弯管	管末部封闭处	法兰盖、管帽、堵头、封头、盲板
分支处	三通、四通、单头螺纹管接头等	其他	螺纹短节、翻边管接头、加强管嘴、鞍型管嘴、高压管嘴

注：法兰、法兰盖虽属管件，但是常单独作为紧固件。

表3-8 管件按形状分类表

1	弯头	5	管接头	9	管帽(封头)
2	异径管	6	活接头	10	堵头
3	三通	7	加强管嘴	11	补心
4	四通	8	螺纹短节	12	其他

2）管子的连接方式

管子的连接方式可分为螺纹连接、法兰连接、承插焊接和焊接连接四种，因此，管件也有可分为上述四种型式。

（1）焊接连接

焊接连接是炼油化工生产中最常用的管子连接方式。适用于钢管、铜管和铝管等金属管以及塑料管。优点是连接型式可靠、价格便宜、没有泄漏点。焊接连接型管件如图3-27所示。

（2）承插焊接

承插焊接型管件如图3-28所示。通常在小于或等于 $DN40$ 的管道上使用。

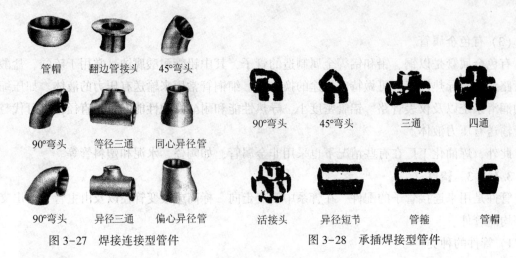

图 3-27 焊接连接型管件　　　　图 3-28 承插焊接型管件

（3）螺纹连接

螺纹连接亦称丝扣连接，常用于小直径（$DN6 \sim DN150$）的管子，适用于 1.5MPa 以下的水管，1.15MPa 以下的蒸汽、空气、气体管道。为保证连接处的密封作用，需在螺纹上涂油漆并缠上麻丝。

螺纹连接型管件如图 3-29 所示。通常为锻钢、铸铁、可锻铸铁、铸钢等制作。

图 3-29 螺纹连接型管件

（4）法兰连接

法兰连接通常用于 80mm 以上的管路，法兰连接的优点是便于装卸，密封性能好，适用于较高的压力和温度条件，缺点是造价较高。

管道法兰按与管子的连接方式分为以下五种基本类型：平焊、对焊、螺纹、承插焊和松套法兰，见图 3-30。炼油化工厂常用的是平焊法兰和对焊法兰。

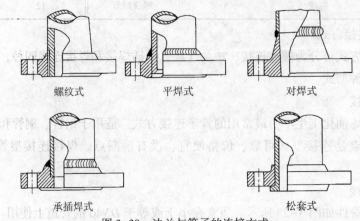

图 3-30 法兰与管子的连接方式

116

法兰密封面有宽面、光面、凸凹面、榫槽面和梯形槽面等几种，见图 3-31。不同连接方式的法兰可有同一种密封面，同一连接方式的法兰也可有不同型式的密封面。

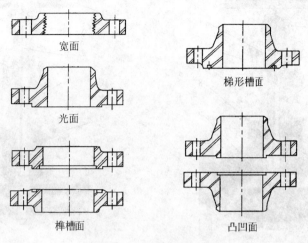

宽面

梯形槽面

光面

榫槽面

凸凹面

图 3-31　法兰密封面型式

3.1.3.4　阀门

阀门是炼油化工管道系统的重要组成部件，在炼油化工生产过程中起着重要作用。其主要功能是：接通和截断介质；防止介质倒流；调节介质压力、流量；分离、混合或分配介质；防止介质压力超过规定数值，以保证管道或设备安全运行等。阀门投资约占装置配管费用的 40%～50%。选用阀门主要从装置无故障操作和经济性两方面考虑。

阀门的用途广泛，种类繁多。阀门的分类方法主要有以下几种：根据其在管路中的作用可分为截止阀、节流阀、止回阀、减压阀、安全阀等；根据其结构型式可分为闸阀、旋塞阀、球阀、蝶阀、隔膜阀、衬里阀等；根据其材质可分为不锈钢阀、铸钢阀、铸铁阀、塑料阀、陶瓷阀等；根据其公称压力可分为真空阀、低压阀、中压阀、高压阀和超高压阀。

各种阀门的选用可查有关手册和样本，这里仅介绍炼油化工过程最常见的几种阀门。

（1）截止阀

截止阀的构造如图 3-32 所示。截止阀是利用装在阀杆下面的阀盘与阀体的凸缘部分相配合来控制阀的启闭的。通过旋转手轮改变阀盘与阀座间的距离，即可改变流通道截面积的大小，实现流量的调节。截止阀结构简单，制造、维修方便，多用于小口径输油管道或水、汽管道上，不适用于含颗粒和黏度较大的介质。截止阀启闭时间短，密封性能好，但流体流经阀门时的阻力较大。它主要用于管路的切断，一般不用于节流。

节流阀是截止阀的一种，其结构与图 3-32 所示截止阀基本相同，只是其阀头的形状为圆锥形或流线形，可以较好的控制调节流体的流量或进行节流调压等。节流阀主要用于仪表控制管路中调节流量和节流，但不宜用于黏度大和含固体颗粒介质的管路中。该阀也可作取样用。

（2）闸阀

闸阀又称闸板阀，其构造如图 3-33 所示。闸阀阀体内有一竖向闸板，利用阀杆带动闸板升降来控制阀的启闭。闸阀密闭性好，全开时对流体阻力很小。但是制造和维修较困难，占地面积大，阀体较高。闸阀常装设在大型管路上作开关用，很少用作流量调节。

截止阀和闸阀是炼油厂中应用最为广泛的两种阀门。

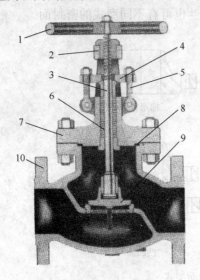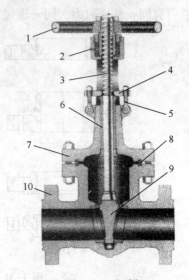

图 3-32　截止阀

1—手轮；2—阀杆螺母；3—阀杆；
4—填料压盖；5—螺栓螺母；6—填料；
7—阀盖；8—垫片；9—阀瓣；10—阀体

图 3-33　闸阀

1—手轮；2—阀杆螺母；3—阀杆；
4—填料压盖；5—螺栓螺母；6—填料；
7—阀盖；8—垫片；9—闸板；10—阀体

（3）球阀

球阀（图 3-34）又称球心阀，它是利用一个中间开孔的球体作阀心，依靠球体的旋转来控制阀门的开或关。球阀结构简单，体积小，零件少，质量轻，开关迅速，操作方便，流体阻力不大。它可做成直通、三通和四通用，在管路中主要用来切断、分配和改变介质的流动方向。球阀不仅在中低压管路中使用，而且已在高压管路中应用。

（4）蝶阀

蝶阀（图 3-35）是靠管内一个可以转动的圆盘（或椭圆盘）来控制管路关闭。它结构简单，外形尺寸小，质量轻，适用于较大直径的管路。由于密封结构及材料问题，该阀门的封闭性比较差，只适用于低压、大口径管路中，常用在输送水、空气、烟气、煤气等介质的管路中。

图 3-34　球阀　　　　　　　图 3-35　蝶阀

（5）旋塞阀

旋塞阀又称"考克"。在阀中心处有个可旋转的圆形塞子，塞子上有孔道，孔道转向管线则流体可以通过。旋塞阀可按旋塞的旋转角度不同调节流量，如旋塞开孔全部被阀体挡住，流体就被完全阻隔。

（6）止回阀（单向阀或逆上阀）

止回阀（图3-36）是依靠液体的压力和阀盘的自重来自动开闭通道，阻止液体倒流的阀门。止回阀只允许流体沿一个方向流动，一旦发生倒流，就会自动关闭。它通常安装在泵出口管道、锅炉给水管或其他不允许液体或气体倒流的管道上。

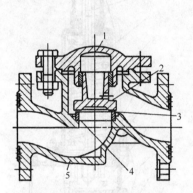

图 3-36 升降式止回阀

1—阀盖；2—阀瓣；3—密封圈；
4—阀座；5—阀体

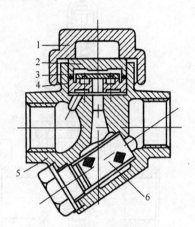

图 3-37 热动力式疏水阀

1—阀帽；2—阀盖；3—阀片；
4—阀座；5—阀体；6—过滤网

（7）疏水阀

疏水阀安装在饱和蒸汽系统的末端，蒸汽加热设备的下部，蒸汽伴热管的最低处，蒸汽管路系统的减压阀、调节阀前等部位，其作用是自动排泄出管路中或设备内的凝结水，而又阻止蒸汽泄漏，避免水击现象的发生和蒸汽的损失。疏水阀种类很多，有浮球式、脉冲式、浮桶式和热动力式等。应用最多的是热动力式（图3-37），它结构简单，维修方便，动作灵敏可靠，适用于中、高压管道上，不适用于压力低于0.049MPa的蒸汽管道。

（8）隔膜阀

隔膜阀是通过一块柔软的橡胶膜或塑料膜来控制流动运动的，适用于输送腐蚀性介质和带悬浮物的流体管路中。

（9）减压阀

减压阀（图3-38）是能自动将设备或管道内介质压力减小到所需压力的一种阀门。它是依靠其敏感元件（弹簧、膜片）利用介质的压差控制阀瓣和阀座的空隙来改变阀片的位置，从而达到降低介质压力的目的，一般阀后压力要小于阀前压力的50%。减压阀的种类很多，常见的有活塞式和薄膜式两种。减压阀只适用于蒸汽、空气等清净介质，不能用作液体的减压，也不能用于含有固体颗粒的介质。在选用减压阀时应注意不得超过减压阀的减压范围，使用时一般都在减压阀前加过滤器。

(10) 安全阀

安全阀是安装在受压容器及管道上的一种压力保护装置。当容器或管道在正常压力下工作时,安全阀处于关闭状态;当容器或管道中压力超过设定值时,安全阀在容器或管道内介质压力的作用下立即开启,全量排放,使压力下降,当压力降低至规定值时阀片关闭,从而使容器或管道恢复正常压力。安全阀根据结构形式和工作原理分为杠杆式、弹簧式和先导式,其中弹簧式安全阀由于体积小、灵敏度高、安装位置灵活等优点应用较多,其结构如图3-39所示。

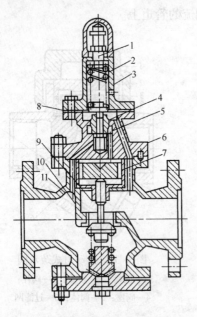

图3-38 活塞式减压阀

1—调整螺钉;2—调节弹簧;3—帽盖;
4—副阀座;5—副阀瓣;6—阀盖;7—活塞;
8—膜片;9—主阀瓣;10—主阀座;11—阀体

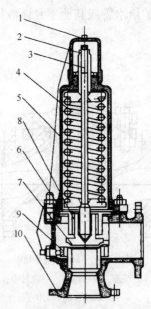

图3-39 弹簧式安全阀

1—保护罩;2—调整螺杆;3—阀杆;
4—弹簧;5—阀盖;6—导向套;7—阀瓣;
8—衬套;9—调节环;10—阀体

3.2 换热设备

在炼油化工生产中,任何一个分离、反应等加工过程,无不在一定的条件下才能实现。其中一个重要的条件就是温度。为了达到某一温度,就必须对物料进行加热、冷却或冷凝,这些过程统称为传热过程。所用设备除加热炉外统称为冷换设备(一般习惯称作换热设备或换热器)。换热设备是炼油化工厂中重要的工艺设备,同时也是重要的节能设备。

3.2.1 换热设备的分类

3.2.1.1 按用途分类

(1) 换热器

两种温度不同的流体(或称介质)进行热量的交换,使高温位的流体降温,低温位流体

120

升温，以满足各自的需要，所用设备称为换热器。

（2）冷却器

凡是热量不回收利用，只将一种流体冷却至所要求的温度（不发生相变）的换热器称为冷却器。常用的冷流体是水和空气，所以还有水冷器和空冷器之分。

（3）冷凝器

两种不同温度的流体在进行热交换的同时，有一种流体从气态被冷凝成液态，此过程称为冷凝，所用设备为冷凝器。冷凝器又可分为部分冷凝器和最终冷凝器。部分冷凝器中蒸气经过时仅冷凝其中一部分。最终冷凝器可使蒸气全部冷凝为液体，如果全部冷凝为液体后又进一步冷却为过冷的液体，则称为冷凝冷却器；反之，如果通入的蒸气温度高于饱和温度，则在冷凝之前还经过一段冷却阶段，则称为冷却冷凝器。

（4）蒸发器

将一种液体加热而蒸发成为气体的过程称为蒸发，所用设备称为蒸发器。

（5）加热器

凡是利用热源（多为余热）使一种流体加热升温的换热器称为加热器。

（6）再沸器（重沸器）

用蒸汽或其他高温介质将某些塔器（例如精馏塔、蒸馏塔）底部的物料加热至沸腾，以提供塔器操作时所需的全部或部分热量。再沸器又可分为釜式再沸器、热虹吸式再沸器和强制循环式再沸器三种。热虹吸式再沸器的沸腾介质依靠流体在系统中的密度差而产生自然循环，从而达到再沸器所要求的功效。强制循环式再沸器是利用泵来迫使液体进行循环，以达到改善传热效果的目的。

（7）余热锅炉

利用高温气体的热量（一般为余热）产生蒸汽的设备称为余热锅炉。

3.2.1.2　按换热方式分类

（1）间接接触式换热器

在冷、热两种流体之间有一具有一定形状的表面，热流体的热量通过此表面传给冷流体，这种两种流体不相接触的换热器称为间接接触式换热器（即间壁式换热器）。这是炼油化工生产中应用最多的一种换热器。

间壁式换热器有列管式、套管式、水浸式、喷淋式、板式等多种不同形式，其中又以列管式换热器（也称管壳式换热器）应用最广。

（2）蓄热式换热器

冷、热两种流体依次先后通过并分别和其内的固体填充物进行热交换的换热器称为蓄热式换热器。

（3）直接接触式换热器

直接接触式换热器也称为混合式换热器。其特点是冷、热两种流体直接混合进行热交换，换热效率高，设备结构简单。但大多数情况下，冷热流体是不能混合的，所以其应用受到限制。如炼油厂中的凉水塔、焦炭塔中急冷油取热等。

换热设备种类繁多，结构多变，下面仅介绍几种炼油化工中常见的间壁式换热器。

3.2.2　管壳式换热器

管壳式换热器是最具代表性的换热设备。管壳式换热器的优点是易于制造，生产成本低，选用材料广泛，换热表面清洗比较方便，适应性强，处理量大，尤其适宜在高温、高压下应用。因此在炼油化工生产中，管壳式换热器在所有换热器中占居主导地位，无论是产值还是产量都超过半数以上，目前在炼油厂约占90%左右。

管壳式换热器结构型式很多，常用的有固定管板、浮头式及U形管式三种。

3.2.2.1 管壳式换热器的主要零部件名称及主要组合部件

（1）管壳式换热器主要零部件名称

管壳式换热器主要零部件名称见表3-9。

表3-9 管壳式换热器主要零部件名称

序号	名　称	序号	名　称	序号	名　称
1	平盖	21	吊耳	41	封头管箱(部件)
2	平盖管箱(部件)	22	放气口	42	分程隔板
3	接管法兰	23	椭圆形封头	43	悬挂式支座(部件)
4	管箱法兰	24	浮头法兰	44	膨胀节
5	固定管板	25	浮头垫片	45	中间挡板
6	壳体法兰	26	无折边球形封头	46	U形换热管
7	防冲板	27	浮头管扳	47	内导流筒
8	仪表接口	28	浮头盖(部件)	48	纵向隔板
9	补强圈	29	外头盖(部件)	49	填料
10	圆筒(壳体)	30	排液口	50	填料函
11	折流板	31	钩圈	51	填料压盖
12	旁路挡板	32	接管	52	浮动管板裙筒
13	拉杆	33	活动鞍座(部件)	53	部分剪切环(钩圈)
14	定距管	34	换热管	54	活套法兰
15	支持板	35	假管	55	偏心锥壳
16	双头螺柱或螺栓	36	管束	56	堰板
17	螺母	37	固定鞍座(部件)	57	液面计
18	外头盖垫片	38	滑道	58	套环
19	外头盖侧法兰	39	管箱垫片	59	分流隔板
20	外头盖法兰	40	管箱短节		

（2）管壳式换热器的主要组合部件

在GB 151—1999《管壳式换热器》中，将管壳式换热器的主要组合部件分为管箱、壳体和后端结构（包括管束）三部分。详细分类及代号见图3-40和图3-41，图中标号与表3-11中序号相对应。

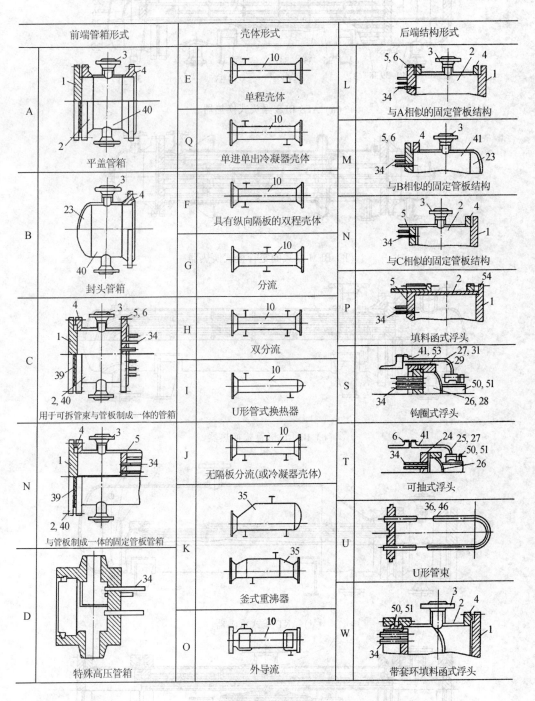

前端管箱形式	壳体形式	后端结构形式

前端管箱形式

A 平盖管箱

B 封头管箱

C 用于可拆管束与管板制成一体的管箱

N 与管板制成一体的固定管板管箱

D 特殊高压管箱

壳体形式

E 单程壳体

Q 单进单出冷凝器壳体

F 具有纵向隔板的双程壳体

G 分流

H 双分流

I U形管式换热器

J 无隔板分流(或冷凝器壳体)

K 釜式重沸器

O 外导流

后端结构形式

L 与A相似的固定管板结构

M 与B相似的固定管板结构

N 与C相似的固定管板结构

P 填料函式浮头

S 钩圈式浮头

T 可抽式浮头

U U形管束

W 带套环填料函式浮头

图 3-40　管壳式换热器主要部件的分类及代号

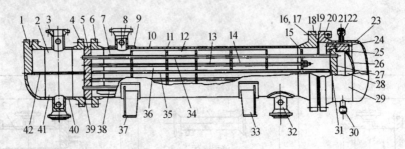

(a) AFS BES 浮头式换热器

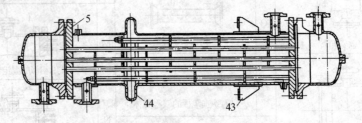

(b) BEM 立式固定管板式换热器

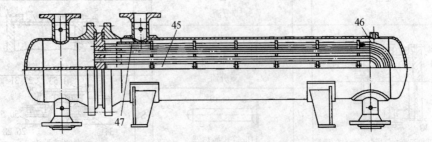

(c) BIU U 形管式换热器

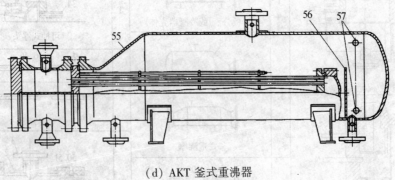

(d) AKT 釜式重沸器

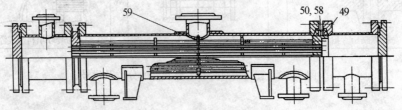

(e) AJW 填料函 T 形式换热器

图 3-41

3.2.2.2 管壳式换热器型号的表示方法

在我国 GB 151—1999 规范中，对换热器型号的表示方法是用三个英文字母来表示换热器的三个主要组成部分的结构型式，以表达换热器的整体结构型式。其表示方法如下：

$$\text{XXX } DN-\frac{p_t}{p_s}-A-\frac{LN}{d}S-\frac{N_t}{N_s}X\text{（Ⅰ或Ⅱ）}$$

在上述表示方法中，前面 3 个 X 分别表示换热器的前端管箱、壳体和后端结构的分类及代号。DN 为换热器的公称直径，对卷制圆筒为钢管外径。p_t 和 p_s 分别为管程和壳程设计压力，而设计压力是指在相应的设计温度下，用以确定换热器圆筒厚度及其他受压元件厚度的压力。一般取略高于工作压力。A 为换热器的公称换热面积，它是以换热管外径为基础，扣除伸入管板内的换热管长度后，计算得到的管束外表面积经圆整后得到的计算换热面积。LN 为公称长度，它是指换热管的长度。换热管为直管时，取直管长度，换热管为 U 形管时，指 U 形管的直管段长度。d 为换热管外径。S 表示换热管管材（只限于铝、铜、钛）。N_t 和 N_s 分别为管程数和壳程数，壳程数 N_s 为 1 时只写 N_t。最后一个 X 为换热管管级，Ⅰ级管束是指采用较高级、高级冷拔换热管，适用于无相变传热和易产生振动的场合。Ⅱ级管束为采用普通级冷拔换热管，适用于重沸、冷凝传热和无振动的一般场合。Ⅰ、Ⅱ级管束只限于碳钢和低合金钢。

下面给出换热器表示方法的一些示例：

（1）浮头式换热器

平盖管箱，公称直径 500mm，管程和壳程的设计压力均为 1.6MPa，公称换热面积 54m²，较高级碳钢或低合金钢冷拔换热管外径 25mm，管长 6m，4 管程，单壳程的浮头式换热器，其型号为：AES500-1.6-54-6/25-4Ⅰ。

（2）固定管板式换热器

封头管箱，公称直径 700mm，管程设计压力 2.5MPa，壳程设计压力 1.6MPa，公称换热面积 200m²，较高级碳钢或低合金钢冷拔换热管外径 25mm，管长 9m，4 壳程，单壳程的固定管板式换热器，其型号为：BEM700-2.5/1.6-200-9/25-4Ⅰ。

（3）U 形管式换热器

封头管箱，公称直径 600mm，管程设计压力 4.0MPa，壳程设计压力 1.6MPa，公称换热面积 75m²，较高级碳钢或低合金钢冷拔换热管外径 19mm，管长 6m，2 管程，单壳程的 U 形管式换热器，其型号为：BIU500-4.0/1.6-75-6/19-2Ⅰ。

（4）重沸式换热器

平盖管箱，管箱内径 600mm，圆筒内直径 1200mm，管程设计压力 2.5MPa，壳程设计压力 1.0MPa，公称换热面积 90m²，普通级碳钢或低合金钢冷拔换热管外径 25mm，管长 6m，2 管程的釜式重沸器，其型号为：AKT600/1200-2.5/1.0-90-6/25-2Ⅱ。

（5）浮头冷凝器

封头管箱，公称直径 1200mm，管程设计压力 2.5MPa，壳程设计压力 1.0MPa，公称换热面积 610m²，普通级碳钢或低合金钢冷拔换热管外 25mm，管长 9m，4 管程，单壳程的浮头式换热器，其型号为：BJS1200-2.5/1.0-610-9/25-4Ⅱ。

（6）填料函式换热器

平盖管箱，公称直径 600mm，管程和壳程设计压力均为 1.0MPa，公称换热面积 254m²，较高级碳钢或低合金钢冷拔换热管外径 25mm，管长 6m，2 管程，单壳程的填料函式浮头换热器，其型号为：AFP600-1.0-254-6/25-2 Ⅰ。

(7) 铜管固定管板换热器

封头管箱，公称直径 800mm，管程设计压力 2.0MPa，壳程设计压力 1.0MPa，公称换热面积 254m²，换热管采用铜管，换热管外径 19mm，管长 6m，4 管程，单壳程的固定管板式换热器，其型号为：BEM800-2.0/1.0-254-6/19Cu-4。上例中，若换热器材料采用不锈钢，其他参数不变，则型号为：BEM800-2.0/1.0-254-6/19-4。

3.2.2.3 结构特点与应用

(1) 固定管板式换热器

固定管板式换热器是管壳式换热器中最基本的一种，它由一个钢制圆筒形的外壳和在壳内平行装设的许多钢管(称为管束)所组成，如图 3-41(b)所示。钢管两端均被胀接或焊接在两块多孔的圆形厚钢板(称为管板)上。这两块管板又分别被焊在外壳的两端，使整个管束都被固定在外壳上，故名固定管板式换热器。两端头盖和管箱用螺栓连接在管板上。其优点是结构简单，单位传热面积金属用量少。但当冷、热流体温差较大时，由于管束与壳体热膨胀伸长量不同，在管子与管板连接处就因温差应力而产生裂纹，甚至被拉脱，造成泄漏。因此这种结构要求冷、热流体温差一般不超过 50℃。另外，由于管束与壳体焊死，管子外表面无法用机械方法清洗，因此要求走壳程的流体要干净，不易结垢、结焦和沉淀。

为了使这种结构能在冷、热流体平均温差较大的场合下使用，便设计出了一种带波形膨胀节的固定板式换热器。但由于膨胀节壁厚不能太大(补偿能力减少)，所以壳程使用压力较低，一般不超过 0.6~1MPa。

为提高管内流体流速，可将管程分为多程。如在流体进口室内装上隔板，流体每次只流经一部分管子，这样可把管程分为 2 程、4 程、6 程等任一偶数程，如图 3-42 所示。

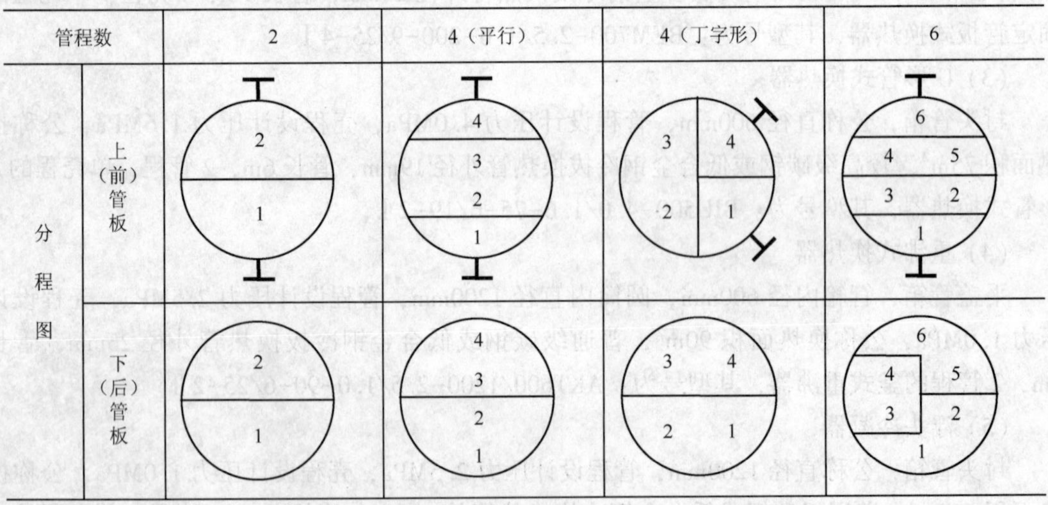

管程数		2	4（平行）	4（丁字形）	6
分程图	上（前）管板				
	下（后）管板				

图 3-42　管程分程布置图

为了提高壳程流体流速，以强化壳程的传热效果，在换热器的壳程常常采用各种形式的折流板，其中弓形折流板易于制造，应用最为广泛。图 3-43 为双弓形折流板的排列示意。

126

关于折流板的安装位置，对卧式换热器壳程流体无相变化时可分为圆缺上下方和圆缺左右方排列。圆缺上下方排列时可造成流体剧烈扰动，有利于传热。而对有相变化的冷凝器，最好为圆缺左右方排列，以免凝液在底部积存。

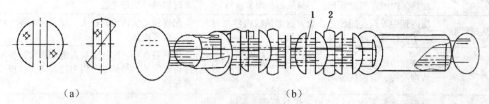

图 3-43　双弓形折流板排列示意图

1—B 形板；2—A 形板

（2）浮头式换热器

在各种带温度补偿的换热器中，浮头式结构应用最多。其结构特点是管板一端被固定，另一端为活动的，可以自由地在壳体内滑动，如图 3-41（a）所示。能自由滑动的管板与头盖组成一体，称为"浮头"。由于浮头可以随着冷、热流体温差的变化自由伸缩，因而也就不会产生温差应力，所以可以用在冷、热流体温差较大的场合。同时，由于浮头直径比外壳内径小，整个管束可以从壳体中拉出，因此管束内外都便于清洗，或更换管子。缺点是结构较复杂，耗材料多，浮头处泄漏不易检查出来。这种换热器在炼油厂中应用最多。

根据 JB/T 4714—1992 标准规定，浮头式换热器、冷凝器最高使用温度为 400℃，最低为-20℃。壳体直径从 325mm 到 1800mm，共 16 种规格。换热器公称压力共有 1、1.6、2.5、4 和 6.4MPa 五级，冷凝器公称压力共有 1、1.6、2.5 和 4MPa 四级。

（3）U 形管换热器

U 形管换热器的结构见图 3-41（c）。U 形管换热器的优点是：①只有一块管板，管子全部弯成 U 形，可以自由膨胀，不会因为管子与壳体间的壁温差而产生温差应力。但要避免管程温度的急剧变化，因为分程隔板两侧的温度差太大会在管板中引起局部应力；同时，U 形管的直管部分的膨胀量不同也会使 U 形部分应力过大。②结构简单，与其他可抽出管束的换热器比较，它的密封连接最少。③管束可以抽出清洗（但管子内壁在 U 形弯头处不易清洗）。④由于只有一块管板，且无浮头，所以造价比浮头式便宜。

U 形管换热器的缺点是：①管内清洗不如直管方便。②管板上排列的管子较少。③管束中心部位存在较大间距，使得流体易走短路，影响传热效果。④由于弯管后管壁一般会减薄，所以直管部分也必须用厚壁管。⑤因为各排管子曲率不一，管子长度不一，故物料分布不如直管的均匀。⑥管束中部的内圈 U 形管不能更换，管子堵后报废率大（堵一根 U 形管相当于两根直管）。

U 形管式换热器适用于管、壳壁温差较大或管程介质易结垢，需要清洗，又不宜采用浮头式或固定板式的场合。特别适用于管内走清洁而不易结垢的高温、高压和腐蚀性强的物流。

（4）重沸器

在炼油化工工业中采用的重沸器一般有釜式、立式热虹吸、卧式热虹吸和强制循环等形式。其结构与一般管壳式换热器差不多，仅釜式重沸器稍具特点。釜式重沸器是在一个圆筒内装一个或几个管束，在管束上方有一个蒸发空间，如图 3-41（d）所示。不同形式重沸器的优缺点示于表 3-10。

表 3-10　各种型式重沸器的特点

型　　式	优　　点	缺　　点
立式热虹吸型	能得到非常高的传热系数，结构紧凑，配管简单，在加热区内的停留时间短，不易结垢，调节容易	维修和清理困难，增加塔的支承，仅当再循环大时相当一块理论板
卧式热虹吸型	能得到中等程度的传热系数，在加热区内停留时间短，不易结垢，调节容易，维修和清理容易	配管和安装占地面积大，仅当再循环大时相当于一块理论板
釜式	维修和清理容易，便于污染性热介质使用，相当于一块理论板，有蒸气分离室	传热系数小，配管安装占地面积大，在加热区停留时间长，易结垢，因需较大的壳容积，设备费较高
强制循环型	黏稠液体和固体悬浮液也可进行循环。腐蚀-结垢可能平衡。循环速度可以调节	增加泵及其动力费，填料函处有液体泄漏

3.2.3　空气冷却器

空气冷却器是以环境空气作为冷却介质横掠翅片管外，使管内高温工艺流体得到冷却或冷凝的设备，简称"空冷器"。

采用空气冷却器代替水冷却器，进行介质的冷却冷凝不仅可以节约用水，缓解工业用水之不足，还可以减少水污染。此外还具有维护费用低、运转安全可靠、使用寿命长等优点。它的缺点是受环境气温影响较大，尤其在高温季节冷却温度不能太低，设备的一次投资也往往比水冷器高。由于空气一侧的传热能力较小，因而成为传热的控制因素，为了强化传热就必须加大管外侧的传热面积，因此空气冷却器一般都采用翅片管，并要安装风机。

在炼油化工过程的冷换设备中，空气冷却器已成为不可或缺的一类设备。其应用范围包含了塔顶油气冷凝到汽油、柴油、重油以及渣油冷却的各种不同工况。在化学工业、电力、冶金等行业，空气冷却器也有着广泛的应用。

1）空气冷却器的基本部件

图 3-44 是空气冷却器的基本结构示意图，其基本部件包括：

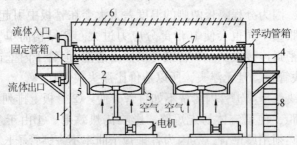

图 3-44　空气冷却器的基本结构

1—构架；2—风机；3—风筒；4—平台；5—风箱；6—百叶窗；7—管束；8—梯子

（1）管束　由管箱、翅片管和框架的组合件构成。需要冷却或冷凝的流体在管内通过，空气在管外横掠流过翅片管束，使热流体冷却或冷凝。

（2）轴流风机　一个或几个为一组的轴流风机，驱使空气的流动。

（3）构架　空气冷却器管束及风机的支承部件。

（4）附件　如百叶窗、蒸汽盘管、梯子、平台等。

2）空气冷却器的类型

空冷器可以从不同角度分类，主要有以下几种：

（1）按管束布置方式分为：水平式、立式和斜顶式。

（2）按通风方式分为：鼓风式、引风式、自然通风式。炼油化工工业中主要用前两种，后一种目前主要用在火力电站。

（3）按冷却方式分为：干空冷、湿空冷、干湿联合空冷。其中湿空冷又有喷淋蒸发型、增湿型和湿面型，后一种用得较少。

（4）按控制风量方式分为：百叶窗调节式、可变角调节式和电机调速式。

（5）按防寒防冻方式分为：热风内循环式、热风外循环式、蒸汽拌热式以及不同温位热流体的联合等形式。

不同类型的空冷器结构见图 3-45~图 3-47。

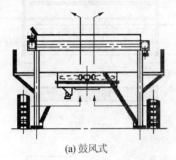 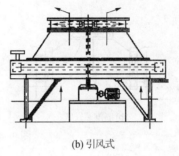

(a) 鼓风式　　　　　　　　　　　　　　　(b) 引风式

图 3-45　水平式空气冷却器

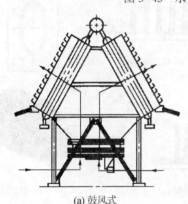 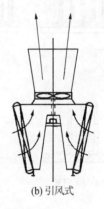

(a) 鼓风式　　　　　　　　　　　　　　　(b) 引风式

图 3-46　斜顶式空气冷却器

鼓风式和引风式主要区别在于风机的位置，风机在管束下方的称鼓风式（也称压力通风式），风机在管束上方的称引风式（也称诱导通风式），见图 3-45。二者各有优缺点，使用比例也大致相当，在国外引风式的稍多些。引风式主要优点是风速分布均匀，受气象（阵雨、巨风、冰雹）影响小，消耗功率相对少。鼓风式则相反，但更换管束和检修方便，又由于风机处于冷风口，对风机装置耐热要求不高，这两点又为引风式所不及。

湿空冷与干空冷器的区别仅在于湿空冷在管束前方安装有水喷嘴，在操作中以少量水喷淋在管束上，或增加进口空气的湿度而强化传热，如图 3-47 所示。与干空冷相比其管外膜传热系数可提高一倍左右，传热面积可减少 20%~25%。在炼油厂可普遍用于 70~80℃ 的油品冷却。通常情况下湿空冷可以把工艺流体冷却到接近环境温度。

3）翅片管形式

空冷器的成功应用有赖于翅片管的发展。目前出现的翅片管不下几十种，但空冷器上用的都是横向翅片管，主要有 L 形、LL 形、G 形镶嵌式、KLM 形、DR 双金属轧片和椭圆形等。这几种常用翅片的结构型式如图 3-48。

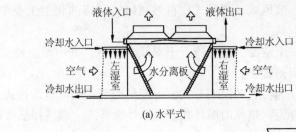

(a) 水平式

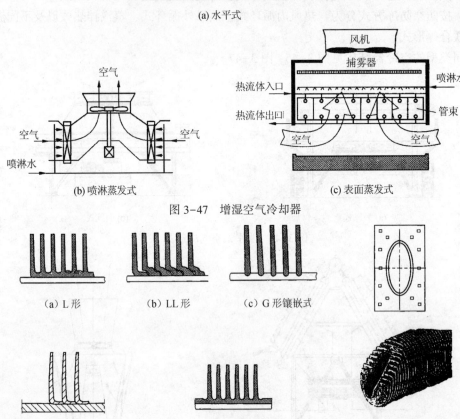

(b) 喷淋蒸发式　　　　　　　　　(c) 表面蒸发式

图 3-47　增湿空气冷却器

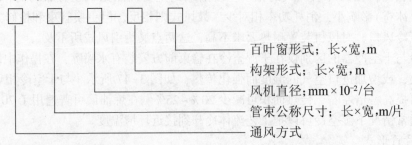

（a）L 形　　（b）LL 形　　（c）G 形镶嵌式

（d）KLM 形　　（e）DR 双金属轧片　　（f）椭圆形

图 3-48　常用翅片的结构型式

上述各种翅片管各有优缺点，而且所用材质不同时其适用场合亦各异。

4）空冷器型号表示方法

（1）空气冷却器型号的表示方法

□—□—□—□—□

　　　　百叶窗形式；长×宽，m
　　　　构架形式；长×宽，m
　　　　风机直径；mm×10⁻²/台
　　　　管束公称尺寸；长×宽，m/片
　　　　通风方式

例如：$GJP - \dfrac{9×1/1 \quad ZF24/1}{9×2/2 \quad BF24/2} - GJP9×3 - SC9×3$

GJP 水平式管束；9m×1m 一片，9m×2m 二片；自调风机直径 2400mm/1 台，不停机手动

130

调角风机直径 2400mm/2 台；开式 GJP 水平式构架 9m×3m；手动调节百叶窗 9m×3m 一片。

（2）管束型号的表示方法

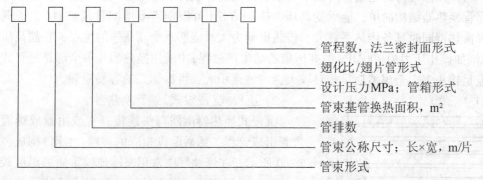

管程数，法兰密封面形式
翅化比/翅片管形式
设计压力MPa；管箱形式
管束基管换热面积，m²
管排数
管束公称尺寸：长×宽，m/片
管束形式

例如：X4.5×3-4-63.6-16S-23.4/L-Ⅰa

X 表示斜顶式管束，长 4.5m，宽 3m；4 排管；基管换热面积为 63.6m²；设计压力 1.6MPa，丝堵式管箱；翅化比 23.4/L 形绕片管；Ⅰ 管程；光滑密封面平焊法兰。

（3）风机型号的表示方法

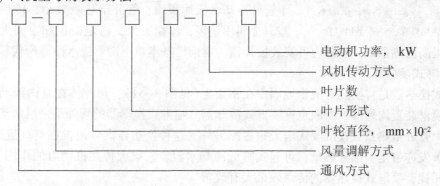

电动机功率，kW
风机传动方式
叶片数
叶片形式
叶轮直径，mm×10⁻²
风量调解方式
通风方式

例如：G-TF36B4-Vs17

G 表示鼓风式、TF 停机手调角，叶轮直径为 3.6m，叶片形式为 B，4 叶片，Vs 悬挂式电机轴朝上的三角带传动；电机功率为 17kW。

3.2.4 其他型式的间壁式换热器

1）套管式换热器

套管式换热器是由直径不同的直管制成的同心套管，并将内管和外管环隙部分分别串联而成，见图 3-49。每一套筒称为一程，一般程数较多时，呈上下排列固定于管架上。

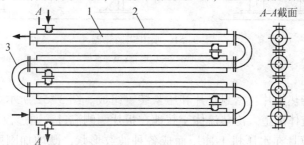

图 3-49　套管换热器示意图
1—内管；2—外管；3—U 形弯头

在套管式换热器中，一种流体走管内，另一种流体走环隙，两者皆可得到较高的流速。另外，两种流体可为纯逆流，对数平均推动力较大，故传热系数较大。

套管换热器结构简单，能承受高压，应用方便(可根据需要增减管段数目)。特别是由于套管换热器同时具备传热系数大、传热推动力大及能够承受高压强的优点，在超高压生产过程(例如操作压力为300MPa的高压聚乙烯生产过程)中所用换热器几乎全部是套管式。它的缺点是接头多、金属消耗量相对较大，占地面积大，可拆卸式的容易泄漏。

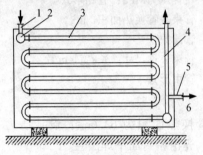

图3-50　沉浸式换热器

1—进口管；2、6—集合管；3—蛇管；
4—气体出口管；5—凝液出口管

2) 沉浸式(浸没式)蛇管换热器

沉浸式换热器由回弯头连接直管或由盘成螺旋形的弯管组成管程，然后配以相应的容器(水箱)构成，如图3-50所示。在炼油厂中常用来冷却较重质的温度较高的油品，如减压渣油、燃料油等。沉浸式换热器的优点是结构简单，能承受高压，可用耐腐蚀材料制造，在停水时能维持一定的水面，以便使温度太高而易自燃的油品能得到一定程度的冷却之后再排出装置。它的缺点是由于管外冷却水流速很慢，管外给热系数小，传热能力较差，金属用量多，体积庞大，占地面积和空间大，用水量多。为提高传热系数，容器内可安装搅拌器。目前已基本被空冷器或水冷器所代替。

3) 喷淋式换热器

喷淋式换热器是将换热管成排地固定在钢架上(见图3-51)，热流体在管内流动，冷却水从上方喷淋装置均匀淋下，故也称喷淋式冷却器。喷淋式换热器的管外是一层湍动程度较高的液膜，管外给热系数较沉浸式增大很多。另外，这种换热器大多放置在空气流通之处，冷却水的蒸发亦带走一部分热量，可起到降低冷却水温度、增大传热推动力的作用。因此，和沉浸式相比，喷淋式换热器的传热效果大有改善。

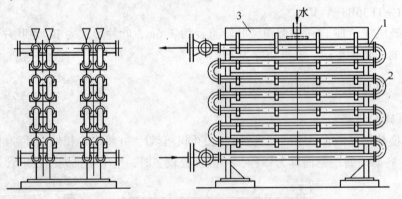

图3-51　喷淋式换热器

1—直管；2—U形管；3—水槽

4) 板式换热器

板式换热器由传热板片、密封垫片和压紧装置组成。图3-52所示为矩形板片，其上四角开有圆孔，形成流体通道。冷热流体交替地在板片两侧流过，通过板片进行换热。传热板片通常用精密加工模具在水压机上冲压而成各种波纹形状，既增加刚度，又使流体分布均匀，加强湍动，提高传热系数。常用材料有不锈钢、铜、钛铝、铜镍合金和铝合金等，板片厚度为0.5~3mm。

132

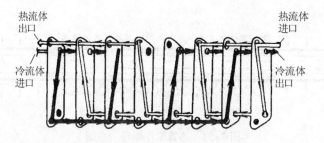

图 3-52　板式换热器工作原理示意图

板式换热器的主要优点是：①由于流体在板片间流动湍动程度高，而且板片厚度又薄，故传热系数 K 大。例如，在板式换热器内，水对水的传热系数可达 $1500\sim4700W/(m^2\cdot ℃)$。②板片间隙小（一般为 4~6mm）、结构紧凑，单位容积所提供的传热面为 $250\sim1000m^2/m^3$；而管壳式换热器只有 $40\sim150m^2/m^3$。板式换热器的金属耗量可减少一半以上。③具有可拆结构，可根据需要调整板片数目以增减传热面积，故操作灵活性大，检修清洗也方便。

5）螺旋板式换热器

螺旋板式换热器是由两张平行薄钢板卷制而成，在其内部形成一对同心的螺旋形通道。换热器中央设有隔板，将两螺旋形通道隔开。两板之间焊有定距柱以维持通道间距，在螺旋板两端焊有盖板。冷热流体分别由两螺旋形通道流过，通过薄板进行换热。其结构见图 3-53。

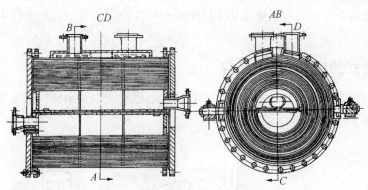

图 3-53　螺旋板式换热器

螺旋板换热器的主要优点是：①由于离心力的作用和定距柱的干扰，流体湍动程度高，故给热系数大。例如，水对水的传热系数可达到 $2000\sim3000W/(m^2\cdot℃)$，而管壳式换热器一般为 $1000\sim2000 W/(m^2\cdot℃)$。②由于离心力的作用，流体中悬浮的固体颗粒被抛向螺旋形通道的外缘而被流体本身冲走，故螺旋板换热器不易堵塞，适于处理悬浮液体及高黏度介质。

6）热管换热器

热管是一个封闭的金属管，管内有毛细吸液芯结构，抽除管内全部不凝性气体并充以定量的可气化的工作液体。工作液体在蒸发端吸收热量而沸腾汽化，产生的蒸气流至冷凝端冷凝放热，冷凝液沿具有毛细结构的吸液芯在毛细管力的作用下回流至蒸发端再次蒸发，如此反复循环，热量则从蒸发端管外连续不断地传至冷凝端管外，其工作原理如图 3-54 所示。

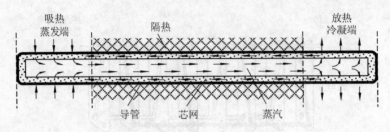

吸热   隔热   放热
蒸发端   冷凝端

导管   芯网   蒸汽

图 3-54　热管工作原理示意图

热管把传统的冷热流体在管内外壁面间的传热巧妙地转化为管两端外表面的传热，使冷热流体接触的壁面皆可采用加翅片的方法强化传热。而热管内部热量的传递是通过沸腾汽化蒸气冷凝的相变过程，相变过程的传热系数皆很大，因而使传热过程大大强化。因此用热管制成的换热器，对冷、热两侧传热系数皆很小的气-气传热过程特别有效。

3.3　管式加热炉

管式加热炉是一种火力加热设备，它是利用燃料在炉膛内燃烧时产生的高温火焰与烟气作为热源来加热敷设在炉膛中的炉管内的高速流动介质，使其达到工艺过程所规定的温度，以供给介质在进行分馏、裂化及裂解等过程所需要的热量。与其他加热方式相比，管式炉的主要优点是加热温度高(最高可达 1000℃)，传热能力大和便于操作管理。经过近一个世纪的发展，管式加热炉已成为现代炼油化工厂中必不可少的设备之一，在生产中具有十分重要的地位。

3.3.1　管式加热炉的基本结构

管式加热炉一般由辐射室、对流室、燃烧器、通风系统以及余热回收系统等五部分所组成。其结构如图 3-55 所示。

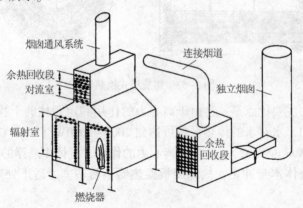

烟囱通风系统   连接烟道

余热回收段   独立烟囱
对流室

辐射室   余热
                            回收段

燃烧器

图 3-55　管式加热炉的一般结构

1）辐射室

辐射室是通过火焰或高温烟气对炉管进行辐射传热的部分，辐射室炉膛直接受到火焰的冲刷，温度最高，必须充分考虑到所用材料的强度及耐热性等。其中所敷设的辐射管一般采用低合金钢材料。辐射室是全炉热交换的主要场所，全炉热负荷的 70%～80% 是由辐射室担负的，因此它是全炉最重要的部位。一个加热炉的优劣主要取决于辐射室的性能。

2）对流室

对流室是靠由辐射室来的高温烟气进行对流传热的部分。但因这部分烟气温度很高，实际上在对流室内也存在一部分辐射传热，而且有时辐射传热还占有较大的比例。称之为对流室是指"对流起支配作用"的部分。

对流室内密布多排炉管，烟气以较大的速度冲刷这些管子，进行有效的对流传热，对流室一般担负着全炉热负荷的 20% ~ 30%。对流室热负荷所占比例越大，全炉的热效率就越高，而所占比例则应根据管内流体与烟气的温度差和烟气通过对流管排的压力损失等，选择最经济合理的比值。对流室一般都布置在辐射室之上，也可放在地面上。为了尽量提高传热效果，多数炉子在对流室采用钉头管和翅片管。

3）燃烧器

燃烧器是实现燃料燃烧的设备，俗称火嘴。燃烧器是炉子的重要组成部分，它的燃烧质量直接影响加热炉的生产能力和炉管的寿命。管式炉只烧燃料气和燃料油，所以不需要烧煤那样复杂的辅助系统，火嘴结构也比较简单。

由于燃烧火焰猛烈，必须特别重视火焰与炉管的间距以及燃烧器间的间隔，尽可能使炉膛受热均匀，使火焰不直接冲刷炉管，并实现低氧完全燃烧。为此，要合理选择燃烧器的型号，并注意燃烧器的布置。

4）通风系统

通风系统的任务是将燃烧用的空气导入燃烧器，并将废烟气引出炉子，它分为自然通风方式与强制通风方式两种。前者靠烟囱本身的抽力，后者要使用风机，要消耗机械功。

过去，绝大多数加热炉因为炉内烟气阻力不大，都采用自然通风方式。烟囱常装设在炉顶，烟囱的高度足以克服炉内烟气侧的阻力即可。但是由于烟气排放的污染问题，目前大多都设立独立于炉群的超高型集合烟囱，通过烟道把若干台加热炉的烟气收集起来，从 100m 左右的高处排放，以降低地面上污染气体的浓度。

强制通风方式只在炉子结构复杂，炉内烟气侧阻力很大，或者设有前述余热回收系统时才采用，它必须使用风机。

5）余热回收系统

余热回收系统是从离开对流室的烟气中进一步回收热量的部分。回收方法分两类，一类是靠预热燃烧用空气来回收热量，这些热量再次返回炉中，称为空气预热方式；另一类是采用与炉子完全无关的其他流体回收热量，因常常使用水来回收余热，被称为"废热锅炉"。空气预热方式又有直接安装在对流室上面的固定管式空气预热器和单独放在地上的回转式空气预热器等种类，热回收量不大时可选用固定管式空气预热器，较大时采用回转式空气预热器。目前，炉子的余热回收系统以采用空气预热方式为多，通常只有高温管式炉（如烃蒸汽转化炉、乙烯裂解炉）和纯辐射炉才使用废热锅炉，因为这些炉子的排烟温度太高。设置余热回收系统以后，整个炉子的总热效率能达到 88% ~ 90%。

3.3.2 管式加热炉的主要技术指标

管式加热炉的主要技术指标有：热负荷、炉膛体积发热强度、辐射室炉管热流密度、炉管内介质流速、对流室烟气流速、辐射室出口烟气温度、过剩空气系数、热效率和排烟温度等。

1）热负荷

管式炉在单位时间内向管内介质传递热量的能力称为热负荷，用 W 或 MW 表示。其值代表管式炉生产能力的大小。

介质通过炉管吸收的热量用于升温、汽化或化学反应，这些热量全都是有效热。因此，管式炉的热负荷指的是其吸收的有效热，而不是其燃料的发热量。

2) 炉膛体积发热强度

燃料燃烧的总发热量与炉膛体积的比值称之为炉膛体积发热强度，简称为体积热强度，它表示单位体积的炉膛在单位时间里燃料燃烧所发出的热量，单位为 kW/m^3。

炉膛大小对燃料燃烧的稳定性有影响，如果炉膛体积过小，则燃烧空间不够，火焰容易舔到炉管和管架上，炉膛温度也高，不利于长周期安全运行。因此炉膛体积发热强度不允许过大，一般控制在燃油时小于 $125kW/m^3$，燃气时小于 $165kW/m^3$。

3) 辐射室炉管热流密度(热通量、热强度)

一般来说，炉管热流密度就指辐射室炉管热流密度，它是单位时间内通过炉管单位表面(一般指外表面积)传递的热量，也称热通量或热强度，单位为 W/m^2。辐射室炉管热流密度是衡量管式炉技术水平的一个重要指标。

在管式炉中，炉管表面热流密度沿炉管周向和轴向都是不均匀的，由于炉膛温度场不均匀，在炉膛的不同位置热流密度也是不均匀的。因此，炉管表面热流密度一般指全辐射室所有炉管的平均值。管式炉的平均辐射热流密度究竟取多少为宜，与许多因素有关，例如管内介质的特性、管内介质的流速、炉型、炉管材质、炉管尺寸、炉管的排列方式等等。炉管表面热流密度推荐的经验值见表 3-11。

表 3-11　辐射炉管表面热流密度(热强度)和管内质量流速的经验数据

用　途	管内质量流速/[kg/(m²·s)]	管内压力降/MPa	炉管表面热流密度/(W/m²)
常压原油加热炉	980~1500	0.7~1.5	29000~35000
常压重油减压加热炉	980~1500	0.3~0.6	26000~30000
催化裂化进料加热炉	1450~1950		29000~35000
延迟焦化加热炉[①]	1700~2200		30000
渣油减黏加热炉[①]	1200~1500	1.8~2.5	26000~29000
加氢精制和加氢裂化进料加热炉	700~1000		26000~30000
脱蜡油加热炉	1200~1500		26000~29000
丙烷脱沥青加热炉	1200~1500		19000~23000
酚精制加热炉	1200~1500		17000~23000
糠醛精制加热炉	1200~1500		17000~23000
氧化沥青加热炉	1200~1500		16000~20000
催化重整进料和再热炉[②]	100~150	四台炉子合计	26000~30000
蒸汽过热炉	140~350	0.1~0.15	26000~30000
乙烯裂解炉[③]	110~180		47000~80000
烃蒸汽转化炉[④]			
用于制氢			47000~80000
用于合成氨			50000~87000

注：①均为横管立式炉。②指用于多金属重整(如铂铼重整)。③单排管双面辐射加热炉，无焰气体燃烧器(如 Lummus 型裂解炉)。④单排管双面辐射加热炉。用于制造氢气时指 Topsoe 型转化炉(采用无焰气体燃烧器)；用于合成氨时指 Kellogg 型转化炉(采用烧气大火嘴)。

4) 管内介质流速

对加热型管式炉，管内介质流速是指其平均质量流速或线速度。流体在炉管内的流速越低，则边界层越厚，传热系数越小，管壁温度越高，介质在炉内的停留时间也越长。其结果是介质越容易结焦，炉管越容易损坏。但流速过高又增加管内压力降，增加了管路系统的动力消耗。设计上关于流速的规定有"经济流速"和"品质流速"两种。前者考虑压降合理，泵和压缩机的能耗较低，例如常减压炉冷油流速规定为 $1000 \sim 1500kg/m^2 \cdot s$（即 $1 \sim 2m/s$），全炉压降 $0.5 \sim 0.6MPa$；后者考虑流速不宜太低，以避免局部过热使油品裂解影响最终产品"品质"，按"品质流速"规定的常减压炉冷油流速为 $2500 \sim 3500kg/m^2 \cdot s$（即 $3 \sim 4m/s$），全炉压降 $\geqslant 1.2MPa$。各类用途管式炉的管内介质流速推荐值见表 3-13。

5）对流室烟气流速

提高对流室烟气流速可以强化外膜传热系数，减少对流室排管量，从而降低投资。但是，烟气在对流室的压降随其流速成平方关系增加，因而需要更高的烟囱或更高压头的引风机。对流室烟气流速一般为 $1 \sim 3kg/m^2 \cdot s$。

6）辐射室出口烟气温度

辐射室出口烟气温度也称"火墙温度"或"桥墙温度"。这是因为老式的管式炉是用火墙（亦称桥墙）将辐射室与对流室分开的缘故。现在的管式炉已没有火墙，但火墙温度的叫法还常沿用。辐射室出口烟气温度表征着炉膛烟气温度的高低，也表征着辐射室管表面热强度的高低，因此它是管式炉操作中的一个重要控制指标。这个温度过高，则意味着火焰太猛烈，容易烧坏炉管、管板或炉墙，从长周期安全运转考虑，一般炉子（制氢转化炉和乙烯裂解炉除外）把这个温度控制在 850℃ 以下。

7）过剩空气系数

由于炉子在实际操作中，空气与燃料的混合总不会非常完善，所以要使燃料完全燃烧，必须供给比理论空气量更多的空气。实际供给燃料燃烧所需的空气量与理论计算所需用空气量的比值称为过剩空气系数。

过剩空气系数影响管式炉的性能，特别是影响全炉热效率的一项重要指标。过剩空气系数太小，空气量不足，燃料不能完全燃烧，则炉子热效率下降；过剩空气系数过大，入炉空气量过多，炉膛温度降低，亦影响传热效果，同时增加了烟气排出量，烟气带走热量过多，热损失增加，也降低全炉热效率。此外，过多的空气使烟气中含氧量增加，加剧炉管表面氧化脱皮现象，从而缩短管子的使用寿命。因此在保证燃料完全燃烧的前提下应尽量降低过剩空气系数。

对气体燃料，过剩空气系数为 $1.1 \sim 1.2$；对液体燃料则较高一些，一般为 $1.2 \sim 1.3$。

燃烧器的型式与性能影响过剩空气系数，研制和使用各种高效能燃烧器是降低过剩空气系数的关键。

8）排烟温度

排烟温度指的是烟气出对流室的温度，当有余热回收系统时则指的是烟气出余热回收系统的温度。由于管式炉的热损失主要是排烟带走的热损失，因此排烟温度几乎是管式炉热效率的直接表征。

9）热效率

热效率表示向炉子提供的能量被有效利用的程度，其值等于被加热流体吸收的有效热量与供给炉子的热量两者的比值。

热效率是衡量燃料消耗、评价炉子设计和操作水平的重要指标。随着节能降耗工作的深入开展，加热炉的热效率在不断提高。根据中国石油化工集团公司标准《石油化工管式炉设计规范》（SHJ 36—91）第 2.0.4 条的规定：按长年连续运转设计的管式炉，当燃料中的含硫量等于或小于 0.1% 时，管式炉的热效率值不应低于表 3-12 的指标。当燃料中的含硫量大于 0.1%，且在设计参数、结构或选材上缺乏有效的防止露点腐蚀的具体措施时，应按炉子尾部换热面最低金属壁温大于烟气酸露点温度来确定炉子效率。

表 3-12　燃料基本不含硫的管式炉热效率指标

炉　　别	一般管式炉设计热负荷/MW							转化炉或裂解炉
	<1	1~2	>2~3	>3~6	>6~12	>12~24	>24	
热效率/%	55	65	75	80	~84	88	90	91

3.3.3　管式加热炉的炉型

各种管式加热炉通常可按外形或用途来分类。

1）按外形分类

按辐射式的外形，管式炉大致可分为立式炉、圆筒炉和大型箱式炉三大类。所谓箱式炉，顾名思义其辐射室为一"箱子状"的六面体，与它相比，立式炉的辐射室宽度要窄一些，其两侧墙的间距与炉膛高度之比约为 1:2。圆筒炉的称呼也按同理而来。

（1）立式炉

立式炉的炉型很多，如图 3-56 所示。主要有以下几种：

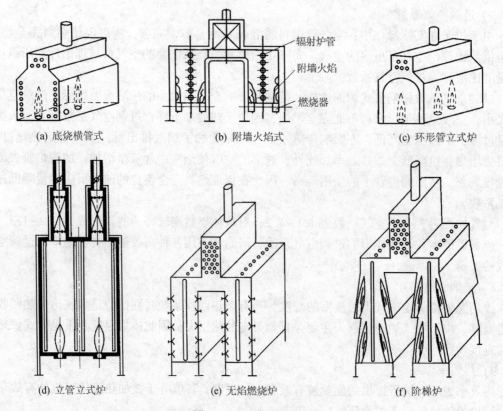

(a) 底烧横管式　　　　　　(b) 附墙火焰式　　　　　　(c) 环形管立式炉

(d) 立管立式炉　　　　　　(e) 无焰燃烧炉　　　　　　(f) 阶梯炉

图 3-56　立式炉的炉型

① 底烧横管式　炉管布置在两侧壁，中央是一列底烧的燃烧器，烟气由辐射室、对流室经烟囱一直上行。燃烧器能量较小，数目较多，间距较小，从而在炉子中央形成一道火焰"膜"，提高了辐射传热的效果。现在使用的立式炉多数采用这一型式。

138

② 附墙火焰式　这种立式炉炉膛当中为一排横管，火焰附墙而上，把两面侧墙的墙壁烧红，使火墙成为良好的热辐射体，以提高辐射传热的效果，它比图 3-56(a)型炉传热均匀得多，目前已成为高压加氢、焦化等装置的主流炉型。

③ 环形管立式炉　这种炉子[见图 3-56(c)]用多根弯成 U 字形的炉管把火焰"包围"起来，适用于炉管路数多，要求管内压力降小的场合。随炉子热负荷的增大，U 形弯可以并列布置增加到二个甚至三个，大型催化重整的反应器进料加热炉大多采用此类炉型。

④ 立管立式炉　这是我国首创的炉型，如图 3-56(d)所示。图 3-56(a)和(b)型立式炉都为横管，要用大批高铬镍钢的管架。而立管立式炉改用立管，节省了这批合金钢，同时又保留了立式炉的优点，常用作大型加热炉的炉型。

⑤ 无焰燃烧炉　这种炉子[见图 3-56(e)]是单排管双面辐射炉型，在侧壁上安有许多小型的气体无焰燃烧器，使整个侧壁成为均匀的辐射墙面，有优越的加热均匀性，可分区调节各区温度，是乙烯裂解和烃类蒸汽转化最合适的炉型之一。这种炉型造价昂贵，用于纯加热非常不合算。另外，该炉型只能烧气体燃料。

⑥ 阶梯炉　阶梯炉也是单排管双面辐射炉型，如图 3-56(f)所示。它在每级"阶梯"的底部安装一排产生扁平附墙火焰的燃烧器。所需燃烧器的数量较无焰燃烧炉型少，造价也低一些，据称还可以烧较轻的燃料油，不过加热的均匀程度和分区调节的特性不及无焰燃烧炉型。

（2）立式圆筒炉

立式圆筒炉的炉型很多，主要有螺旋管式、纯辐射式、有反射锥的辐射-对流型以及无反射锥的辐射-对流型等四种，如图 3-57 所示。

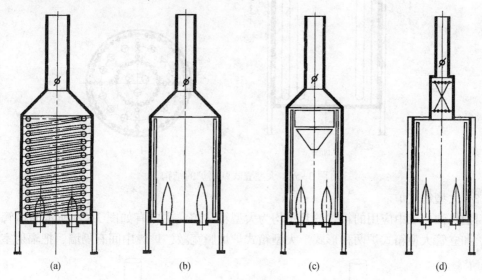

(a)　　　　　(b)　　　　　(c)　　　　　(d)

图 3-57　立式圆筒炉的炉型

当炉子热负荷非常小，而且对热效率无要求时，常采用螺旋管式[图 3-57(a)]和纯辐射式[图 3-57(b)]这两种炉型。它们是最简单、最便宜的炉子。图 3-57(a)型炉内，炉管是一段盘绕成螺旋状的小管，虽然它属于立管式炉型，但其管内特性更接近于水平管，能完全排空，管内压降小。这种炉子的主要缺点是为了便于盘烧，易于制造，被加热介质通常宜走一路(即管程数为 1)。

有反射锥的辐射-对流型如图 3-57(c)所示。过去它是立式圆筒炉的典型代表，最适宜流体进、出炉温升不大时使用，热效率比螺旋管式和纯辐射式炉型高。但是这种炉子为了强化传热，在炉膛顶部使用了反射锥，当炉子烧劣质燃料(如含大量硫的重油)时容易腐蚀损坏，燃烧器的火焰尖部也容易舐到反射锥上造成烧损，因此近年来已很少使用了。

无反射锥的辐射-对流型如图 3-57(d)所示。这种圆筒炉取代了上述炉型，已成为现代立式圆筒炉的主流。它取消了反射锥，能够建造较大的炉子。它的对流室水平布置若干排管子，并尽量使用钉头管和翅片管，热效率较高。它的制造及施工简单，造价低，是管式加热炉中应用最广泛的炉型。但是，这种炉子放大以后，炉膛内显得太空，炉膛体积发热强度将急剧下降，结构上和经济性上都开始不利。为了克服这一缺点，可以在大型圆筒炉的炉膛内增添炉管，如图 3-58 所示。

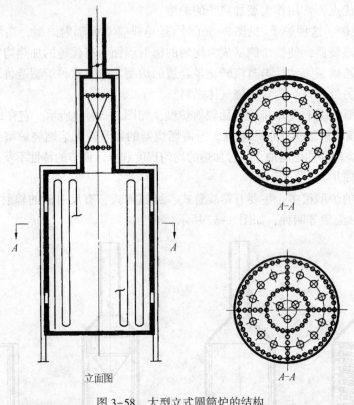

立面图   A—A

图 3-58 大型立式圆筒炉的结构

（3）大型箱式炉

目前炼油化工中应用的箱式炉几乎均为大型箱式炉，主要有如图 3-59 所示的横管大型箱式炉和立管大型箱式炉两种形式。大型箱式炉炉膛宽敞，炉膛中间有隔墙，把辐射室分成

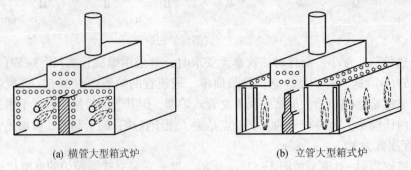

(a) 横管大型箱式炉   (b) 立管大型箱式炉

图 3-59 大型箱式炉的炉型

两间，从而大大增加了传热反射面，且可更有效地利用炉膛空间和炉壁。对流室和烟囱都放在炉顶，可减少烟气流动的阻力。

横管和立管大型箱式炉这两种型式的结构基本相同，只是一个为横管，另一个为立管。图3-58（a）型将燃烧器改为立烧也可以。它们的优点是只要增加中央的隔墙数目，可在保持炉膛体积发热强度不变的前提下，"积木组合式"地把炉子放大，所以特别适合于大型炉。当热负荷很大时，虽然它们还存在箱式炉的某些固有缺点，但其优缺点可以抵偿。

2）按用途分类

管式热加炉按用途大致可分为加热型和加热-反应型两大类。

（1）加热型管式炉

加热型管式炉仅对其被加热介质进行加热。被加热介质在管式炉内吸收足够的热量后到后续设备中进行传热、传质分离和化学反应等。这类管式炉在炼油化工过程中所占数量最多，如常压炉、减压炉和各种分馏塔进料加热炉；各种塔底重沸炉、热载体炉；焦化炉、重整炉和加氢炉等各种反应器（塔）进料加热炉。

加热型管式炉还可按管内介质的相态来分类。例如，无相变化的液体加热炉、有相变化的液体加热炉、气体加热炉、气-液两相流加热炉等。

（2）加热-反应型管式炉

管内介质在加热-反应型管式炉的炉管内边吸热，边进行化学反应。在这类管式炉内，炉管不仅是传热的媒介，同时也是直接火焰加热的反应器。这类管式炉主要有制氢炉、乙烯裂解炉、合成氨一段转化炉、醋酸裂解炉等。

3.3.4 管式加热炉的主要部件

管式炉主要由炉体、炉管系统及燃烧器等部件构成，有些还设有空气预热器。

1）炉体

管式炉的炉体主要由钢架和炉墙组成。

（1）钢架

钢架的作用是保持炉型及支撑炉墙、炉管、顶盖、吊架、扶梯、平台等各部件的重量。钢架是根据各种不同的炉型，用不同的型钢焊接而成。对钢架的主要要求是强度大、坚固耐用、防火、防爆、防漏、防腐蚀及防热胀冷缩，并要做到结构简单，节省钢材，便于操作和检修。

（2）炉墙

炉墙一般由耐热层、隔热层和保护层组成，参见图3-60。

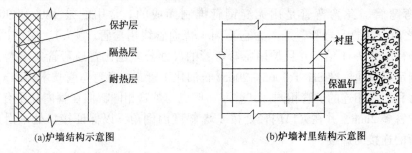

(a)炉墙结构示意图　　　　　(b)炉墙衬里结构示意图

图3-60　炉墙结构示意图

炉墙耐热层必须能耐一定的高温，可用耐火砖砌筑或采用耐热混凝土衬里。衬里材料是矾土水泥、轻质耐火砖碎粒（或陶粒）与蛭石碎粒按一定比例用水配制而成，然后用水泥喷枪分两次进行喷涂。第一次喷涂至一定厚度之后，先将一定规格的镀锌铁丝绑扎在保温钉上，然后再进行第二次喷涂，最后将表面沫光。衬里结构比耐火砖简单，厚度薄，重量轻，加工制作简便，造价又低。20 世纪 70 年代以来国外又用陶瓷纤维作为加热炉的炉衬，能耐高温、耐震动、绝热、吸音和重量轻，但价格较贵，且抗冲刷性能较差。

炉墙隔热层(亦称保温层)，一般常用的有：硅藻土制品和膨胀蛭石制品。最近还开始采用膨胀珍珠岩制品，既能耐高温，导热系数又小，是良好的隔热材料，原料来源丰富，故有取代前两者的趋势。

炉墙保护层即为钢制外壳。

炼油化工管式炉的炉墙设计，必须使炉体外壁温度低于 60~80℃，最高不得超过 100℃，以保证安全操作，并减少热损失，以提高加热炉的热效率。

2) 炉管及其配件

(1) 炉管

炉管起传热面的作用，是炉子的重要部件，其金属耗量占加热炉总耗量的 40%~50%，投资占炉子总投资的 60% 以上。因此，炉管管径和管壁厚度设计是否合理，材料选择是否恰当，不但影响管式炉的传热性能和安全操作，而且对炉子的操作费用和基建投资都有很大影响。

炉管管径是根据管内介质流量和推荐的适宜流速得到计算管径，再参照国产炉管标准规格来确定的。常用国产炉管外径在 60~273mm 之间，主要有 60、102、114、127、152、168 和 219mm 等几种规格。炉管管壁厚度是根据所用材料和管径大小、对炉管要求的使用年限、使用压力、温度和油品的腐蚀性等条件确定的。一般除高压情况外，管壁厚度多在 6~12mm 范围内选用，主要有 6、8、12、14、16mm 等几种规格。炉管的长度与其在炉膛中的排列方式、火焰高度等有关。如圆筒炉辐射管为立式安装，与火焰并行，炉管越长则沿长度方向受热越不均匀。炉管太短，则对流室遮蔽管局部过热的可能性越大。通常取火焰高度与炉管长度的比值约为 2/3 是比较适宜的。常用的炉管长度有 2、2.5、3、3.5、4、4.5、6、8、9、10、12、14、15、16、18m 等几种规格。近年来炉管长度趋向采用 15~18m，以减少连接件，减轻重量，有利于炉子的大型化。

(2) 炉管配件

炉管配件包括以下几种：连接炉管使之组成盘管的急弯弯头、集合管和铸造弯头；对流管和辐射管或炉管与炉外工艺配管之间连接的法兰；扩大传热表面的钉头管和翅片管；支撑炉管的管板和管架等。下面仅介绍急弯弯头、集合管、铸造弯头以及钉头管和翅片管。

① 急弯弯管 急弯弯管是用无缝钢管推制而成的。常用的是 180° 和 90° 两种，见图 3-61。之所以叫急弯弯管，是因为它不同于普通管线用弯管(弯头)，它的回转半径小，仅为管子外径的 0.7~1 倍。并且炉用急弯弯管的尺寸公差也比普通弯管要求严，石化系统专门为此制定了行业标准 SH/T 3065—2005《石油化工管式炉急弯弯管技术标准》。急弯弯管的材质通常和与之相连的炉管相同。其壁厚一般也与炉管相同，但在管内介质有冲蚀时，其壁厚应比炉管多 2mm，并在管口内径处按 1:5 斜度内倒角，以保证接口处平滑过渡。急弯弯管与炉管的连接为焊接。

② 铸造回弯头 铸造回弯头带有可拆卸堵头(如图 3-62)，适用于管内需要机械清焦的管式炉，如焦化炉、沥青炉等。铸造回弯头与炉管的连接有胀接和焊接两种。胀接的要求有足够高的强度和硬度，其材质的碳含量较高。焊接的则相反。随着空气-蒸汽烧焦技术水平

的提高，以及在线清焦技术的推广，机械清焦几乎不再使用。因此，铸造回弯头逐渐被急弯弯管替代。

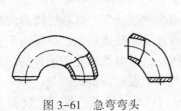

图 3-61　急弯弯头

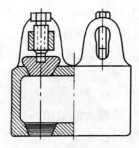

图 3-62　铸造弯头

③ 集合管　在重整炉、制氢炉和过热蒸汽盘管上，广泛采用集合管来连接炉管。集合管上的支管接口少则几个，多则几十个。支管接口有焊接加强接头和拔制管口两种，见图 3-63。近几年来，国内拔制集合管制造技术已臻完善，焊接加强接头的集合管就较少采用了。为了保证各支管内介质流量均匀，集合管内截面积与支管内截面积总和之比，当管内介质为液相时应为 1.2~1.5，为气相时不应小于 1。当集合管置于炉内时，其材质应与炉管相同。当集合管置于炉外时，一般可选用合金含量比炉管低而强度与之相当或更高的材质。集合管支管口与炉管的连接为焊接。

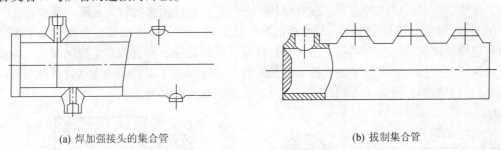

(a) 焊加强接头的集合管　　　　　　　　　　(b) 拔制集合管

图 3-63　集合管

④ 钉头管和翅片管　管式炉对流室炉管内介质的传热系数一般都远大于管外烟气的传热系数，因此常采用翅片或钉头管，以强化对流炉管外的对流传热。必须说明的是对流室烟气入口处的 2~3 排炉管，既接受辐射室的辐射传热，又吸收高温烟气的对流传热，炉管表面热强度很高，有时甚至超过辐射管的热强度。这两三排炉管通称为遮蔽管，只能采用光管，而不得采用钉头管和翅片管。钉头和翅片与管外壁的连接为焊接。

3）燃烧器（火嘴）

燃烧器是管式炉的重要组成部分，燃料通过燃烧器燃烧放出热量。燃烧器通常包括燃料喷嘴、配风器和燃烧道三个部分。

燃料喷嘴是供给燃料并使燃料完成燃烧前准备的部件，其主要任务是雾化燃料油、分散燃料气，以便与空气混合良好，或均匀混合燃料气和空气。配风器也称风门，其作用是使燃烧空气与燃料良好混合并形成稳定而符合要求的火焰形状。燃烧道也称火道，它有三个作用，一是燃烧道耐火材料蓄积的热量为火焰根部提供了热源，加速燃料油的蒸发和着火，有助于形成稳定的燃烧；其次是它的形状能约束空气，迫使其与燃料混合而不致散溢；三是与配风器一起使气流形成理想的流型。

按所用燃料的不同，燃烧器可分为燃料油燃烧器、燃料气燃烧器和油-气联合燃烧器三大类。按供风方式的不同，可分为自然通风燃烧器和强制通风燃烧器。

（1）油-气联合燃烧器

油-气联合燃烧器主要由风门、火道及燃料油喷嘴和燃料气喷嘴等组成。可单独烧燃料油或燃料气，也可油、气混烧，是管式炉上用得最多的燃烧器。这种燃烧器大都采用蒸汽雾化油喷嘴，适用于烧减压渣油、常压重油、裂化残油等重质燃料油，也适用于烧蜡油等较轻的油品。燃料气喷嘴大都采用外混式，适用于烧炼厂气及各炼油化工装置的副产气。当用预混式燃料气喷嘴时，不适宜用于重整、加氢等装置含氢量较高的副产气。

管式炉常用的油-气联合燃烧器已从Ⅰ型发展到Ⅶ型。目前，Ⅲ型燃烧器在自然通风的管式炉上仍在使用，Ⅳ型和Ⅴ型是开发Ⅵ型时的过渡产品。下面介绍Ⅲ型、Ⅵ型和Ⅶ型。

① Ⅲ型油-气联合燃烧器　如图3-64所示，蒸汽和燃料油在油喷嘴内混合，由排成一圈的喷头出口小孔中喷出，形成中空的圆锥形的油雾层，夹角约40°，这样的分布有利于油雾与空气的混合。燃料气经外混式气喷嘴上排成一圈的多个喷头小孔向内成一角度喷出，夹角约70°，有利于与空气混合。火道为流线形，有利于燃料燃烧。燃烧器设有一次风门和二次风门，一般只烧油时多用二次风门，只烧气时多用一次风门。其规格按燃烧器的名义放热量分为0.6、1.0、2.0、3.0MW四种。额定操作参数为：雾化蒸汽压力0.7MPa，燃料油压力0.6MPa。燃料油黏度4~6°E，燃料气压力约0.15MPa。雾化蒸汽应是过热的，温度最好≥200℃。

② Ⅵ型油-气联合燃烧器　它是为了适应管式炉环保消除噪音和采用节能措施进行空气预热，将热空气引入炉内的需要，在Ⅲ型基础上改进后发展而来的较为完善的燃烧器。其原型如图3-65所示。与Ⅲ型相比，Ⅵ型燃烧器的特点是与炉子连接安装更方便，整个燃烧器由填有超细玻璃棉的底盘与风箱连接，密封性好，可降低噪音和有效防止冷风漏入。为便于点火和保证安全运行，设置了便于拆装的长明灯。另外，为了观察油喷头运行情况和放出漏入风箱内的燃料油，设置了专门的带有便开式孔盖的观察孔和放油孔。

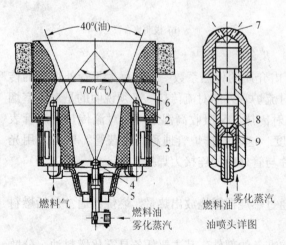

图3-64　Ⅲ型油-气联合燃烧器
1—火道；2—气嘴；3—二次风门；
4—油喷嘴；5——次风门；6—点火孔；
7—混合室出口孔；8—气孔；9—油孔

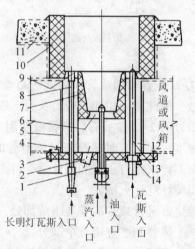

图3-65　Ⅵ型油-气联合燃烧器
1—油枪；2—观察孔；3—底盘；4—风门调节机构；
5—风门；6——次风口；7——次火道砖；8—长明灯；
9—二次风口；10—二次火道砖；11—炉底；
12—接油盆；13—瓦斯枪；14—漏油孔

Ⅵ型系列燃烧器的原型及其派生型均适用于安装有隔声箱的自然通风系统或燃烧器前风压≤250Pa的鼓风系统。其中，原型适用于多燃烧器联合风箱或隔声箱，Ⅵ-B型适用于独立风箱或隔声箱；Ⅵ-C型与Ⅵ-B型结构基本相同，但它设有蒸汽（或高压燃料气）的引射器，适用于烧低压瓦斯。Ⅵ型系列燃烧器均按名义放热量编制产品规格，见表3-13。

表 3-13　Ⅵ型系列燃烧器产品规格

产品规格		1.0	2.0	3.0	4.0	5.0	适用炉型
名义放热量/MW		1.0	2.0	3.0	4.0	5.0	
代号（标记）	Ⅵ型原型	Ⅵ 1.0	Ⅵ 2.0	Ⅵ 3.0			圆筒炉和立式炉
	Ⅵ-B型	Ⅵ-B 1.0	Ⅵ-B 2.0	Ⅵ-B 3.0	Ⅵ-B 4.0	Ⅵ-B 5.0	
	Ⅵ-C型	Ⅵ-C 1.0	Ⅵ-C 2.0	Ⅵ-C 3.0			
	Ⅵ-D型	Ⅵ-D 1.0					斜顶炉和方箱炉
	Ⅵ-E型	Ⅵ-E 1.0					

③ Ⅶ型油-气联合燃烧器　Ⅶ型是在Ⅵ型基础上改进而设计的，Ⅶ-B型的结构见图3-66。主要改进有下列几点：a）油喷嘴混合室内增加一个乳化器，既改善了雾化效果，又降低了雾化蒸汽耗量。b）增加了一个可以与油喷嘴互换位置的中心燃料气喷嘴，在单烧气时，燃料气和空气均分成两级供给，既降低了燃烧产物中的 NO_x，又可使火焰形成稳定的塔柏树型。c）独立隔声箱下底板外边沿改成单层钢板，以便在燃烧器布置特别紧凑时切割掉局部边沿。d）在联结结构上也作了一些小改进，例如油喷嘴的油、汽和中心燃料气喷嘴均采用金属软管连接，以便它们的折卸和互换。除此之外，Ⅶ型系列燃烧器的特点与Ⅵ型相同。

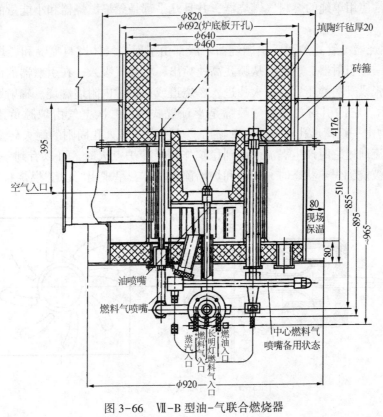

图 3-66　Ⅶ-B型油-气联合燃烧器

Ⅶ型油-气联合燃烧器系列包括四种型号共 17 个品种，以满足不同用途和放热量的要求。Ⅶ型油-气联合系列燃烧器的品种规格按名义放热量编制，其设计参数见表 3-14。

表 3-14　Ⅶ型系列燃烧器设计数据

项　　目			Ⅶ-B	Ⅶ-C	Ⅶ-D	Ⅶ-E
燃料油	黏度	°E		4~9		
	低热值	MJ/kg		41.87		
	压力	MPa		0.59		
雾化蒸汽	压力	MPa		0.69		
	温度	℃		210		
	汽耗	kg 汽/kg 油		0.3		
燃料气	低热值	MJ/kg	33.5	33.5		33.5
	压力	MPa	0.1	~0		0.1
	密度	kg/Nm³	1.2	1.2		1.2
引射介质	高压燃料气压力	MPa		>0.15		
	（或蒸汽）			与雾化蒸汽同		
	耗量	kg/h		~30		
名义放热量/MW			0.5、1.0、1.5、2.0、2.5、3.0、3.5、4.0、4.5、5.0、5.5			

（2）燃料气燃烧器

炼油厂的焦化炉、加氢炉、制氢炉以及石油化工厂的乙烯裂解炉和合成氨一段转化炉等管式炉上，通常使用单纯的燃料气燃烧器，并且几乎都是无焰燃烧器和小能量的预混式或半预混式燃烧器。

① 无焰燃烧器　管式炉用无焰燃烧器一般都由引射式气体燃料喷嘴和燃烧道或辐射墙组成。它具有一个引射器，燃料气从喷孔高速喷出，将空气吸入，在引射器的混合段两者充分混合并经扩张段升高静压后通过火孔进入燃烧道或在炉膛内附墙燃烧。辐射墙无焰燃烧器如图 3-67 所示。它的引射式燃料气喷嘴是半预混式的，二次空气由炉膛负压吸入。燃料气-空气混合物由一组槽形孔沿炉墙内壁喷出。炉墙内壁靠火孔周围的耐火砖上有一组梅花瓣形凸起，气流通过它时产生涡流而起到稳焰作用。冷炉点火时，可以看到一团辐射火焰，当炉壁耐火砖被烧到炽热状态时，火焰和炉墙浑为一体，呈现出"无焰"燃烧状态。

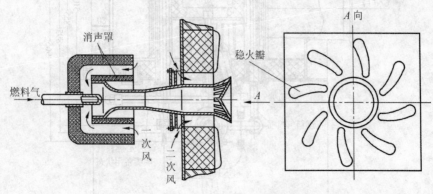

图 3-67　辐射墙式无焰燃烧器

146

② 顶烧炉用半预混式气体燃烧器　用于顶烧制氢炉和一段炉的半预混式燃烧器见图 3-68。它以天然气或炼厂气为燃料，燃料气从许多小孔高速喷出，引射一次空气形成预混气体。预混气体的主流从头部的渐缩管中流出与二次空气混合进入燃烧道和炉膛。渐缩管上有 8 个 $\phi12mm$ 均匀分布的小孔，一部分预混气体通过这些小孔进入渐缩管周围的环形空间，以较低的速度流出，形成稳定的点火环，对主气流连续强迫点燃，以得到稳定的燃烧。

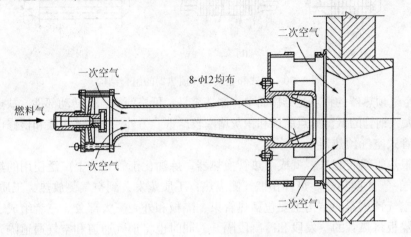

图 3-68　半预混式气体燃烧器

③ 加氢炉用 BQ 型气体燃烧器　图 3-69 所示为双面辐射加氢炉用底烧扁平附墙火焰气体燃烧器，定名为 BQ 型。有 0.25MW 和 0.35MW 两个规格，适用于配置隔声箱的自然通风，也适用于风压小于等于 250Pa 的机械通风。其燃料气喷嘴是外混式的，操作范围宽，火焰稳定。BQ 型气体燃烧器没有调风机构，调风靠与之相配的对开式蝶阀完成。由于其放热量较小，主燃料气管线压控阀前的压力一般都大于 0.1MPa，因此长明灯燃料气管线上应设置减压阀，保证其压力不超高。

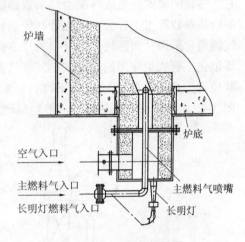

图 3-69　BQ 型气体燃烧器

4）空气预热器

空气预热器主要有管式（钢管、铸铁管、玻璃管）、热管式、蓄热式（包括烟风道蓄热体旋转和蓄热体固定烟风道周期性切换两种）、热油式（用热载体预热空气，如轻质油、联苯和导热油）等类型。

（1）钢管式空气预热器

钢管式空气预热器是炼厂使用较早的一种空气预热器，它主要由管束、管板和壳体所组成。根据换热管是水平安置还是垂直安置分为卧式和立式两种类型。卧式和立式空气预热器均由几个单体组成，卧式和立式空气预热器的组合结构如图 3-70 所示。一般在立式空气预热器中烟气走管程，空气走壳程；而在卧式空气预热器中烟气走壳程，空气走管程。钢管式空气预热器可不设引风机而直接安装在对流室顶部（上置式），也可单独安置在炉侧地面上（下置式）。

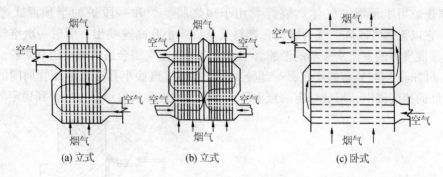

| (a) 立式 | (b) 立式 | (c) 卧式 |

图 3-70 卧式和立式空气预热器的组合结构

钢管式空气预热器的特点是结构简单，制造容易、价格便宜，无转动部件。缺点是所占地面或空间较大，钢管的低温露点腐蚀和积灰堵塞较严重。另外，上置式更换和检修也较困难。

（2）热管式空气预热器

由若干根热管组装起来，就成了热管换热器。炼油化工管式炉上广泛使用的热管式空气预热器属于气-气式换热器。热管在烟气侧吸热，工质蒸发，到空气侧放热，工质冷凝。

热管式空气预热器的结构主要包括热管束、隔板和外壳三大部分。三者组成了烟气和空气的通道。隔板将热管的蒸发段和冷凝段隔开，同时也将烟气通道和空气通道隔开。单根热管的直径为 25~51mm，长度一般不超过 5m。由多根热管组装成的热管束是传递热量的核心，热管内部的蒸发或冷凝给热系数都很大，而外部由于是气-气式换热，烟气侧和空气侧的给热系数都很小，为了强化管外传热，一般都采用翅片管。烧油时，为了便于清灰，在烟气侧通常采用片间距较大的开口翅片或钉头。热管束的安装位置有水平，倾斜和垂直三种。炼油化工管式炉使用的热管式空气预热器几乎都是重力式热管，因此只有倾斜和垂直两种安装位置，且烟气侧必须位于下部。一般倾斜式置于对流室顶部，而垂直式置于地面，见图 3-71。外壳应有隔热层，一般烟气侧为内壁衬浇注料，而空气侧为外保温。

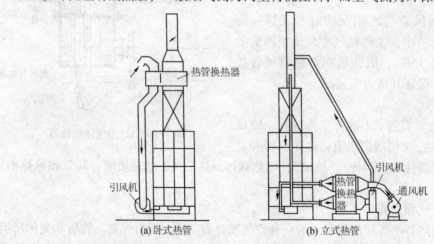

| (a) 卧式热管 | (b) 立式热管 |

图 3-71 热管式空气预热器安装示意图

与其他类型的空气预热器相比，热管式空气预热器具有体积小、质量轻、结构简单、工作可靠、效率高、不易受低温露点腐蚀等优点，是目前应用最多的空气预热器。

（3）回转式空气预热器

回转式空气预热器根据转动形式可分为蓄热体转动和烟风道转动两种类型，炼油厂管式炉多为蓄热体转动类型。蓄热体转动根据安装方式又可分为立式和卧式两种形式。立式预热器转子的轴垂直安装，烟气和空气的接口位于预热器的上、下方；卧式预热器转子的轴水平安装，烟气和空气的接口位于预热器的两侧。

蓄热体转动型空气预热器主要由换热元件、转子、转轴、烟气和空气导管等构成。卧式回转式空气预热器的工作原理和结构分别如图 3-72 和图 3-73 所示。换热元件（蓄热板）是由 0.5~1.2mm 厚的波纹钢板层叠而成，安装在转筒内。转子的转速一般为 1~3r/min。换热元件由转子带动旋转，烟气和空气分别由预热器的上、下部逆向流过。烟气流过时将热量传递给换热元件，降温后的烟气经引风机引入烟囱后排空；冷空气流过时从换热元件中吸收热量，温度升高后被送入燃烧器。由于转子不停地旋转，换热元件不断地在两种温度不同的介质内通过，进行吸热或放热，达到烟气和空气进行热量交换的目的。

回转式空气预热器的特点是积灰少、腐蚀轻、换热元件易于更换、单位体积的换热面积大。缺点是有转动部件、能耗大，漏风较多，制造要求高，价格贵，不适于小型炉使用。

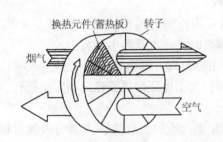

图 3-72　回转式空气预热器工作示意图

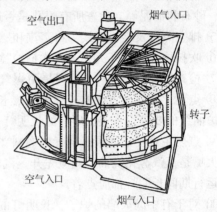

图 3-73　回转式空气预热器的结构

3.3.5　管式加热炉的操作

1）开工

（1）开工前准备

管式炉在开工前主要应做好以下准备工作：

① 整个管式炉及其相关工程均已交工并经验收合格。

② 制定开工方案并报有关部门审批。

③ 燃烧器检查。燃烧器的型号、数量、布置和方位等是否正确；对于扁平火焰燃烧器还要检查其喷孔朝向是否正确；调风门操作是否灵活，风门开关指示是否正确等。

④ 盘管系统检查。所有施工遗留的杂物及捆绑物是否清除干净；各部位膨胀间隙是否留够；各支撑件是否符合要求等。

⑤ 烟风道系统检查。烟囱挡板及烟风道蝶阀是否灵活，开关指示是否正确；固定支座、滑动支座和膨胀节是否正确；膨胀节上的安装螺杆是否松开等。

⑥ 仪表系统检查。所有炉用仪表，包括工艺管线上与炉子有关的仪表安装是否正确．并经过校验。

⑦ 转动机械检查。通、引风机和吹灰器等是否经过单机试运；冷却和润滑系统是否正常。

⑧ 环境检查。炉底及炉区周围有碍交通的脚手架和杂物是否清除干净；环境卫生是否符合要求。

⑨ 消防检查。炉区应设置的消防器材和器具是否齐备并摆放正确，消防蒸汽是否到位。

（2）烘炉

炉墙砌筑完毕后应保持在环境温度 5℃ 以上，自然养护 5 天之后，即可按下列顺序进行烘炉：

① 在炉出入口连接临时蒸汽管线，以便暖炉和保护炉管。

② 暖炉。将蒸汽引入炉管进行 1~2 天的暖炉，当炉膛温度升到 130℃ 左右时，方可逐步点燃长明灯和燃烧器进行烘炉。

③ 吹扫蒸汽管线及燃料管线。将燃烧器拆开，用蒸汽或压力水吹扫管线，以清除施工遗留在管内的杂物。

④ 清洗燃料喷嘴。将燃烧器的燃料喷嘴拆开进行解体清洗和检查，清除所有的杂物如铁屑、砂石和油泥等，检查所有喷孔是否通畅光滑，如有毛刺等应予清除。

⑤ 排空蒸汽及燃料管线，将蒸汽和燃料引至炉前。

⑥ 吹扫炉膛。打开灭火蒸汽吹扫炉膛，至少 15min，直至烟囱冒白烟为止。

⑦ 检查炉膛气体，确认无可燃可爆气体后方可点火。

⑧ 点火。插入电点火器或火把点燃长明灯；也可将长明灯抽出，点燃后插入并固定；按烘炉曲线的要求逐步点燃所有的长明灯，当炉温需要时才逐步点燃主火嘴。

⑨ 点燃主火嘴。如果是烧气体燃料，直接打开主燃料阀，即由长明灯点燃主火嘴；如果主火嘴是蒸汽雾化烧油，则应先开蒸汽阀后开油阀；为了保证燃烧器稳定和安全运行，在整个运行期间长明灯都应点着。

⑩ 对于有中间火墙的炉子，长明灯的点燃尤其是主火嘴的点燃应在火墙的两侧对称进行，以避免火墙因不对称热膨胀而损伤。

⑪ 按烘炉曲线升温和保温，并作好详细记录。烘炉曲线一般由设计或耐火隔热材料厂商提供。

⑫ 整个烘炉期间均应通蒸汽保护炉管。蒸汽出炉温度一般控制如下：碳钢炉管 ≤350℃，铬钼钢炉管 ≤450℃，不锈钢炉管 ≤480℃。

⑬ 烘炉期间应注意烟气进空气预热器和引风机的温度，以避免烧坏空气预热器和引风机。

⑭ 炉衬检查。烘炉完毕后应对炉衬进行全面检查，如发现超标的裂缝、空洞和剥落等缺陷，应进行修补。

（3）正常开工

在装置进行水联运和油联运之后，随装置进行正常开工。按工艺要求进行点火和升温。点火程序与烘炉时基本相同。开工时一般不启动余热回收系统，待装置操作正常后，再启动通、引风机，将烟气逐渐切换到余热回收系统。开工时一般采用手动操作，待装置基本正常时，再切换成自动操作。

2）正常平稳操作

为了保证正常平稳操作，在整个运行过程中应注意下列各点：

① 尽可能点燃所有的燃烧器，并使各火嘴燃烧均衡，火焰齐整稳定。

② 定期拆洗燃料喷嘴，尤其是燃料油喷嘴。拆洗周期的长短可视燃料的干净程度而定，

但开工初期的 1~2 个月内，由于管线内的杂物易造成喷孔堵塞或形成脉冲式燃烧，必须经常频繁地折洗燃料喷嘴。

③ 定期(8~24h)吹扫对流室换热面，以使炉子经常保持在设计热效率下运行。

④ 经常关注烟气中的氧含量，调节好烟囱挡板和风门，使烟气中的氧含量保持在 2%~4%的范围内。

⑤ 经常定期观察炉内运行情况。主要观察火焰是否正常，炉管、炉墙及其他炉内构件是否有异常现象。发现问题应及时处理。

⑥ 对于多流路(两路及其以上)的炉子，应特别注意各路的出炉温度是否相同，若差异较大，应及时调整，避免偏流。

⑦ 对于设置有管壁热电偶的炉子，应经常关注管壁温度的变化，以便及时了解炉管内的结焦情况，避免因超温而烧坏炉管。

3) 停工

(1) 正常停工

在装置开始停运循环之后，管式炉按下列步骤正常停工：

① 由自动控制改为手动操作。

② 按正常停工的降温速度减少燃料量，并用逐个关闭燃烧器的办法逐渐降低炉温。当有中心火墙时，燃烧器的关闭也应对称进行。

③ 对于烧油的炉子，当有燃料气时应先点燃燃料气，后关闭燃料油。

④ 燃油喷嘴关闭后，应立即用蒸汽将支管内和喷嘴内的燃料油吹扫进炉内烧掉。

⑤ 主火嘴熄灭并吹扫干净后方可熄灭长明灯。

⑥ 所有燃烧器都熄灭后，应将燃料气总阀后的主管和支管吹扫干净并关严主燃料气阀，防止燃料气漏入炉内。

⑦ 工艺介质循环停止后，应立即吹扫盘管系统。吹扫最好在炉子未完全熄火前进行。对于不锈钢炉管，若用蒸汽吹扫，则应在其后用热氮吹扫，以吹干残留的冷凝水并做好氮气保护和封闭。

⑧ 用蒸汽彻底吹扫燃料油和燃料气系统，低点排凝后关严所有截断阀。

⑨ 最后关闭通、引风机，整个加热炉系统全部正常停工。

⑩ 完全停工后应拆下所有油喷嘴(油枪)，用煤油浸泡并清洗干净，备下次开工使用。

(2) 紧急停工

在炼油化工管式炉的运行过程中，由于各种原因可能发生炉管破裂——炉膛着火，回弯头泄漏——弯头箱着火，原料中断或燃料中断等事故，以及停电、停气和停风等外部条件的干扰，以致造成炉子不能正常运行，甚至被迫紧急停工。紧急停工的方法和步骤随事故的不同而有很大差异。一般紧急停工的步骤是：

① 关闭燃料系统。

② 切断炉子进料。

③ 停掉通、引风机。

④ 打开放空蝶阀，关闭通往余热回收系统的蝶阀。

⑤ 打开炉膛及弯头箱的灭火蒸汽。

⑥ 待事故处理完毕后再采取妥善措施吹扫盘管系统和燃料系统。

3.4 塔 设 备

3.4.1 概述

塔设备是炼油化工生产中最重要的设备之一。它可使气(或汽)液或液液两相之间进行密切接触,达到相际传质及传热的目的。可在塔设备中完成的常见单元操作有:精馏、吸收、解吸和萃取等。此外,工业气体的冷却与回收、气体的湿法净制和干燥,以及兼有气液两相传质和传热的增湿、减湿等。

塔设备能够为气-液或液-液两相进行传质、传热提供适宜的条件。这些条件除维持一定的压力、温度、流量等外,特定的塔内件还从结构上保证了上升的气相(或液相)与下降的液相有充分的接触时间、接触空间和接触表面积,从而达到较理想的传质、传热效果。因此,塔设备的性能对于整个装置的产品产量、质量、生产能力和消耗定额,以及三废处理和环境保护等各个方面,都有重大的影响。据有关资料报道,在炼油化工装置中,塔设备的投资费用占整个工艺设备投资费用的 25%~35%,所耗用的钢材重量占各类工艺设备总重量的15%~55%。可见,塔设备在炼油化工生产中具有非常重要的地位和作用。

1) 塔设备的分类与一般构造

塔设备经过长期的发展,形成了种类繁多的结构型式,以满足各种工艺要求。为了便于研究和比较,可以从不同的角度对塔设备进行分类。例如,按操作压力分为加压塔、常压塔和减压塔;按用途分为精馏塔、吸收塔、解吸塔、萃取塔、洗涤塔、干燥塔和反应塔等。最常用的是按内件结构分类,分为板式塔和填料塔两大类。

在板式塔中,塔内装有一定数量的塔盘,液体靠自身重量自上而下流向塔底(在塔盘板上沿塔径横向流动),气体靠压差自下而上以鼓泡或喷射的形式穿过塔盘上的液层升向塔顶,气液两相在塔盘上密切接触,进行传质,使气液两相中各组分浓度沿塔高呈阶梯式变化。如图 3-74 所示。按塔板上接触元件的不同,板式塔还可分为泡罩塔、浮阀塔、筛板塔、喷射塔及其他类型的板式塔如栅柜塔等。

在填料塔中,塔内装填一定段数和一定高度的填料层,液体沿填料表面自上而下呈膜状流向塔底,作为连续相的气体自下而上升向塔顶,并与液体逆流接触,进行传质,气液两相中各组分的浓度沿塔高呈连续变化。如图 3-75 所示。按所用填料的不同,填料塔可分为散堆填料塔和规整填料塔。

塔设备的构件除了种类繁多的内件外,其余构件则是大致相同的,主要包括塔体、支座、除沫器、接管、人孔和手孔、吊耳、吊柱以及扶梯和操作平台等,如图 3-74 和图 3-75 所示。

(1) 塔体 塔体是塔设备的外壳,由圆筒和两个封头组成。塔体的作用是为塔设备提供足够的强度和刚度。

(2) 支座 支座是塔体安放在基础上的连接部分,一般采用裙式支座(简称裙座)。支座必须保证塔体坐落在确定的位置上进行正常的工作。

(3) 除沫器 除沫器用于捕集夹带在气流中的液滴,以提高分离效率、改善塔后设备的操作状况以及减少环境污染等。

(4) 接管 接管是用于连接塔设备与其他相关设备的工艺管线,如进液管、出液管、回流管、进气管、出气管、侧线抽出管、取样管、仪表接管、液位计接管等。

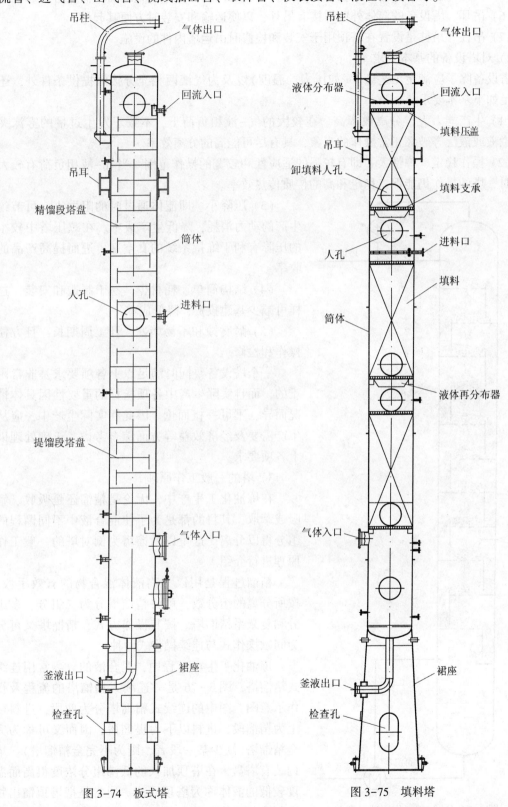

图 3-74　板式塔　　　　　　图 3-75　填料塔

（5）人孔和手孔　人孔和手孔一般都是为了安装内件、检修检查的需要而设置的。

（6）吊耳　塔设备的筒体外壁焊接有吊耳，以便运输和安装时方便其起吊。

（7）吊柱　吊柱是设置在塔顶用于安装和检修时吊运塔内件的设施。

2）对塔设备的基本要求

塔设备除了应满足工艺条件（如压力、温度）以及为气液两相充分接触提供条件外，还应满足如下基本要求。

（1）生产能力大、分离效率高。在较大的气-液相负荷下，不致于发生过量的雾沫夹带、拦液或液泛等破坏正常操作的现象，具有尽可能高的分离效率。

（2）操作稳定、弹性大。即有较强的适应性和较宽的操作范围。当气-液相负荷有较大波动时，塔的操作仍能保持稳定和高的传质传热效率。

（3）压降小。即流体通过时的阻力小，可节约生产的动力消耗，降低生产成本。在减压塔中较小的压降有利于维持系统的真空度，进而提高产品的收率。

（4）结构简单、耗材少，易于制造和安装，这样可减少基建投资，降低成本。

（5）耐腐蚀和不易堵塞，开工周期长，且方便操作和检修。

一个塔设备要同时满足以上各项要求是非常困难的，而且实际生产中各项指标的重要性因具体情况而异，不可一概而论。因此在实际生产中，应从生产需要及经济效益等方面综合考虑，正确处理以上各项要求。

3）塔的一般工作原理

在炼油化工生产中，无论是精馏还是吸收、解吸或萃取，其目的都是为了使混合液中不同馏程的组分得以分离。这里以精馏塔为例对塔的一般工作原理进行介绍。

精馏过程是用以分离液体混合物的有效手段。按所分离的组分数，可将精馏塔分为二组分、多组分和复杂系精馏塔。按其操作方式，精馏塔又可分为间歇操作式与连续操作式两种。

炼油化工生产过程中，混合液的分离常用连续式精馏塔，图3-76是一连续式精馏塔的流程及操作示意图。图中的连续式精馏塔分为两段，进料以上为精馏段，进料以下为提馏段，因而又可称为完全精馏塔（缺少某一段者，则为不完全精馏塔）。塔内装有塔盘，在塔顶加入的低沸组分浓度很高而温度较低的液体称为塔顶回流。通常是把塔顶馏出物冷凝冷却后取一部分作回流，而其余部分作为塔顶

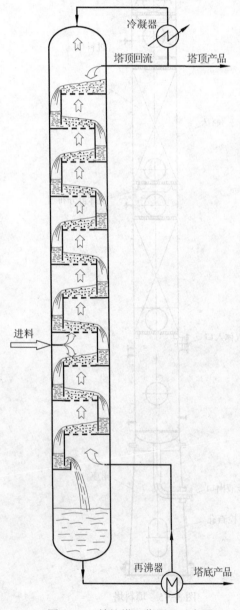

图3-76　精馏塔工作原理示意图

154

产品。塔底设有再沸器，用来加热塔底产品以产生一定量的气相回流。该气相是低沸组分含量很低而温度较高的蒸气。通过塔顶液相回流与塔底气相回流及各层塔盘上气液间相互接触的共同作用，使塔内沿塔高形成温度梯度和浓度梯度，即沿塔高自下而上温度逐渐降低，低沸组分浓度逐渐增加，高沸组分浓度逐渐减小。在每一层塔盘（或称之为一个气液接触级）上都有一个温度较低而低沸组分浓度较高的液相与一个温度较高而低沸组分浓度较低的气相相互接触并进行传热、传质，达到平衡后形成新的气液两相，气相中低沸组分得到提浓，液相中高沸组分得到提浓。如此经过多次气液相在塔盘上的逆流接触，最后在塔顶可得到纯度较高的低沸组分，在塔底则得到纯度较高的高沸组分，从而使混合液中的低沸组分和高沸组分得到分离，从塔顶获得低沸产品，从塔低获得高沸产品。

在炼油化工生产过程中，需分离的混合液常常是一些含有极多组分的复杂混合物，分离产物是一些具有一定沸程的馏分，分离精度要求不高，故通常采用有多个侧线抽出的复杂系精馏塔。如原油常压蒸馏塔、减压蒸馏塔、催化裂化主分馏塔等，其工作原理与二元和多元精馏塔是相同的；所不同的是：这些塔的塔底不设再沸器，而是靠直接通入塔底的过热水蒸汽降低油气分压的作用汽提气化轻组分；其次，为了提高各侧线产品之间的分离精度，以提高产品质量，各侧线一般设汽提塔；另外，这些塔蒸馏过程所需热量基本上全部靠进料带入，剩余热量大，除采用塔顶回流取热外，在塔的中段（各侧线之间）还设有循环回流取热，这既能提高剩余热量的回收利用率，还可使沿塔高的气液相负荷变得比较均匀。对于催化裂化主分馏塔，为了将进料油气冷却至饱和状态防止塔底油浆结焦、以及洗涤进料携带的催化剂细粉，其塔底还设有塔底循环回流。

3.4.2　板式塔的结构

板式塔是分级接触型气液传质设备，其内部结构主要是塔盘（亦称塔板）。板式塔的塔盘主要分为溢流式和穿流式两类。溢流式塔盘设有专供液相流通的降液管，塔盘上的液层高度可通过溢流堰的高度来调节，因此可获得较大的操作弹性，并能保证一定的效率。炼油化工过程中的塔盘基本都采用溢流式，故这里仅介绍溢流式塔盘。

1）塔盘的类型及特点

塔盘由鼓泡元件（如泡罩、浮阀、筛孔等）、塔盘板、受液盘、溢流堰、降液管、支撑及连接件等部件组成。根据鼓泡元件的不同，塔盘可分为泡罩塔盘、筛孔塔盘、浮阀塔盘、舌形塔盘等。

（1）泡罩塔盘

泡罩塔盘是最早应用于工业生产的一种塔盘，它是在塔盘板上开许多圆孔，每个孔上焊接一个短管，称为升气管，管上再罩一个"帽子"，称为泡罩（或泡帽），泡罩周围开有许多齿缝，齿缝形式有矩形、梯形（其结构如图3-77所示）。工作时，液体由上层塔盘经降液管流入塔盘，然后横向流过塔盘板，再经降液管流入下一层塔盘；气体从下层塔盘上升进入升气管，再经升气管与泡罩间的环形通道由齿缝流出，以鼓泡的形式穿过塔盘上的液层。由于升气管高出塔盘板，塔盘板上的液体不会漏入进气管，可起到自封作用，

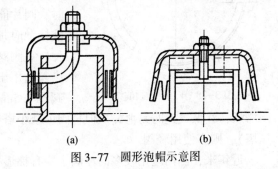

(a)　　　　　　(b)

图3-77　圆形泡帽示意图

因此，泡罩塔盘具有较大的操作弹性。另外，泡罩塔盘还具有不易堵塞、介质适应范围广、操作稳定性高等特点。泡罩塔盘的缺点是结构复杂、造价高、安装维护不便以及气相通过时压力降较大等。目前，除一些特殊场合外，泡罩塔盘已基本被其他类型的塔盘所取代。

（2）筛孔塔盘

筛孔塔盘是结构最简单的一种塔盘，它的鼓泡元件就是在塔盘板上开许多均匀分布的小孔，称为筛孔。常用筛孔直径为2~8mm。近年来，筛孔塔盘逐渐趋向于采用较大孔径的筛孔（达10~25mm），以提高筛孔塔盘的处理能力、降低塔盘的加工难度。工作时，液体由上层塔盘经降液管流下，横向流过塔盘板，再经降液管流入下一层塔盘；气体则自下而上穿过筛孔，并分散成气泡穿过塔盘上的液层进入上层塔盘。由于通过筛孔的气流可与溢流堰所维持的塔盘上的液面高度相适应，使液相不会直接由筛孔漏下，气体不会全部吹开液层直接穿空而过，保证了气液两相的良好接触。筛孔塔盘具有结构简单、压降小、处理能力大、制造维护方便等优点。筛孔塔盘的效率比泡罩塔盘高，比浮阀塔盘低。筛孔塔盘的缺点在于其操作弹性较小，不宜处理黏度大、夹带有固体颗粒的料液；另外，对于小孔径筛孔则容易堵塞。

（3）浮阀塔盘

浮阀塔盘自20世纪50年代初期开发以来，由于制造方便及其性能上的优点，在很多场合已取代了泡罩塔盘和筛板塔盘。这类塔盘在塔盘板上开有很多阀孔，每个阀孔上都安装一个能在适当范围内上下浮动的阀片。由于浮阀能够上下浮动，其与塔盘板之间的流通面积可随气体负荷的变动而自动调节，因而在较宽的气相负荷范围内均能保持稳定操作。工作时，由降液管流入的液体横向流过塔盘板，经降液管流入下一层塔盘；气体通过阀孔将浮阀向上顶起，经浮阀与塔盘板之间的环形间隙以水平方向吹入液层，并穿过液层后流向上层塔盘。浮阀塔盘具有处理能力大、操作弹性大、效率高、压降较小、结构简单、制造安装方便等优点，且没有特别明显的不足，因此得到了非常广泛的应用。

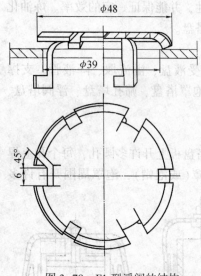

图3-78　F1型浮阀的结构

浮阀塔盘的类型很多，根据其阀片的现状可分为圆盘形浮阀、条形浮阀、矩形浮阀、梯形浮阀、椭圆形浮阀及锥心形浮阀等，其中最具代表性的是圆盘形的V-1型。我国部颁标准JB 1118-2001所规定的F1型浮阀相当于V-1型浮阀，其结构如图3-78所示。F1型浮阀的阀片与三个阀腿是整体冲制而成的，阀片周边有三个起始定距片，它能在阀片关闭时使阀片与塔盘板之间仍保留一定间隙。起始定距片使得阀片与塔盘板之间的接触面很小，可避免阀片粘在塔盘板上，因而当气量增大时，阀片能平稳地升起，阀片的周边向下有倾斜，在气液接触时加强了湍动作用。F1型浮阀分轻阀和重阀两种。重阀阀片厚2mm，重约33g，该阀关闭敏捷、泄漏少，适用于负荷变化较大或对产品要求严格的场合。轻阀厚1.5mm，重约25g，轻阀惯性小，振动频率高，关闭滞后，在低气速时易泄漏。但轻阀可减小塔板压降，当操作过程对压降有所限制时（如减压塔），则宜使用轻阀。

近年来，国内应用较多的浮阀主要有梯形导向浮阀和ADV微分浮阀等（如图3-79和图

3-80 所示），这些浮阀大多是在圆形浮阀和条形浮阀基础上的改进型浮阀。与 F1 型浮阀相比，它们均可防止浮阀旋转带来的磨损，且具有一定的流动导向性，因此具有更高的传质效率和操作稳定性。

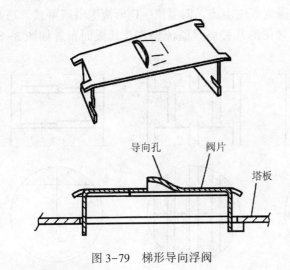

图 3-79　梯形导向浮阀　　　　　　　　　图 3-80　ADV 浮阀

（4）舌形塔盘

舌形塔盘是一种气液并流定向喷射型塔盘，它是在塔盘板上冲制许多舌形孔，舌片翘起与水平塔盘面间成一定角度（一般为 20°），结构见图 3-81（a）。工作时，液体在塔盘上的流动方向与舌片翘起方向一致，气体经舌孔由舌缝斜向喷出，气液两相并向流动，可以减少液沫夹带量，气体对液体的推动作用，可减小塔盘上的液相返混及液面落差。由此可见舌形塔盘具有压降小、处理能力大、不易堵塞、结构简单、制造安装方便等优点；但由于舌片的倾斜度是固定的，液体在塔盘上的停留时间较短，因此，舌形塔盘的操作弹性较小、效率较低。

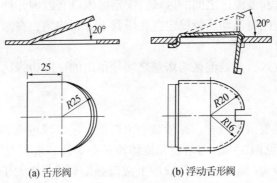

（a）舌形阀　　　　　　（b）浮动舌形阀

图 3-81　舌形阀结构示意图

浮动舌形塔盘是综合了舌形和浮阀的优点而研制出的一种塔盘，其结构见图 3-81（b），舌片倾斜度可随流量的变换自动调节。浮动舌形塔盘既具有舌形塔盘压降小、处理能力大、雾沫夹带小的优点，又有浮阀塔盘操作弹性大、效率高、稳定性好等优点，其缺点是舌片易损坏。

除以上常用塔盘外，还有其他形式的一些塔盘，如网孔塔盘、穿流式栅板塔盘、旋流塔盘、角钢塔盘、垂直筛孔塔盘等。

2) 塔盘的结构

(1) 塔盘的板面布置

溢流式塔盘的板面一般由鼓泡区、溢流区、安定区和边缘区四部分组成。根据液体在塔盘上的流动情况，塔盘可分为单溢流、双溢流、三溢流、四溢流、U形流等溢流型式。塔盘的溢流型式不同，其板面布置也不同。最常见的几种塔盘溢流型式及其板面布置如图3-82所示。

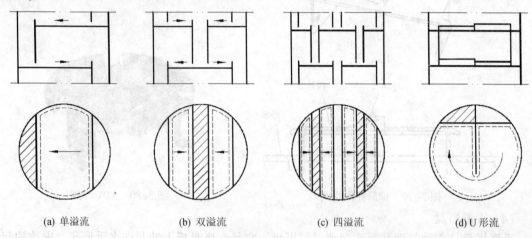

(a) 单溢流　　　　(b) 双溢流　　　　(c) 四溢流　　　　(d) U形流

图3-82　塔盘溢流型式及其板面布置示意图

鼓泡区：即图中虚线以内的区域。鼓泡元件安装在这一区域，因此是塔盘上气液接触的有效区域。

溢流区：即降液管和受液盘所占区域。降液管(图中阴影部分)是液体由上层塔盘流至下层塔盘的通道。受液盘[图3-82(a)中为与阴影部分对称的空白部分]接受来自上层塔盘的液体，并使液体均匀地进入鼓泡区。

安定区：即鼓泡区和溢流区之间的区域。安定区内没有鼓泡元件，主要对液体起缓冲作用，使液体在进入鼓泡区时流动比较稳定并在塔盘上分布均匀，在离开鼓泡区时避免液体夹带大量气泡进入降液管。

边缘区：也叫无效区，是鼓泡区与塔壁之间须留出的一圈边缘区域，以供安装支持塔盘的支承圈使用。

(2) 溢流装置

塔盘的溢流装置主要由降液管、受液盘、出口堰、进口堰组成。

塔盘的溢流型式(见图3-82)与塔径和流体流量有关。一般情况下多采用结构简单的单溢流型，通常当塔径较大(如2m以上)或堰上液流强度较大(如大于$60m^3/h \cdot m$)时宜采用双溢流型，当双溢流型不能满足要求时可采用三溢流或四溢流等溢流型式，以降低液体流动方向上的液面落差，使气液分布保持均匀。当气相负荷较大而液相负荷过小时可采用U形流。

降液管的结构分为可拆式和固定焊接式两种；按其横截面积的形状分为圆形、弓形和矩形三种。除在小塔中因焊接不便而用圆形降液管外，生产中大多采用弓形降液管。弓形降液管的降液板有垂直式和倾斜式两种型式，如图3-83所示。当降液管面积占塔截面积的12%以上时，宜采用倾斜降液板，以扩大塔盘的有效区面积。倾斜降液板的倾斜角一般为10°左右。

158

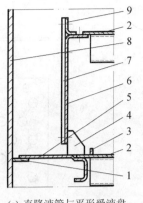
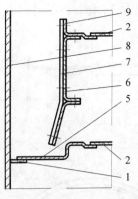

(a) 直降液管与平形受液盘　　　(b) 斜降液管与凹形受液盘

图 3-83　可拆式塔盘溢流装置示意图

1—支承圈；2—塔盘板；3—进口堰；4—支撑筋；5—受液盘；
6—降液板；7—连接板；8—塔壁；9—出口堰

受液盘是为了保证降液管出口处的液封设置的。受液盘有平形和凹形两种，如图 3-83 所示。平形受液盘制造、安装简单，适于各种物料，但液体从受液盘流向塔盘时不够平稳。凹形受液盘便于液体以侧线方式抽出，在很低液相负荷时仍可保证良好的液封，且对液体有缓冲作用，使液流能平稳进入鼓泡区。当液体通过降液管和受液盘的压力降大于 25mm 液柱时，一般应采用凹形受液盘。

溢流堰包括进口堰和出口堰。在采用平型受液盘时，为保证降液板的液封，同时使液体均匀流入鼓泡区，并减少液流水平方向的冲击，常在液流进入端设置进口堰[如图 3-83(a)所示]。为了维持塔盘上的液层高度，并使液体均匀流出，常在液流出口端设置出口堰。出口堰有平直堰和齿形堰两种，通常采用平直堰，当堰上液层高度小于 6mm 时，为了避免塔盘安装水平度不足引起的液流分布不均，出口堰应采用齿形堰。

（3）塔盘的分块与组装

塔盘的结构有整块式和分块式两种。当塔径小于 800mm 时，塔盘在塔内拆装不便，通常采用整块式塔盘，塔体则由若干塔节组成。当塔径≥800mm 时，可采用分块式塔盘，此时塔盘可通过人孔在塔内进行拆装。当塔径在 800～900mm 之间时，上述两种结构均可采用。由于整块式塔盘在炼油化工过程中很少见到，因此这里仅介绍分块式塔盘。

对于直径较大的塔，为了增加塔盘的刚性，同时考虑安装、检修、清洗的方便，一般将塔盘分成数块，通过人孔送入塔内。按照相邻两层塔盘的间距（一般为 450～800mm），在塔内壁焊有支撑塔盘的支撑圈。每块塔盘由螺栓或特制的卡子固定在支撑圈上，组装成一整块塔盘。图 3-84 是单溢流分块式塔盘的装配图，靠近塔壁的两块是弓形板，其余是矩形板。为了在塔内清洗和检修时人能够进入各层塔盘，一般将矩形板中接近中央处的一块作为内部通道板。通常塔体都设有两个以上的人孔，人可以从上面或下面进入，故通道板应是上、下均可拆的。

塔盘块应考虑结构简单，有足够的刚性，便于制造、安装、拆卸和检修。一般多采用自身梁式，有时也采用槽式结构，如图 3-85 所示。由于塔板被冲压折边，使其具有足够刚性，并可节省钢材。分块塔板的长度根据塔径大小而定，最长可达 2200mm；其宽度根据塔体人孔尺寸、塔板的结构强度及塔盘开孔的排列情况等确定，最大宽度以能通过人孔为限。

159

塔板厚度，碳钢材料为 3~4mm，不锈钢为 2~3mm。

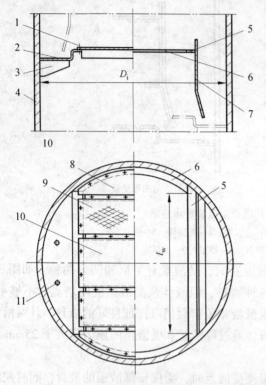 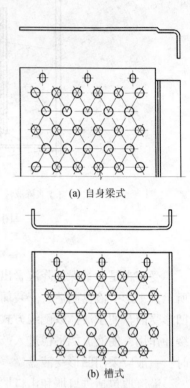

图 3-84　单溢流分块式塔盘结构　　图 3-85　分块塔盘板的结构

1—卡子；2—受液盘；3—筋板；4—塔体；5—支持板；6—支承圈；
7—降液板；8—弓形板；9—矩形板；10—通道板；11—泪孔

对于直径不大的塔（例如 φ2000mm 以下），塔盘板一般用焊在塔壁上的支撑圈支撑。支撑圈大多用扁钢制成，图 3-84 为单溢流塔盘的支撑结构。对于直径较大的塔（例如 φ2000~3000mm 以上），为增加塔盘板的刚度，防止过大的挠曲变形，就需要用支撑梁支撑，缩短分块塔板的跨度，将分块塔盘的一端支撑在支撑圈（或支撑板）上，另一端支撑在支撑梁上。

分块塔盘板之间及塔盘板与支承件之间可通过塔盘连接紧固件进行连接。根据人孔位置及检修要求，塔盘连接紧固件分为上可拆连接和上、下均可拆连接两种。目前，我国列入标准的塔盘连接紧固件有：卡子、双面可卸连接件、X1 型楔卡和 X2 型楔卡。

3.4.3　填料塔的结构

填料塔内部构件主要包括填料（规整或散堆）、液体分布器和再分布器、气液进料分布器、内件支撑结构等，如图 3-86 所示。

在填料塔体内装有很多具有一定形状的填料，以增大气、液（或液、液）两相间的接触面积和增加接触时间。填料堆放在如图所示的支承栅板上，液体由塔顶部的液体分配装置喷淋到填料上，沿填料表面及空隙间向下流动；气体自塔下部进入，穿过支撑栅板沿填料间隙上升，在填料的表面及填料间隙处，气液两相间沿塔高连续逆流接触进行传质传热。为了克服液体在下流过程中逐渐向塔壁集中对液体沿塔截面积分布均匀度的影响，每隔一定高度的填料后需设置液体再分配器。

160

与板式塔相比，填料塔具有生产能力大，分离效率高，压力降小，持液量小，操作弹性大等优点。但它也有一些不足，如填料造价较高；当液体负荷较小时填料表面不能有效润湿，使传质效率较低；不能直接用于有悬浮物或容易聚合的物料；对多侧线进料和出料等复杂精馏不如板式塔方便等。

1）填料的种类

填料的种类繁多，常用的分类方法是按填料的堆放方式，分为散堆填料和规整填料两大类。工业上对填料的基本要求包括：传质分离效率高、气液通量（即处理能力）大、压力降小、机械强度高等。

（1）散堆填料

散堆填料也称为乱堆填料，是具有一定几何形状和尺寸的颗粒体，在塔内主要以散堆的方式堆积。散堆填料从形状上主要可分为环形、鞍形、环鞍形、球形以及其他不规则形状。常见的散堆填料如图3-87所示。下面对常用的几种散堆填料的结构、特点作一简单介绍。

拉西环是开发最早的一种散堆填料。拉西环为外径和高度相等的空心圆柱体，因其形状简单，制造容易，至今仍广泛应用于工业生产中。它可用陶瓷、金属、石墨和塑料等材料制成以适应不同介质的要求。缺点是液体的沟流和壁流现象比较严重，效率随塔径与高度增加而下降较多。

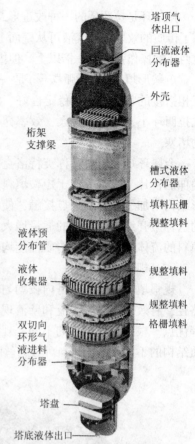

图3-86　原油蒸馏装置大型减压蒸馏填料塔示意图

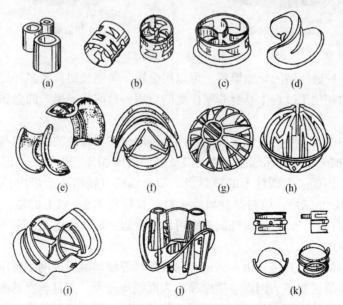

图3-87　几种典型的散装填料

（a）拉西环填料；（b）鲍尔环填料；（c）阶梯环填料；（d）鞍形填料；（e）矩鞍填料；（f）金属环矩鞍填料；
（g）多面球形填料；（h）TRI球形填料；（i）共轭环填料；（j）海尔环填料；（k）纳特环填料

161

鲍尔环是拉西环的一种改进形式，环的内表面得以充分利用，气液接触面积增大，从而提高了传质的效果。且气液可从壁面上所开的窗口进入，使流动阻力降低。鲍尔环的操作弹性比拉西环的操作弹性大2倍以上。但因开窗口削弱了机械强度，以用金属或塑料材料为宜。

矩鞍形填料（包括弧鞍形）是一种敞开形填料，由于其形状的特点，填装在塔内时处于互相搭接的状态，因而稳定性好、沟流少、表面利用率高、制造也方便。矩鞍形填料的压降比拉西环小、处理能力大，效率介于拉西环与鲍尔环之间。生产中还证明它不易被固体悬浮物堵塞。

金属环矩鞍填料又称英特洛克斯填料，它既有类似于开孔环型填料的圆环、环壁开孔和内伸的舌片，也有类似于矩鞍填料的圆弧形通道。此外，鞍形两侧的翻边与两端下侧的内齿形结构增加了填料间的点接触，使填料间的空隙增大，液体更易于汇聚和分散。环矩鞍填料的这种敞开结构使填料的通量增大、压力降减小，有利于提高填料的传质性能。金属环矩鞍填料的流体力学性能和传质性能均优于同样尺寸的鲍尔环填料。

（2）规整填料

规整填料是一种在塔内按均匀几何形状排布、整齐堆砌的填料。它规定了气液相的流通路径，有效地抑制了沟流和壁流现象，具有有效传质面积大、压力降小、传质和传热效率高等优点。根据几何形状的不同，规整填料可分为波纹填料、格栅填料、脉冲填料等；根据材质结构的不同，规整填料可分为丝网波纹填料、板波纹填料和网孔波纹填料等，见图3-88。

(a) 丝网波纹填料　　　　　　　　　(b) 板波纹填料

图3-88　规整填料

波纹填料是一种通用型的规整填料，可以用金属、陶瓷及塑料等多种材料制成，其中金属波纹填料在炼油和化工过程中具有非常广泛的应用。目前我国生产的金属波纹填料有多种规格型号。

丝网波纹填料由若干平行直立放置的波网片组成，波网片的波纹方向与塔轴线成一定的倾斜角（一般为30°或45°），相邻波网片的波纹倾斜方向相反。组装在一起的波网片周围用带状丝网圈箍住，构成一个圆柱形的填料盘。填料盘的直径略小于塔内径，每盘填料高约40~300mm。对于较小的塔，填料整盘填装；对于直径在1.5m以上的塔，采用分块形式从人孔进入塔之后再拼装。每盘填料外侧箍圈可以有翻边，以防止壁流；上下相邻两盘填料的波网片方向互成90°。

丝网波纹填料的波网片是先由不锈钢金属或塑料等细丝编织成网，再压制而成。它质地细薄、结构紧凑、组装规整，因而空隙率及比表面积均较大，而且丝网的细密网孔对液体有毛细管作用，少量液体即可在丝网表面形成均匀的液膜，因而填料的表面润湿率很高。

操作时，液体沿丝网表面以曲折路径向下流动，并均布于填料表面。气体在两网片间的交叉通道内流动，故气液两相在流动过程中不断地有规律地转向，从而获得较好的横向混和，这就使得在塔的水平截面上，在两网片之间的横向均匀性较好。又因上、下两盘填料互成90°，故每通过一盘填料，气液两相就作一次再分布，从而进一步促进了气液的均布。由于填料层内气液分布均匀，故放大效应不明显，这是波纹填料最重要的特点，也是波纹填料能用于大型填料塔的重要原因。

丝网波纹填料可用金属丝和塑料丝制成。目前使用的金属丝有不锈钢、黄铜、磷青铜、碳钢、镍、蒙乃尔合金等；塑料丝网材料有聚丙烯、聚丙烯腈、聚四氟乙烯等。

由于丝网波纹填料价格较高，容易堵塞，因此，开发出了波纹板填料。它的价格较低，刚度大，且可以用金属、陶瓷及塑料等多种材料制成。其结构与波纹填料结构相同，只是用波纹板代替波纹丝网片。根据材料不同，波纹板填料可分为金属孔板、塑料孔板和陶瓷孔板等形式。

关于各种填料的特性参数可参考化学工程手册等文献资料。

2）液体分布器

液体在填料上分布的均匀程度对填料塔的效率影响很大，液体分布越均匀，气液两相的接触就越充分，塔效率也越高。为此，填料的顶部都设有液体分布器，它能将回流、液相加料或收集的液体均匀地分布到填料表面上。液体分布器的种类很多，一般按推动力的形式可分为压力型和重力型两种。

（1）压力型液体分布器

压力型液体分布器是靠泵送压力迫使液体从分布孔或喷嘴流出，主要有多孔排管式和喷嘴式两种（见图3-89）。一般均可设计成可拆式，以便通过人孔进行安装和拆卸，具有结构简单、易于安装、占用空间小等优点。进液可有几种不同的方式：一是液体由水平主管一端引入，通过水平支管底部的小孔或喷嘴向填料层喷淋；二是由水平主管的中心侧面或垂直上方进入。前者结构简单，后者可使液体沿塔中心线对称分布。

(a) 多孔排管式液体分布器　　　　　　　　　　(b) 喷嘴式液体分布器

图3-89　压力式液体分布器

喷嘴式液体分布的喷嘴易堵塞，操作弹性小，易造成雾沫夹带；另外，从喷嘴喷出的液滴覆盖面之间相互重叠，会造成分布不均匀，因此只适用于对传质要求不高的场合。

（2）重力型液体分布器

重力型液体分布器是靠一定的液位推动液体从分布器的小孔排出来分布液体的。液位的高低取决于塔的操作弹性和塔内空间大小。其形式主要有排管式、槽式、盘式及槽盘式，下面仅介绍应用最广泛的槽式液体分布器。

槽式液体分布器是一种典型的重力型液体分布器。由于它靠槽内的液位分布液体，易于达到液体分布均匀及操作稳定等要求。槽式液体分布器可分为单级槽式、二级槽式和槽式溢流型等形式。

单级槽式液体分布器亦称通槽式分布器，如图3-90(a)所示。它的布液结构采用底部开孔式，槽间相互连通，能保持所有槽内的液位处于同一水平面，因而易于达到液体均匀分布。

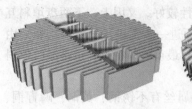

| (a) 单级槽式分布器 | (b) 二级槽式分布器 | (c) 槽式溢流型分布器 |

图 3-90　槽式液体分布器

二级槽式液体分布器的结构如图 3-90(b) 所示。它由一级槽(主槽)和二级槽(分槽)组成,主槽置于分槽之上。回流液或进料液体由置于主槽上方的进料管进入主槽中,再由主槽按比例分配到各分槽中。主槽为矩形截面的敞开式结构,其作用是将液体稳定均匀地分配到各分槽,为此,主槽底部设有液体进入各分槽的布液装置,主槽内部设有防冲和稳流装置,外部有定位和固定装置。一般情况下,直径为 2m 以下的塔可设置一个主槽,直径为 2m 以上或液量很大的塔可设 2 个或多个主槽。分槽的作用是将主槽分配的液体均匀地分布到填料的表面上。分槽的主要部件是布液结构,槽内小孔的几种排液方式如图 3-91 所示。布液结构可采用底部开孔和侧壁开孔,侧壁开孔时在侧壁外常焊有半管或设有挡板等结构,以便形成点分布或线分布。二级槽式液体分布器结构简单,布液均匀,自由截面积大,升气通道均匀,多用于直径大于 1m 的塔中。其缺点是占用塔空间大,各分槽液位不易达到完全一致。

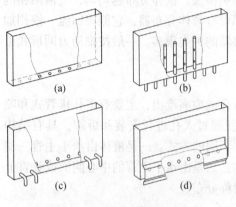

图 3-91　槽内小孔的排液方式

槽式溢流型液体分布器的结构如图 3-90(c) 所示。它的结构与槽式孔流型分布器相似,是将槽式孔流型的底孔变成侧溢流孔,溢流孔一般为倒三角形或矩形。槽式溢流型液体分布器通常适用于高液量或易被堵塞的场合。

3) 液体再分布器

填料塔在一定位置要设置进料或侧线抽出,或是填料层高度太大时由于壁流效应导致气液不良分布,使塔的分离效率下降,或者变径塔的变径段,塔填料都需要分段堆积。分段堆积的填料段之间就必须设置液(气)体再分布器(简称液体再分布器)。

液体再分布器必须兼有收集、混合和再分布流体的多种功能。因此其结构要比液体分布器复杂一些,但仅从流体分布功能而言又是相近的。故前面提到的液体分布器,只要稍加改造,几乎都可以同填料支撑板、收集器匹配成不同形式的液体再分布器。

常见的液体再分布器有盘式、槽式、管式、花式及组合式等类型。图 3-92 是带有条形升气管的孔盘型液体再分布器,其结构与孔盘型液体分布器差别不大,只是为防止液体从上段填料直接落入升气管,在其顶上设有帽盖,这除了挡液功能外还可改变气流方向,促进横向混合。

液体收集器是液体再分布器的重要构件,常见的主要有斜板式液体收集器(如图 3-93)和升气管式集液盘(如图 3-94)两种。液体收集器与液体分布器组合可成为多种形式的液体再分布器,还可实现侧线抽出或全抽出(如原油蒸馏减压塔的集油箱)。收集器收集自上一段填料层来的全部液体，汇集到中间、两侧或四周的集液槽，被收集的液体或流入设在下方的液体分布器进行再分布，或被抽出至塔外。

图 3-92 孔盘型液体再分布器

图 3-93 斜板式液体收集器

图 3-94 升气管式集液盘

4）填料支承和填料床层固定装置

（1）填料支承装置

填料支承装置安装在填料层的底部，对填料及运行时带液填料起支撑作用。填料支承装置不仅应具备足够的强度及刚度以支承填料层的重量，而且应保证足够大的自由流通截面积，以减小气液两相的流动阻力。最常用的填料支承装置有格栅式和驼峰式等。

格栅式支承的结构如图 3-95（a）所示。它是由扁钢条和扁钢圈焊接而成的，一般放置于焊接在塔壁的支承圈上，其结构简单、制造方便，多用于规整填料的支承。塔径较小时可采用整块式格栅，塔径较大时可采用分块式格栅。

驼峰式支承是由若干条驼峰支承梁（简称驼峰梁）组装而成，其结构如图 3-95（b）所示。各驼峰梁之间用定距凸台保持 10mm 的间隙供排液用，驼峰上开有长圆或条形侧孔，驼峰支承的特点是气体通量大、液体负荷高，是目前性能最优的散堆填料的支承装置，且适用于大型塔。对于直径大于 3m 的塔，中间沿与驼峰轴线的垂直方向应设工字钢梁支承以增加刚度。

（a）格栅式支承

（b）驼峰式支承

图 3-95 支承示意图

（2）填料床层固定装置

填料床层固定装置包括填料压紧器、填料床层限位器和规整填料固定装置。填料压紧器仅用于瓷质等易碎散堆填料，它直接压在填料层顶面，靠自身重量压住床层，可随床层上下移动，但不至于压碎填料。填料床层限位器用于金属和塑料制成的散堆填料床上，它固定于塔壁支承环或支耳上，以阻挡填料层向上膨胀。规整填料的固定装置一般做成栅条状，用螺栓与塔壁固定，螺栓也可用来调整其水平度。

3.4.4 塔设备附件

塔的结构除了塔盘和填料组件外，还有除沫器、人孔和手孔、接管、支座、吊柱等附件。

1) 除沫器

除沫器一般安装在塔顶，主要用于分离塔顶气体中夹带的液滴，保证塔顶馏出产品的质量。常用的除沫器主要有丝网除沫器、折流板除沫器、旋流板除沫器等。

丝网除沫器具有比表面积大、质量小、空隙大、除沫效率高、压降小、使用方便等优点，是目前应用最广泛的一种除沫器。丝网除沫器适用于清洁的气体，不宜用于液滴中含有或易析出固体物质的场合，以免液体蒸发后留下固体堵塞丝网。当雾沫中含有少量悬浮物时，应经常冲洗。

图 3-96 为丝网除沫器的结构和安装示意图。当采用上装式时应安装在塔顶部人孔以下，采用下装式时可安装在塔顶部人孔以上，与塔板之间距离要大于塔板间距。

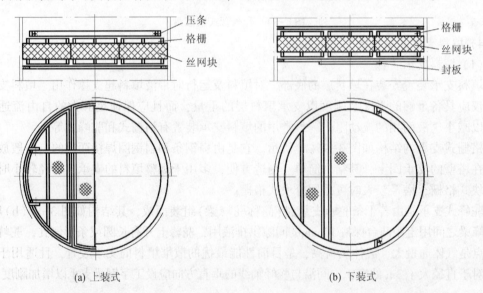

(a) 上装式 (b) 下装式

图 3-96 丝网除沫器结构示意图

2) 人孔和手孔

人孔是安装和检修时，人员和可拆式塔内件等进出塔器的通道。一般板式塔每隔 10~20 层塔盘或 5~10m 塔段设置一个人孔，填料塔每段填料的上方和下方设置人孔。此外，在塔顶、进料段及塔底处必须设置人孔。人孔直径一般应大于 450mm，以便检修人员的出入。人孔的设置可按照 HG 21514 标准进行。

手孔是手和手提灯能够伸入设备的孔口，用于不便进入或不需进入即可清理和检修的设备，也常用于直径小于 800mm 无法设置人孔的填料塔，作装卸填料之用。手孔的选用可按照 HG 21514 或 HG 21594 标准进行。

3) 接管

接管主要用作物料进出塔的的通道，进入和流出塔的物料分为液相、气相和气液混相三类。例如，塔顶回流和中段回流，汽提水蒸气，塔底气相回流以及原料等。物料不同，接管形式也不完全相同。

（1）液相进料管与回流管

当塔径≥800mm，设有人孔，人员可进塔检修时，一般采用图3-97（a）和图3-97（c）所示的结构简单的切口型和弯管形进料管和塔顶回流管。当塔径<800mm，不能设置人孔时，为便于检修，常采用带外套的可拆式进料管和塔顶回流管，其结构如图3-97（b）和图3-97（d）所示。对于腐蚀性强、易聚合的物料，应采用带外套的可拆式进料管，以便检修或更换。

对于不易起泡的进料和中段回流液，采用如图3-97所示的进口管可直接插入降液管中。对于易起泡的物料，采用上述进料管直接插入降液管可能会造成塔的液泛，因此经常采用如图3-98所示的结构作为进料管和中段回流返塔管。图3-98中的进口管应位于降液板外侧附近，管上靠近降液板一侧下方与垂线夹角约30°处开有1～2排圆形或矩形小孔，液体从小孔中喷出沿降液板流入塔板。

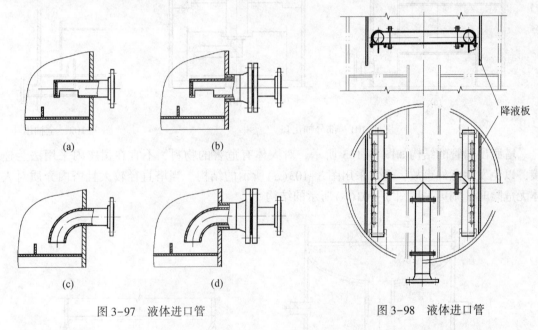

（a）　　　　　　　（b）

（c）　　　　　　　（d）

图3-97　液体进口管

降液板

图3-98　液体进口管

（2）进气管

图3-99为两种进气管的结构。图3-99（a）所示进气管结构简单，普遍用于气体分布要求不高的塔中，为避免液体淹没气体通道，进气管应安装在最高液面以上。

当塔径较大，要求进塔气体分布较均匀时，可考虑采用图3-99（b）所示的进气管结构，管上开有三排出气小孔，小孔的直径和数量由工艺条件决定。

（3）气液混合进料管

当进塔的物料为气液混相（如原油蒸馏的常压塔和减压塔）时，为提高气液分离效率，降低气体中夹带的液滴，在大型塔中常采用切向进料管。图3-100为塔内装有气液分离挡板的切向进料管结构，当气液混合物由切向进塔后，沿着上下导向挡板流动，经过旋转分离过程，液体向下，气体向上，得以分离。

（4）侧线和塔底液体出口

炼油化工过程的蒸馏塔，经常需要在某层塔板处全部或部分抽出作为侧线产品或循环回流。图 3-101 所示为单溢流和双溢流塔板上典型的部分抽出口。图 3-102 为单溢流塔板位于降液管下部的全抽出斗。双溢流塔板或填料塔的全部抽出可采用如图 3-94 所示的集油箱。

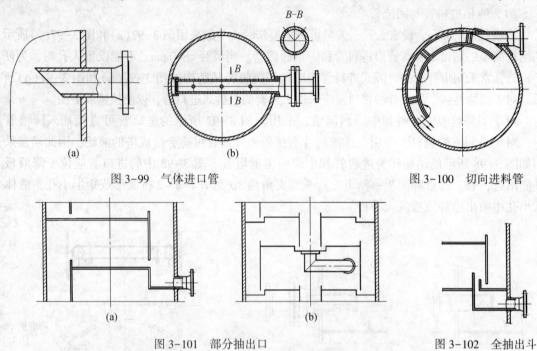

图 3-99　气体进口管　　　　　　　　　　　　图 3-100　切向进料管

图 3-101　部分抽出口　　　　　　　　　　　图 3-102　全抽出斗

塔底出料管的结构如图 3-103 所示。对人体有危害的物料,不宜在裙座内采用法兰连接,以免发生意外事故,通常采用图 3-103(a)所示的结构。当塔直径较大且塔内介质对人体无危险时,则可采用图 3-103(b)所示的结构。

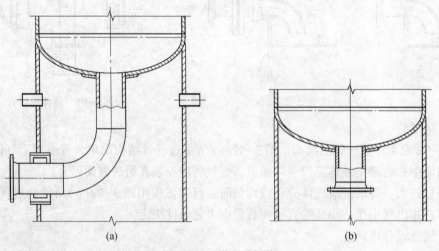

图 3-103　塔底出料管

（5）防涡器

为了使液体物料流出时不致产生涡流,将气体带进泵而使泵抽空,或为了使液面操作稳定,在许多设备底部的液体出料口都设置防涡器。图 3-104 所示为塔底常见的防涡器结构,只需焊一块板[图 3-104 中(a)和(c)]或十字架形板[图 3-104 中(b)和(d)]即可起到消除涡流的作用。其中图 3-104(a)和图 3-104(b)的出料管伸入设备内,多用于易产生沉淀的物

168

料；图 3-104(c)和图 3-104(d)的出料管与设备内壁平齐，多用于干净物料。

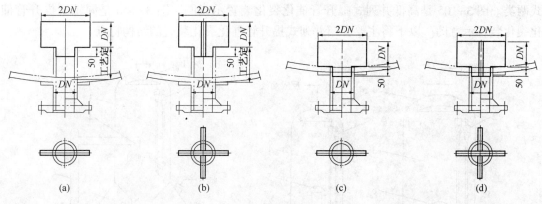

图 3-104 防涡器

4）支座

由于塔设备较高，质量较大，为保证其具有足够的强度和刚度，塔体常采用裙式支座，简称裙座。裙座由裙座筒体、基础环（或称支承板）、地脚螺栓座、人孔、排气孔、引出管通道、保温支承圈等组成。按外形的不同裙座可分为圆筒形和圆锥形两类，其结构如图 3-74 和图 3-75 所示。

5）吊柱

对于安装在室外、无框架的整体塔设备，为了安装及拆卸塔内件，更换或补充填料，一般在塔顶设置吊柱，其结构如图 3-74 和图 3-75 所示。吊柱的方位应使吊柱中心线与人孔中心线间有合适的夹角，使人能站在平台上操纵手柄，使吊柱的垂直线可以转到人孔附近，以便从人孔装入或取出塔内件。吊柱可根据起吊载荷、回转半径等按照 HG/T 21639《塔顶吊柱》标准进行选用。

3.5 反应设备

炼油化工生产是由物理加工过程和化学加工过程组成的，其中绝大部分工艺过程是依赖化学加工来实现的，如催化裂化、加氢裂化、催化重整、乙烯裂解等。化学反应是化学加工过程的核心，而化学反应是在反应设备（即反应器）内进行的，因此，反应器是许多炼油化工装置的关键设备。

反应设备的主要作用是提供反应场所，并维持一定的反应条件，使化学反应过程按预定的方向进行，以获得合格的反应产物或理想的产品分布。

反应设备可根据用途、操作方式、结构等不同进行分类。根据用途反应设备可分为催化裂化反应器、加氢裂化反应器、催化重整反应器、管式反应炉、氨合成塔、氯乙烯聚合釜等。根据操作方式反应设备可分为连续操作、间歇操作和半间歇操作反应设备等。根据结构反应设备又可分为釜式反应器、管式反应器、塔式反应器、固定床反应器、移动床反应器和流化床反应器等。

3.5.1 催化裂化的反应-再生设备

1）概述

提升管催化裂化是为适应分子筛催化剂的特点而发展起来的，提升管催化裂化的结构形式有多种，按沉降器和再生器的相对位置和结构的不同，催化裂化装置可分为并列式和同轴式两类。图 3-105 是高低并列式提升管催化裂化装置示意图，图 3-106 是同轴式提升管催化裂化装置示意图。以下将主要介绍并列式提升管催化裂化装置的结构特点。

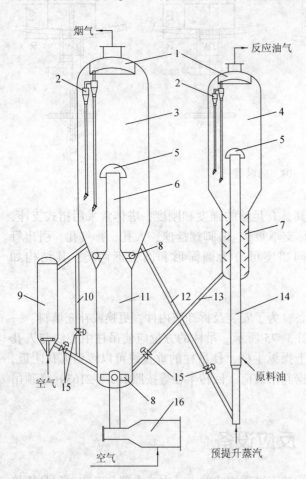

图 3-105　高低并列式提升管催化裂化装置
1—集气室；2—旋风分离器；3—再生器；4—沉降器；
5—快分器；6—稀相管；7—汽提段；8—空气分布器；
9—外取热器；10—催化剂循环管；11—烧焦罐；
12—待生斜管；13—再生斜管；14—提升管反应器；
15—单动滑阀；16—辅助燃烧室

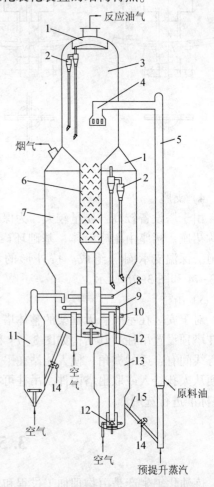

图 3-106　同轴式提升管催化裂化装置
1—集气室；2—旋风分离器；3—沉降器；
4—快分器；5—提升管；6—汽提段；7——再；
8—催化剂分布器；9—二再烟气分布器；
10—空气分布器；11—外取热器；12—塞阀；
13—二再；14—单动滑阀；15—再生斜管

（1）提升管催化裂化的原理流程简述

如图 3-105 所示，原料油从提升管底部喷入，回炼油从提升管中部喷入，高温再生催化剂经再生斜管由再生器进入提升管预提升段底部，经水蒸气提升后在提升管内与油料相互接触并立即进行催化裂化反应。与此同时，油气和催化剂一起高速向上流动通过提升管，其反应时间为 1~4s，流动速度为 9~18m/s。反应时间应严格控制，反应时间过长会使汽油、柴油等反应产品进一步发生二次裂化。为了避免产品的二次裂化，在提升管出口处安装快速分离器使催化剂和油气迅速分离。油气经沉降器上部的旋风分离器进一步分离出其中夹带的催化剂后进入分馏塔。反应以后的催化剂进入沉降器的汽提段，通过蒸汽的汽提，将催化剂上附着的油气脱除，从汽提段底部出来的待生催化剂经待生斜管送回再生器（图 3-105 是送入烧焦罐内），用空气烧去催化剂上的积炭以恢复催化剂的活性，也就是再生过程。再生后的催化剂经过再生斜管进入提升管，重新参加反应。烧炭之后的空气，也就是烟气，经再生器上部的旋风分离器进一步分离出催化剂后排出。催化剂的循环量是由两根斜管上的单动滑阀控制的，再生器的压力由其顶部的双动滑阀来控制。

（2）提升管催化裂化装置的特点

油气和催化剂在提升管内流速高，反应时间短，并要求完成全部反应，所以提升管很高，一般有几十米，而沉降器只是提供了待生催化剂沉降和容纳旋风分离器的空间。

为充分发挥分子筛催化剂的高活性特点，必须尽量降低再生催化剂的含炭量，否则分子筛催化剂的活性将由于催化剂被焦炭掩盖而降低甚至消失。为此需强化再生器的操作，一般采用提高再生温度和加压的方法，如再生温度 600~680℃，最高可达 720℃ 以上，再生压力 0.12~0.26MPa。由于再生过程中产生的烟气的压力和温度都很高，可以应用催化裂化再生烟气能量回收系统回收烟气中的能量，从而降低整个催化裂化装置的能耗。

2）反应部分结构

提升管催化裂化装置的反应部分主要由提升管反应器、沉降器壳体、汽提段、集气室和旋风分离器等构成，如图 3-105 和图 3-106 所示。

（1）提升管反应器

反应-再生系统的布置形式不同，提升管反应器的形式也不完全相同。主要有两种形式，一种是用于高低并列式装置的直立式提升管反应器，如图 3-105 所示；另一种是用于同轴式装置的折叠式提升管反应器，如图 3-106 所示。

折叠式提升管从侧面进入沉降器，在满足反应器总长度的要求下，可降低装置总高度，但反应器有水平管段，在转弯的地方磨损冲蚀较严重。因折叠式提升管从侧面进入沉降器，顶端需固定在沉降器的器壁上，其伸缩性受到限制。因此，提升管设有波形补偿器，用以吸收受热时的热膨胀。

提升管反应器形式虽有不同，但基本结构是相同的，都是由预提升段、反应段，进料喷嘴、快速分离器及辅助管线等组成，如图 3-107 所示。

预提升段在提升管的下部，再生催化剂经再生斜管进入预提升段，由预提升蒸汽使之加速向上运动，进入反应段。对直径较大的提升管反应器，预提升段可以缩径，以保持较大气速，以利催化剂的输送。预提升段的线速要求≥1.5m/s。

为避免油气和催化剂偏流，一般采用多嘴进料，使喷嘴沿提升管圆周同一水平面均匀对称布置。喷嘴与提升管中心线的夹角为30°，喷嘴出口伸入到提升管内或与内壁平齐。各喷嘴的接管也应对称布置。为实现选择性裂化，在提升管的不同高度设有两层进料口，

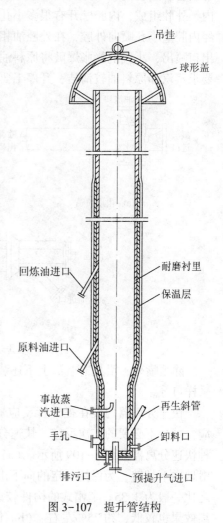

图 3-107　提升管结构

一般下层进料口设在预提升段的上方，进新鲜原料；上层进料口设在反应段中下部，进回炼油和回炼油浆，以免影响新鲜原料的裂化活性和选择性。

原料进入反应器后随着反应深度的增加油气体积逐渐增大，为防止提升管上部气速过高，提升管也可作成上、下异径，甚至可作成三段不同的直径。

提升管的直径是根据提升管中物流的线速确定的。提升管的长度按油气所需的反应时间来确定。目前常用提升管反应器的内径为 200~1400mm，长度为 25~41m。

对喷嘴的要求主要是要有良好的雾化效果，特别是渣油裂化，原料的雾化状况更为重要，常用的几种类型的雾化喷嘴如图 3-108 所示。（a）靶形喷嘴：原料油高速撞击金属靶破碎成液滴，在靶柱上形成液膜，再用高流速蒸汽掠过靶面，经锐边鸭嘴出口破坏液膜而雾化。该型喷嘴压降较大，要求原料油进喷嘴前具有较高压力（1~1.4MPa）。（b）喉管形喷嘴：利用收敛扩张喉道，提高流速，流体克服表面张力和黏度的约束，气液相速度差形成液膜，经锐边鸭嘴出口撕裂液膜而雾化。该型喷嘴是利用较高的气体速度将原料油拉成膜并雾化，因此对某一台喷嘴不管原料油负荷高低，要求雾化蒸汽量恒定（或只能在小范围内调节），否则会使雾化效果降低。该型喷嘴的特点是压降较小，雾化效果较好，结构简单，不易堵塞。喉管形喷嘴是目前工业装置应用较多的一种。（c）均匀两相流形喷嘴：该喷嘴由内、外腔组成，内腔壁开有很多小孔。原料油进入喷嘴外腔，雾化蒸汽进入喷嘴内腔。蒸汽经内腔壁小孔喷向外腔，在外腔油相中形成多个细小气泡，以均匀两相流形式流过外腔，由出口喷出，小气泡膨胀爆破将原料油雾化。该型喷嘴具有压降较小，雾化效果好等特点，但要求蒸汽和原料油较清洁，开停工要严格保护，否则容易堵塞。

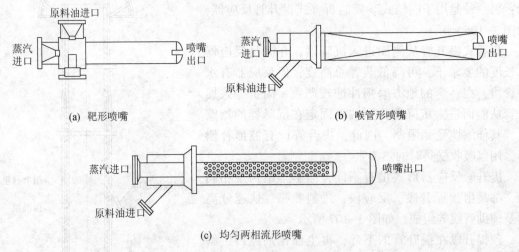

图 3-108　原料油进料喷嘴示意图

除喷嘴外，沿提升管的上下还装有人孔（小直径的可设手孔）、热电偶测温管、测压管、采样口等。

快速分离器均设在提升管反应器的出口处，可使油气与催化剂快速分离，立即终止反应，减少不必要的二次反应。快速分离器类型很多，分离效果一般为 70%~90%，常用的几种快速分离器如图 3-109 所示。（a）伞帽式快速分离器结构简单、压降小，可使气流比较平滑地向下翻转，为保持一定的向下出口速度，伞帽出口的环形截面不应过大，与提升管截面之比一般为 3.35。伞帽式的构件较大，支承较困难，对旋分器料腿的布置有一定影响，分离效果也较低，约 75%左右。（b）倒 L 形弯头式快速分离器侧面开有若干条长方形槽口，下端设有锥形防冲板，但并不封死，因气流要向下排出，所以出口不能离催化剂料面过近，一般应控制在 2~3m 以上。当提升管从侧面进入沉降器时，多采用这种形式，主要用于折叠式提升管反应器的出口，使油气和催化剂进入沉降器后经过两次 90°转向后折向下面，以减少催化剂随油气的带出量。其分离效率约为 85%。缺点是压降较大，磨损也较严重。为减小提升管在转弯处受气流的严重冲蚀，折叠式提升管都采用气垫式弯头，即在弯头上方留有一定的气相空间，当高速气流到达提升管顶端突然改变方向时，由于催化剂颗粒质量较大，所产生的惯性滞后作用，在弯头上方高度集中而形成一个催化剂垫层，可保护弯头内壁不受冲刷。(c) T 形弯头式快速分离器弯头的两端有向下的开口，气、固分离原理与倒 L 形相同，气流经过两次 90°转向后向下排出，使催化剂和油气迅速分离。另外，在 T 形弯头的顶部和两端都留有气垫空间，以防止改变流向造成冲蚀。T 形弯头多用于直立式提升管的出口。(d) 粗旋风分离器常见的有两种形式。一种是将粗旋分器的入口设置在 T 形弯头的出口附近；另一种是将沉降器一级旋分器的入口直接与提升管的出口相连接，一级旋分器的出口则与二级旋分器的入口断开。粗旋分器结构较复杂，但分离效果好。(e) 垂直齿缝式快速分离器结构简单，设置在提升管顶端的出口周边开有垂直齿缝，分离效果也较好，沉降器采用单级旋分器即可满足分离要求。

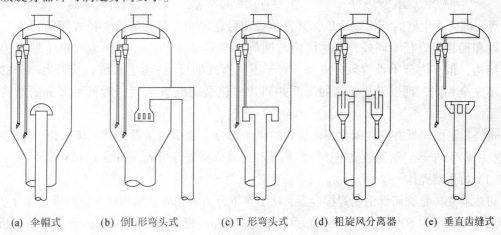

(a) 伞帽式   (b) 倒L形弯头式   (c) T 形弯头式   (d) 粗旋风分离器   (e) 垂直齿缝式

图 3-109　常用快速分离器示意图

（2）沉降器壳体

沉降器壳体为圆筒形钢制焊接容器，壳体的直径高度由工艺条件而定，一般直径在 5m 以上，高度为几十米。沉降器从上至下分为稀相段、密相段和汽提段三部分。壳体的上部焊有半球形封头，稀相段和密相段、密相段和汽提段之间用过渡锥体连接，锥顶角为 60°。

沉降器的操作温度为 480~530℃，压力为 0.1~0.2MPa，为防止催化剂对壳体的磨损及降低壁温，在密相段、稀相段及球形封头内壁衬有 100mm 厚的隔热耐磨衬里，以保证壳体的温度小于 200℃。考虑到局部过热的可能，设计壁温取 340℃。密相段、稀相段及球形封头一般用 18~20mm 厚的普通碳素钢板制造，如 Q235-A 等。汽提段内部构件较多，催化剂流速低，故不衬隔热耐磨衬里，而只在外壁保温，设计壁温取 475℃，钢材一般用 20g、12CrMo。

（3）汽提段

汽提段位于沉降器下部，内部装有 15~20 层人字挡板，挡板间距 450~600mm；或装 8~10 层环盘形挡板，挡板间距 700~800mm，挡板与水平夹角为 30~35°，每层挡板的最小

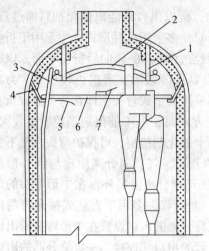

图 3-110　内集气室和防焦板示意图
1—集气室筒节；2—集气室顶盖；3—蒸汽管；
4—防焦板锥体；5—下开防爆门；
6—防焦板；7—上开防爆门

流通截面积为汽提段截面积的 43% ~ 50%。挡板之间是催化剂通道，下部挡板的下面装有蒸汽喷管，供汽提催化剂用。圆环形挡板与人字形挡板相比，其结构简单、安装工作量小、调节灵敏、操作方便。

（4）集气室

沉降器内所有二级旋风分离器出口的油气都集中于内集气室排出。内集气室位于沉降器顶部，由集气室筒节和顶盖等组成，如图 3-110 所示。内集气室的下面设有防焦板，封闭沉降器顶部，防止顶部结焦。有的沉降器不设防焦板。因集气室顶盖受力较大，一般都做成球形盖，其半径与沉降器顶部封头相同。

3）再生部分结构

催化裂化再生部分主要由再生器组成，再生器的结构形式与再生方式和再生条件有关。常用的再生器主要有圆筒再生器、变径式圆筒再生器及烧焦罐式再生器等。圆筒再生器的结构较简单，其密相段和稀相段的直径相等；变径式圆筒再生器除密相段和稀相段直径不同外，其他结构与圆筒再生器基本相同；烧焦罐式再生器也为圆筒形结构，但其内部不设旋风分离器。对于不同型式的反应-再生系统，其再生部分的结构也不完全相同，现以带烧焦罐的高低并列式催化裂化装置为例，对再生部分的结构进行介绍。

带烧焦罐的高低并列式催化裂化装置的再生部分主要由再生器壳体、烧焦罐、集气室、空气（主风）分布器、辅助燃烧室、外取热器和旋风分离器等组成，如图 3-105 所示。

（1）再生器壳体

再生器壳体是圆筒形钢制焊接容器，从上至下分为稀相段、密相段和烧焦罐三部分。再生器的操作温度为 600 ~ 720℃，压力为 0.1 ~ 0.24MPa。壳体是由 18 ~ 20mm 厚的碳素钢板制造，如 Q235-A 等。局部区域钢板厚 34mm，隔热耐磨衬里厚 20mm。

（2）烧焦罐

如图 3-105 所示，从待生斜管和循环溢流管来的催化剂在烧焦罐内下部形成密相床。空气（主风）通过分布管进入烧焦罐，烧掉大部分积炭，然后烟气和催化剂一起向上通过稀相管，在出口处由快分器将烟气和催化剂分离，分离下来的催化剂进入再生器密相床，在此进一步烧炭，然后进入再生斜管和循环溢流管。烟气则上升经再生器顶部的一、二级旋风分离器进一步分离烟气中夹带的催化剂后，进入再生器集气室中。烧焦罐的操作温度高达 700℃ 以上，外壳用 14 ~ 18mm 厚的碳素钢板（如 Q235-A）制造，封头部分厚 24mm。内衬 100mm 厚的隔热耐磨衬里。

（3）集气室

再生器的内集气室的作用和结构与沉降器的内集气室相似（如图 3-105 所示），材质为 18-8 钢。由于再生温度较高，因此，再生器的内集气室也可设置为外集气室（罐），其壳体用普通碳素钢制造，内衬 100mm 厚隔热耐磨衬里，这样不仅避免了高温下焊缝的开裂和变形，也节省了合金钢，并使得维修方便。

（4）空气分布器

空气(主风)分布器的作用是使整个床层截面积上的空气分布均匀，促进气固接触，创造良好的起始流化条件。目前，空气(主风)分布器多为管式分布器，管式分布器具有结构简单、制作检修方便、压降小、不易变形、主风分布均匀等优点。常见的管式空气分布器有同心圆型和树枝型两种类型，其结构如图 3-111 所示。

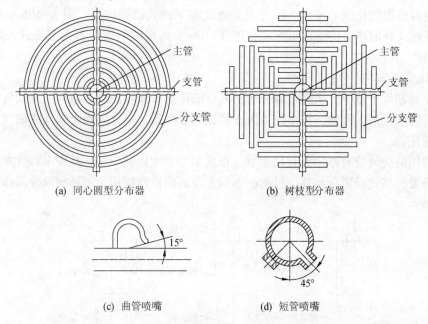

(a) 同心圆型分布器　　　　　　(b) 树枝型分布器

(c) 曲管喷嘴　　　　　(d) 短管喷嘴

图 3-111　空气(主风)分布器示意图

同心圆型分布器是在主管上端焊接数根支管，支管间焊有环向分支管。树枝型分布器也是在主管上端焊接数根支管，在支管两侧焊有垂直于支管的分支管。主管的下端与辅助燃烧室的出口管连接，在主管的顶部设有人孔，以备检修时使用。主管、支管及分支管一般用碳钢管或 Cr5Mo 合金钢管制成。

对较大直径的再生器，常在主管顶部人孔盖板上装设曲管喷嘴，以避免在盖板上形成死区。有的装置在支管的上方也装有曲管喷嘴，如图 3-111(c) 所示。在每根分支管的下方焊有许多向下倾斜 45° 的厚壁短管喷嘴，如图 3-111(d) 所示。

主风通过喷嘴以 60m/s 左右的速度向斜下方喷出，然后折返向上经管排间的缝隙进入床层。主风通过缝隙的速度控制在 0.6~1m/s 范围内较适宜，过大床层难以维持，过小催化剂容易泄漏到分布管的下方，会造成催化剂和分布管的磨损。

因分布器边缘与再生器壳体内壁之间有一环形缝隙，为避免主风沿器壁上升，一般可用齿形或环形挡板将缝隙堵死。另外，为防止分布器下方的再生器锥体部分积存催化剂，可用珍珠岩将此处填平，顶上铺一钢板，便于停工时清扫催化剂。

（5）辅助燃烧室

辅助燃烧室是用于装置开工时加热主风，提供再生器升温所需热量的设备。在正常生产两器热量平衡时，辅助燃烧室只作为主风的通道。辅助燃烧室有立式扣卧式两种类型。

辅助燃烧室由带夹套的筒体组成，内筒为燃烧室，燃料在燃烧室燃烧。主风分两路进入，一路称一次风直接进入燃烧室，另一路称二次风直接进入夹套，在夹套出口与燃烧室的高温烟气混合。这样既可冷却燃烧室的器壁，又便于控制出口的温度。

（6）外取热器

催化裂化装置在加工重质原料时，其焦炭产率较大，再生器烧焦放出的热量大于装置正常运行时反应-再生系统所需要的热量，为了保持反应-再生系统的热平衡及装置的平稳运行，需要设置取热器取走过剩（多余）的热量。目前，催化裂化装置采用的取热器多为外取热器。

外取热器根据催化剂的流向，可分为上流式和下流式两种类型。图 3-105 中所示的外取热器为下流式外取热器的结构示意图，图 3-106 中所示的外取热器为上流式外取热器的结构示意图。

4）旋风分离器

在沉降器和再生器中，虽经沉降分离，部分催化剂被回收回来，但烟气或油气中还携带有相当数量的催化剂，因此，需在设备内安装旋风分离器，以分离回收烟气或油气中所携带的这部分催化剂。

国内常用的旋风分离器主要有杜康型、布埃尔型和 PV 型三种。其中 PV 型为中国石油大学自行开发的高效旋风分离器，目前已得到了全面的推广应用。三种旋风分离器的结构如图 3-112 所示。

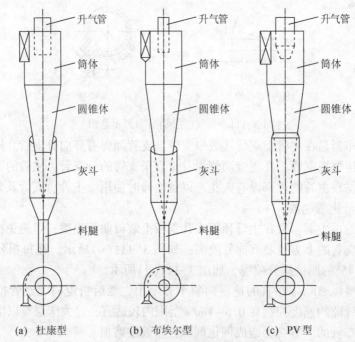

（a）杜康型　　　　　（b）布埃尔型　　　　　（c）PV 型

图 3-112　旋风分离器类型

（1）旋风分离器的结构

旋风分离器的类型很多，但基本结构都是由筒体、升气管、圆锥体、灰斗等组成。灰斗下端与料腿相连，料腿的出口设有翼阀。如图 3-105、图 3-106 及图 3-112 所示。

旋风分离器的壳体用 6mm 厚的钢板制成，用于沉降器的旋风分离器一般用碳钢制作。用于再生器的旋风分离器一般用奥氏体不锈钢制作。壳体内部敷有 20mm 厚的龟甲网耐磨衬里。

圆锥体是气固分离的主要设施，一般锥角为 25°～30°，由于圆锥体的直径不断缩小，虽因已除尘气体不断被排出，流量不断减少，但固体颗粒的旋转速度仍不断增大，对提高分离效果有利。

灰斗起膨胀室脱气的作用，使催化剂从圆锥体流出后旋转速度减慢，将夹带的大部分气体分出，重新返回锥体。灰斗中的催化剂经料腿连续排出，灰斗的长度应超过锥体延线的交点，并应有一定的余量。

料腿的作用是使回收的催化剂顺利地从灰斗流至床层。料褪紧接于灰斗之下，为一直立的长管。因气流通过旋分器时产生压降，因此，灰斗处的压力低于外部的压力。料腿底部必须采取密封措施，使料腿内保持一定的料位高度，既能保证催化剂从料腿中顺利排出，又满足了旋风分离系统压力平衡的要求，防止气流从料腿倒窜进旋风分离器。料腿的密封常采用在料腿的末端装一小段斜管和翼阀来进行密封，翼阀的结构如图3-113所示。

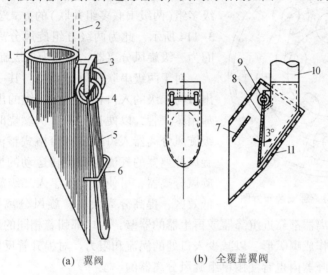

(a) 翼阀   (b) 全覆盖翼阀

图3-113　翼阀结构

1—阀体；2—旋风分离器料腿；3—支架；4—吊环；5—阀板；
6—挡杆；7—挡板，开 ϕ20孔，孔面积占25%；8—阀板；
9—吊环；10—料腿；11—覆盖罩，开 ϕ20孔，孔面积占25%

翼阀有全覆盖型和半覆盖型两种，全覆盖型是将位于料腿下端的整个斜管和翼阀都用覆盖罩包起来，以防气流和催化剂颗粒冲刷，影响阀板的严密性。全覆盖翼阀用于防护伸入到密相床层中的料腿。半覆盖翼阀只是在斜管下面加一块防护板，以减缓气流直接冲刷阀扳和斜管。防护板为一平板，与水平面夹角为30°~40°。半覆盖翼阀用于防护不伸入密相床层的料腿。

翼阀的密封作用是依靠阀板本身的重量。当料腿内的催化剂积累至一定高度时，阀板受压力作用被打开，催化剂流出后阀板又依靠本身的重量而关闭。翼阀动作灵活，阻力很小，阀板的最大开度为22°，利用翼阀上的挡杆或挡板来限制开度。阀板的关闭位置接近垂直，一般向前倾斜3°~8°，以保证关闭严密。

（2）旋风分离器的工作原理

旋风分离器工作时，含有催化剂颗粒的烟气或油气以12~25m/s的入口线速由切线方向进入旋风分离器筒体，在升气管与筒体之间形成高速旋转的外涡流，由上而下流向锥体底部。由于离心力的作用，悬浮在气流中的催化剂颗粒被甩向器壁，并随气流旋转至下方后落入灰斗内，经料腿、翼阀返回再生器或沉降器的密相床层。由于离心力的作用，在外涡流的中心形成低压区，烟气或油气受中心低压区的吸引，形成向上旋转的内涡流，最后通过升气管排出，或进入二级旋风分离器进一步分离回收催化剂。影响旋风分离器分离效率的因素主要有入口气速、旋转半径、催化剂颗粒直径、气体黏度、催化剂入口浓度等。操作良好的两级旋分器的催化剂回收率可达99.99%以上。旋风分离器在沉降器中分离油气和催化剂，在再生器中分离烟气和催化剂。旋风分离器是影响催化剂损耗的关键设备(此外催化剂损耗还与催化剂强度、操作水平等有关)，一般损耗为0.8~1.0kg/t原料油，最低0.3kg/t原料油。

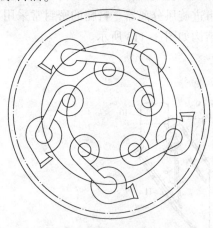

图3-114 旋风分离器安装布置图

(3) 旋风分离器的安装方式

旋风分离器位于沉降器和再生器上部，常采用两级多组(两级串联多组并联)的方式安装，其布置如图3-114所示，此为两级五组旋风分离器的布置图，外圈为一级旋风分离器，内圈为二级旋风分离器。

对于两级串联旋风分离器，其一级旋风分离器的出口与二级的入口相联，在一级的出口处装有一根冷却用蒸汽管，以便在出现二次燃烧时吹入蒸汽。在二级旋风分离器入口处装有窗格式整流器，使来自一级旋风分离器的气流克服旋转运动的惯性后，进入二级旋风分离器，可使气流不串入二级旋风分离器中心的低效区，提高分离效率。旋风分离器是对称安装的，所有的一级旋风分离器都靠近沉降器或再生器的器壁，入口都朝着相同的半径方向。一级旋风分离器的入口常作成喇叭形，以减少入口处的涡流和阻力。对提升管反应器，当采用高效快速分离器时，沉降器内也有使用单组旋风分离器的。

对于再生器，当装置使用烟气轮机回收烟气的能量时，还要设置第三级旋风分离器，使进入烟机的再生烟气中的含尘量降到0.08~0.2g/m³，以减轻对烟机透平叶片的磨损，延长烟机的使用寿命。

对常规再生器，一级旋风分离器的料腿应埋入密相床层，料腿出口可不加翼阀。当采用管式空气分布器时，一级旋风分离器的料腿底部距分布管顶的距离应在1.5m左右。因距离较大，料腿投影区内仍可照常开孔，但需在料腿出口安装防倒锥。防倒锥的直径应为料腿直径的1.5倍左右，锥顶至料腿的距离等于料腿的直径，锥角为120°~150°。燃料油喷嘴不能设在一级料腿的底部。二级旋风分离器料腿的截面积一般为一级旋风分离器料腿截面积的1/2，料腿底部翼阀应埋入密相床1~2m。

(4) 三级旋风分离器的结构

目前使用的三级旋风分离器主要是多管式旋风分离器，其结构如图3-115所示。含催化剂粉尘的烟气从中心管进入，经过筛网到达两块管板之间，然后顺轴向分别流入各个并联的分离单管(单管的个数由烟气量而定)。气流在单管内经螺旋翼片导流，产生旋转运动，使催化剂粉尘受离心力作用，被甩向外管的内壁，并通过泄料盘排出进入集沉室。净化后的烟气向上流动，经过内管汇集到顶部(集气室)，从旋风分离器排气管引出送至烟气轮机。

集沉室中含有部分烟气的催化剂由排沉管排出，再经四旋将烟气与催化剂分离，催化剂通过料腿排入收料罐，四旋出口连接临界喷嘴管线。通过四旋的烟气量由临界喷嘴喉口尺寸大小来限制，通常要求为三旋进口烟气量的3%~5%（质量），这个量被称为三旋的泄气率。

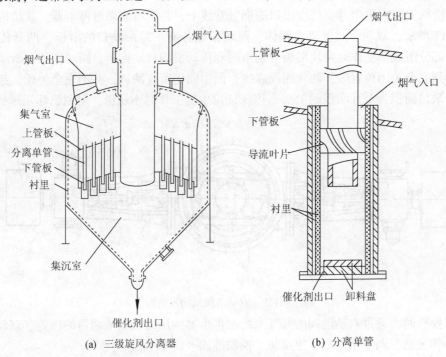

(a) 三级旋风分离器　　　　　　　(b) 分离单管

图 3-115　多管式三级旋风分离器

5）滑阀和塞阀

（1）滑阀

滑阀为催化裂化装置使用的特殊阀门，是保证反应器和再生器安全生产及催化剂正常流化输送的关键设备。滑阀有单动和双动两种类型。

① 单动滑阀

单动滑阀安装在催化剂的循环管路上，其结构如图 3-116 所示，主要由阀体、滑板、传动及自动控制等部分组成。在Ⅳ型装置正常操作时，单动滑阀不作为调节阀使用，而处于全开位置，由两器自动保护系统控制。滑阀直径与管路中的管径相同，压降和磨损都较小。当发生事故时，单动滑阀才自动关闭，切断两器之间的联系，以保障设备的安全。

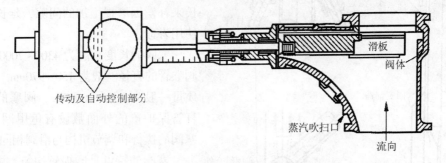

图 3-116　单动滑阀结构示意图

在提升管装置中，单动滑阀作为调节阀使用，通过调节待生滑阀和再生滑阀的开度来控制待生剂和再生剂的循环量。所以，压降和磨损都较大，正常操作时单动滑阀的开度控制在40%~60%。

② 双动滑阀

双动滑阀安装在再生器集气室出口的烟气管线上，并尽可能靠近再生器。其结构俯视图如图 3-117 所示，双动滑阀主要由阀体、两块顶端各有一弓形缺口的滑板、两套传动及自动控制等部分组成。工作时两块滑板分别由两套传动机构自动控制，同时作相对滑动。当阀杆行程走到完全关闭位置时，两块阀扳靠拢，而中间仍留有缺口，并不完全关死，起安全阀的作用。缺口面积为全开面积的 15%，以保证再生器工作时不超压，避免憋坏主风机。

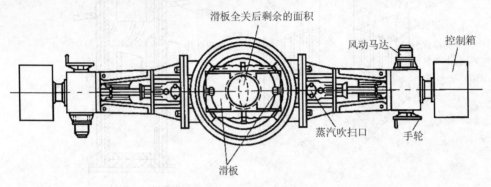

图 3-117 双动滑阀结构示意图

正常操作时，通过双动滑阀的开度来控制再生器的压力和调节两器的压差。双动滑阀的特点是操作灵敏、调节精度高、速度快、控制准确、误差小。

（2）塞阀

塞阀是同轴式催化裂化装置中使用的一种特殊阀门。用于控制催化剂的循环量。一般垂直安装在再生器的底部。另外，当一再和二再同轴时，也常常采用塞阀来控制催化剂的循环量。塞阀有空心塞阀和实心塞阀两种类型，常用塞阀的结构如图 3-118 所示。塞阀的阀座为一光滑的锥形过渡段，与阀塞同轴安装，可使催化剂均匀地流经阀塞 360° 范围的表面。塞阀表面磨损均匀，可通过杆管和阀塞垂直行程的加长来补偿因磨损增加的间隙，延长塞阀的使用寿命。

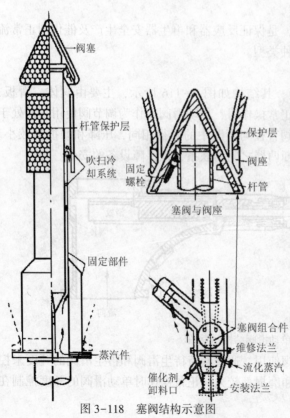

图 3-118 塞阀结构示意图

塞阀的长度一般为 4300~7000mm，塞阀喉管的直径一般为 150~970mm，塞阀的质量一般为 2000~6000kg，阀塞的外面和杆管保护罩的外面敷设有龟甲网耐磨层，塞阀的执行和调节机构与滑阀相同。

塞阀的特点是磨损较均匀，可自动补偿磨损的间隙，使用寿命较长。塞阀工作时承受高温和强磨损的部件少，安装位置较低，操作维修方便。塞阀的适应性不如滑阀，使用范围受到一定限制。

3.5.2 催化加氢反应器

催化加氢反应器是在高温(约370~450℃)、中高压(约4~16MPa)及催化剂、氢气和硫化氢气体存在的苛刻条件下工作的。另外,由于加氢过程是放热过程,特别是加氢裂化过程的反应热较大,会使床层温度升高,但又不应出现局部过热现象。因此,反应器在内部结构上应保证:气、液流体的均匀分布;及时排除过程的反应热;反应器容积的有效利用;催化剂的装卸方便;反应温度的正确指示和精密控制。

根据工艺特点,加氢反应器可分成固定床和沸腾床两种。但目前仍以采用固定床的工艺过程为多,而且几乎都是气液并流的下流式。固定床反应器主要由筒体和内部构件组成,下面只介绍固定床反应器。

1) 反应器筒体

根据介质是否直接接触金属器壁,反应器筒体分为冷壁和热壁两种结构。冷壁反应器内壁衬有隔热衬里。热壁反应器筒内没有隔热衬里,其保温层在器壁的外部,金属器壁温度接近内部物料温度,内部有防止氢及其他介质腐蚀的堆焊衬里。与冷壁结构相比,热壁结构具有以下优点:①器壁相对不易产生局部过热现象,安全性高;②反应器容积利用率高,其有效容积利用率可达80%~90%;③施工周期较短,生产维护较方便。因此,热壁反应器已逐渐取代了冷壁反应器。图3-119为热壁结构加氢裂化反应器的结构示意图。

由于加氢反应器属于中、高压厚壁压力容器,其壳体往往由圆筒形筒体和上下两个半球形封头组成。目前所用加氢反应器筒体多为单层锻焊结构,筒体筒节不存在纵向焊缝,只有环焊缝。为保证反应器的整体强度,除少数冷氢管开孔在筒体上外,工艺物料的进出口均开设在球形封头上。反应器壳体的开孔补强结构均为整体锻件补强,接管法兰密封结构均为八角垫高压密封结构。

2) 反应器内构件

加氢反应器的特点是多层绝热、中间氢冷、挥发组分携热和大量氢气循环的气-液-固三相反应器。因此,反应器内部结构应以达到气液均匀分布为主要目标。典型的反应器内构件包括:入口扩散器、气液分配盘、积垢篮筐、冷氢箱、催化剂支承梁、热电偶及出口收集器等,如图3-119所示。

(1) 入口扩散器

入口扩散器位于反应器顶部,对反应物料起

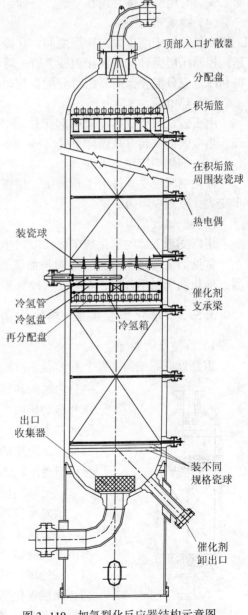

图3-119 加氢裂化反应器结构示意图

到预分配的作用，同时也可以防止物流直接冲击气液分配盘的液面。上开两个长口，物料在两个长口及水平缓冲板孔的两个环形空间中分配。

（2）气液分配盘（板）

气液分配盘使进入的物料均匀分散，与催化剂颗粒有效地接触，充分发挥催化剂的作用。气液分配盘按其作用机理大致可分为溢流型（如斜孔管）和（抽吸）喷射型（如泡帽形式）两类。不论气相、液相负荷如何变化，分配盘上的液面会自动调节，不会出现断流、液泛而影响操作。一般降液管开孔率15%，安装水平度允许误差为±5mm，压降为980~1470Pa。

（3）积垢篮

积垢篮置于催化剂床层的顶部，是由不同规格不锈钢金属丝网和骨架构成的。其作用是使反应进料携带的固体杂质能够在较大的流通面积上沉积，而不至于引起床层压降过分地增加。安装时用链条将其连在一起，并栓到上面的分配器支承梁上。

（4）冷氢箱

冷氢箱置于两个固定床层之间。在冷氢箱中打入急冷氢，以取走加氢反应所放出的反应热，控制床层温升。冷氢箱由冷氢管、冷氢盘、再分配盘组成，可使来自上一床层的反应物料和冷氢充分混合，而后由再分配盘均匀地分配到下面的催化剂床层上。

（5）热电偶

用于监视加氢放热反应引起床层温升及床层温度分布状况等，以便对操作温度进行管理。热电偶的安装有从筒体上径向插入和从反应器顶封头上垂直插入两种。

（6）催化剂床层支承件

催化剂床层支承件由T形横梁、格栅、金属网及瓷球组成。T形横梁横跨筒体，顶部逐步变尖，以减少阻力。

（7）出口收集器

用以支承下部的催化剂床层，以减小床层压降和改善反应物料的分配。

常见加氢精制反应器的结构与加氢裂化反应器相同。对于反应热较小的加氢精制反应器，催化剂床层不分层，不需注入冷氢来调节反应温度，结构更加简单。

3.5.3　催化重整反应–再生设备

1）重整反应器

重整反应器按内部壁上有无隔热衬里分为冷壁和热壁两类；按油气在反应器内的流动方

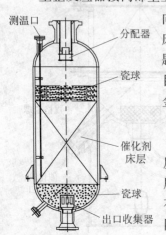

图3-120　轴向反应器

向分为轴向和径向两类；按催化剂在反应器内是否流动分为固定床和移动床两类。自20世纪80年代以后，随着抗氢钢材料来源问题的基本解决，反应器已基本不使用内衬隔热衬里的冷壁结构，目前广泛应用的是壳体直接采用能耐高温抗氢腐蚀的Cr-Mo低合金钢制造，即热壁反应器。这里仅介绍热壁反应器。

（1）轴向反应器

轴向反应器仅用于装置规模较小、装填催化剂量较少的重整反应器，属于固定床反应器。轴向反应器的内部结构如图3-120所示。反应器上端的油气入口处装有进料分配器，反应器底部装有一层瓷球，其上装填催化剂，在催化剂上方再铺一层瓷球，以防止床层催化剂受油气冲击碰撞跳动而破碎，在反应器下端的出口处装有出口收集器。油气上进下出，以轴向通过催化剂床层。

182

进料分配器和出口收集器的作用和要求与加氢反应器相同。

轴向反应器的特点是结构简单，制造方便，合金材料消耗少，价格相对较低。缺点是催化剂床层太厚，压降较大，原料和催化剂接触不太均匀，催化剂易发生局部结焦。

（2）径向反应器

径向反应器用于装置规模较大，装填催化剂量较多的重整反应器，有固定床和移动床两种。径向反应器的内部结构见图3-121，其内件有进料分配器、中心管、中心管帽罩和扇形筒。催化剂装填在中心管和扇形筒之间的环形空间，催化剂床层下面装填瓷球，床层上面装填瓷球或废催化剂，油气从上部入口经进料分配器进入，通过布置在器壁周边的扇形筒径向流过催化剂床层（图3-122），与催化剂发生反应，然后进入中心管，最后从中心管下部流出。

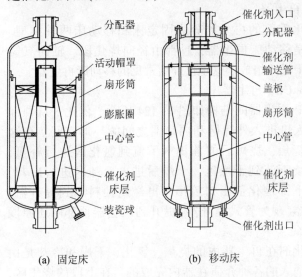

(a) 固定床 (b) 移动床

图3-121 径向反应器

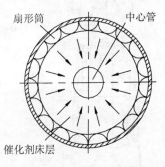

图3-122 径向反应器中油气的流动

中心管由内部圆筒、外网（外包金属丝网或焊接条缝筛网）和上下连接件（吊耳、盖板、支承座等）组成。内部圆筒起承压作用，其上开设一定面积的小孔，孔的大小、数量和布置是实现油气在催化剂床层中流动是否均匀、反应效果好坏的关键。外网的主要目的是防止催化剂从中心管流失。

扇形筒一般用1.2mm或1.5mm厚的钢板冲制而成。在与催化剂床层接触区冲有若干长13mm、宽1.0mm的长条孔作为油气进入催化剂床层的通道。为防止催化剂流入扇形筒背后，要求扇形筒背部和器壁之间要贴合好。

径向反应器的特点是床层压降小，约为轴向反应器的1/4，特别适用于双金属和多金属催化剂的重整过程，但缺点是结构复杂。

（3）连续重整反应器

连续重整均采用移动床径向反应器，有并列式和重叠式两种。

IFP重整工艺反应器采用并列式，即3~4台结构与图3-121（b）类似的移动床径向反应器并列布置。各反应器之间的催化剂靠一套专用的提升系统由前一个反应器的底部提升输送至下一个反应器顶部。UOP重整工艺则采用重叠式四合一重整反应器，其结构见图3-123。这两种反应器均设有催化剂入口、中心管、扇形筒和盖板（或外筛网和套筒）、催化剂出口。

重叠式反应器的每一台反应器内件均由一根中心管、8~15根催化剂输送管、布置在器壁的若干扇形筒和连接中心管与扇形筒的盖板组成。催化剂从还原段通过催化剂输送管进入

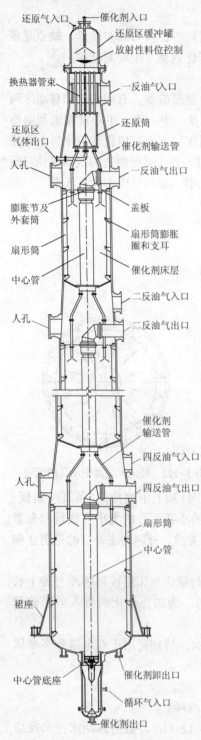

图中标注（自上而下，左侧）：
还原气入口
换热器管束
还原区气体出口
人孔
膨胀节及外套筒
扇形筒
中心管
人孔
人孔
裙座
中心管底座

图中标注（右侧）：
催化剂入口
还原区缓冲罐
放射性料位控制
一反油气入口
还原筒
催化剂输送管
一反油气出口
盖板
扇形筒膨胀圈和支耳
催化剂床层
二反油气入口
二反油气出口
催化剂输送管
四反油气入口
四反油气出口
扇形筒
中心管
催化剂卸出口
循环气入口
催化剂出口

图 3-123　重叠式反应器结构示意图

一反的中心管和扇形筒之间的催化剂床层，靠自身势能缓慢地向下流动，直至反应器底部，然后经底座上的引导口，通过催化剂输送管进入二反。照此，直至催化剂进入末反下部的催化剂收集器，最后从催化剂出口流出。油气从反应器入口进入，通过布置在器壁的扇形筒顶部 D 字形升气管均匀地流入扇形筒中，然后径向流过催化剂床层进入中心管，从反应器上部出口流出。即油气为上进上出(早期也曾采用过上进下出)，这更有利于油气在床层中的均匀分配。

2) 再生器

催化重整的再生器分为固定床和移动床两种类型。常见的是移动床再生器，且都由径向烧焦段、轴向氧氯化段和干燥段组成。这里仅介绍常见的移动床再生器。

(1) UOP 再生器

UOP 再生器的结构如图 3-124 所示。催化剂从顶部催化剂入口进入外筛网和内筛网之间的环形空间，在这里进行烧焦，烧焦后的催化剂下流到氯化区进行补氯，然后继续下流到干燥区，干燥后进入冷却区进行冷却，最后从下部催化剂出口流出，再经闭锁料斗到提升器，由提升器(现为管式提升器)提升到反应器顶部的还原段进行还原。

催化剂在再生器内的烧焦、氯化、干燥和冷却是由从外部通入的各种介质在器内完成的。在上段的烧焦区，从烧焦区入口通入含有少量空气的高温氮气，绕过设置在入口处的弧形挡板，从四周均匀地径向进入催化剂床层，烧去催化剂上的积炭，燃烧之后的气体进入内网并向上流动，从顶部烧焦区出口流出。下部再加热区入口引入含有较多空气的高温氮气，进一步烧去从上部下来的催化剂上的积炭。四氯乙烷气体从氯化区入口进入外套管与器壁之间的环形空间，向上流动，然后翻转向下进入内外套筒之间的环形空间，再翻转向上与催化剂逆流接触，完成催化剂的氧氯化。干燥气体从干燥区入口进入套筒与器壁之间的环形空间，先向下流，然后翻转向上与催化剂逆流接触，完成催化剂干燥。冷却气体从冷却区入口进入套筒与器壁之间的环形空间，也是先向下流，然后翻转向上与催化剂逆流接触，完成催化剂冷却。

烧焦区内件主要由内外两层圆筒形焊接条缝筛网构成，筛网缝隙(开孔)均匀、表面光滑，实现催化剂的流动畅通、烧焦均匀。氯化、干燥和冷却各区的内件主要是以锥形圆筒构成，气流在向上流动与催化剂逆流接触过程中实现氯化、干燥和冷却。

（2）IFP 再生器

IFP 再生器的结构如图 3-125 所示。催化剂从顶部催化剂入口进入缓冲区，然后经催化剂输送管进入中心管和外筛网之间的环形空间，再经催化剂输送管下流到第二个中心管和外筛网之间的环形空间，之后再从催化剂输送管继续下流到第一个轴向床层，又经催化剂输送管流到第二个轴向床层，最后催化剂从催化剂出口管进入下部料斗。

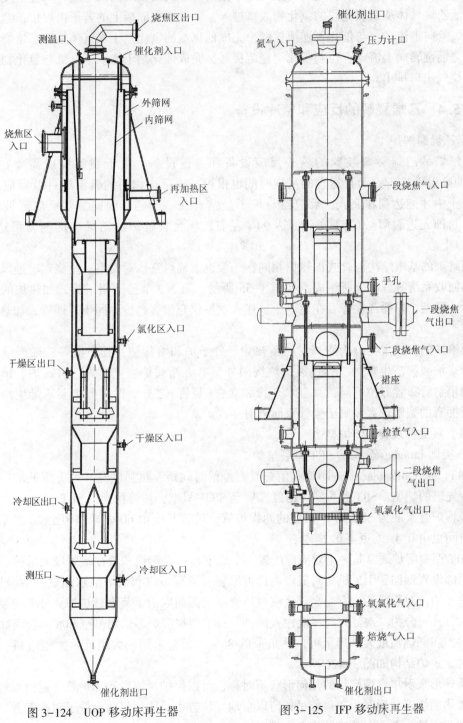

图 3-124　UOP 移动床再生器　　　　图 3-125　IFP 移动床再生器

烧焦区内件有两段，每段均是由外筛网和中心管构成的径向流动床层，在主烧焦区从再生气入口通入含有少量空气的高温再生气，进入两隔板之间的空间，下流到外筛网与器壁之间，径向进入催化剂床层，烧去催化剂上的积炭，燃烧之后的再生气进入中心管继续向下流动，与从空气入口来的补充空气混合，又进入下一个外筛网与器壁之间的空间，再径向进入催化剂床层，完成最终烧焦，之后再生气体下流到下部两隔板之间的空间，从再生气出口流出。四氯乙烷气体从氧氯化段的氯化物入口进入，经设置在隔板上的若干由焊接条缝筛网制成的升气管向上流动，与催化剂逆流接触，完成催化剂的氯化。干燥气体从下部焙烧气入口进入，之后翻转向上流动，也与催化剂逆流接触，完成催化剂干燥。干燥气与氯化物混合一起从焙烧气出口排出。

3.5.4 乙烯裂解的反应和急冷设备

1) 乙烯裂解炉

裂解炉是乙烯裂解装置的核心反应设备和关键设备。由于裂解反应需要在 800~900℃ 的高温下进行，而且适宜的反应时间也很短，故反应物料的升温条件及反应过程只有在炉子中才能达到和完成，反应器与炉子是结合在一起的，因而裂解反应器被称为裂解炉。目前先进裂解炉的热效率可达 94% 左右，单台裂解炉的乙烯生产能力可达 10 万吨/年以上。

裂解炉的基本结构与管式加热炉相同，一般也由辐射室、对流室、燃烧器、通风系统以及余热回收系统等五部分所组成，如图 3-55 所示。第 3.3 节已介绍了管式加热炉的主要技术指标、炉型、主要部件等，在此不予赘述。这里仅介绍裂解炉不同于普通管式加热炉的相关内容。

裂解炉的型式主要分为管式炉、蓄热炉、砂子炉和熔盐炉，其中世界乙烯产量的 99% 是由管式炉裂解法生产的。管式裂解炉按照外型有方箱式炉、立式炉、门式炉、梯台式炉等，因辐射管布置方位不同，又有水平管和立管（竖管）之分。世界上主要乙烯生产国家和公司所拥有的裂解炉大多属于竖管双面辐射立式炉。

（1）典型管式裂解炉炉型

① 美国 Lummus 公司的 SRT 型裂解炉

SRT(Short Residence Time)型裂解炉具有停留时间短、热强度高、烃分压低的特点，是一种较先进的炉型。SRT 型裂解炉已经发展至 SRT-Ⅵ型，炉管构型由 SRT-Ⅰ、Ⅱ、Ⅲ、Ⅳ型的多程炉管发展为 SRT-Ⅴ、Ⅵ型的两程炉管，炉管长度由 60 多米缩短至 20 多米，相应停留时间也由 0.4s 缩短至 0.2s 左右。

SRT 型裂解炉通常是一个对流段配置一个辐射段，对流段布置在辐射段上部的一侧，对流段顶部设置烟囱和引风机。对流段内设置原料、稀释蒸汽和锅炉给水预热管束。从 SRT-Ⅳ型炉开始，对流段还设有超高压蒸汽过热管束，因而取消了蒸汽过热炉。SRT 型裂解炉蒸汽注入方式可分为一次注入与二次注入两种。SRT 型裂解炉多采用侧壁和底部烧嘴联合供热的方案，底部烧嘴最大供热量可占热负荷的 85%。通常采用四大组或六大组进料。竖管双面辐射立式炉结构如图 3-126 所示。

从外形来看单台裂解炉的几何形状不对称，可以保护对流段底部炉管，避免辐射与对流双重传热而烧毁，同时为辐射管吊架留以余地。装置中，往往每两台炉子对称安置，构成一台门型双室炉，两个对流室共用一个烟囱。

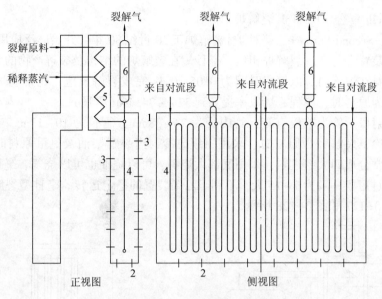

图 3-126　SRT-Ⅰ型竖管裂解炉示意图

1—炉体；2—油气联合烧嘴；3—气体无焰烧嘴；4—辐射段炉管；5—对流段炉管；6—急冷锅炉

　　对流段炉管呈水平放置，辐射段炉管呈竖直放置，辐射管移至炉膛中央，单排排列，双面受辐射传热。裂解炉可以混烧气体燃料与液体燃料，二者比例视燃料平衡而定。

　　SRT 型裂解炉的炉管构型及特点见表 3-15 所示。

表 3-15　SRT 型炉管排布及工艺参数

炉　型	SRT-Ⅰ	SRT-Ⅱ（HC）[2]	SRT-Ⅲ	SRT-Ⅳ
炉管排布形式	1P[1]　　8~10P	1P　2P　3~6P	1P　2P　3P　4P	1P　2P　3~4P
炉管内径（外径）/mm	1/7	1P：89（63） 2P：114（95） 3~6P：168（152）	1P：89（64） 2P：114（89） 3~4P：178（146）	1P：70 2P：103 3~4P：89
炉管长度/（m/组）	73.2	60.6	48.8	38.9
炉管材质	HK-40	HK-40	HK-40，HP-40	HP-40
适用原料	乙烷-石脑油	乙烷-轻柴油	乙烷-减压柴油	轻柴油
管壁温度（初期~末期）/℃	945~1040	980~1040	1015~1100	约 1115
每台炉管组数	4	4	4	4
对流段换热管组数	3	3	3	3
停留时间/s	0.6~0.7	0.475	0.431~0.37	0.35
乙烯收率/%（质量）	27（石脑油）	23（轻柴油）	23.25~24.5（轻柴油）	27.5~28（轻柴油）
炉子热效率/%	87	87~91	92~93.3	93.5~94

　　注：① P，程，炉管内物料走向，一个方向为 1 程。如 3P，指第 3 程。② HC，代表高生产能力炉。

187

② 美国 Kellogg 公司的 MSF 裂解炉

MSF(Milli-Second Furnace，毫秒炉)裂解炉于 20 世纪 80 年代开始广泛应用于 Kellogg 公司设计的乙烯装置。与常规裂解炉相比，毫秒炉在裂解炉的结构及裂解产物的分布方面有较大的不同。物料在炉管内，以停留时间为 0.05～0.1s 完成裂解反应，比常规炉裂解快 2～6 倍，以石脑油为原料时，单程乙烯收率提高到 32%～34.4%(质量)。

毫秒炉辐射段炉管为单程直管，管内径为 24～38mm，管长为 10～13m。当裂解石脑油时采用二级急冷，裂解轻烃原料时，采用三级急冷，当裂解柴油及更重原料时采用一级急冷。毫秒炉通常分成四大组进料，采用底部大烧嘴，可以烧油也可以烧气。毫秒炉最大的缺陷是清焦周期过短，一般为 7～15 天，不利于乙烯装置的稳定运转。毫秒型裂解炉及其炉管组示意图如图 3-127 和图 3-128 所示。

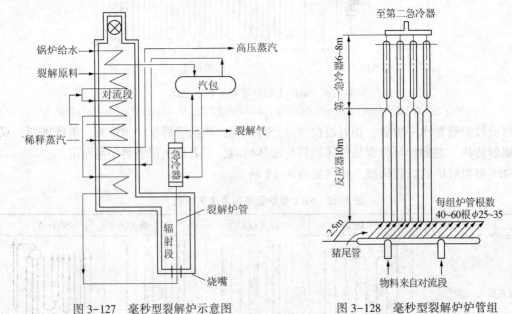

图 3-127　毫秒型裂解炉示意图　　　　　图 3-128　毫秒型裂解炉炉管组

③ 美国斯通-韦伯斯特(Stone & Webster)公司的 USC 裂解炉

USC(Ultra-Selectivity Cracking，超选择性裂解炉)裂解炉为单排双辐射立管式裂解炉，辐射盘管为 M 型、W 型或 U 型。由于采用较小管径，因而单台裂解炉管盘数较多(12～192 组)。每两组或四组辐射盘管配一台一级急冷锅炉，多台一级急冷锅炉出口裂解气再汇总进入一台二级急冷锅炉。对流段设置与 SRT 型炉类似，对于轻质原料通常采用一次蒸汽(经过过热)注入方式，而对于重质原料则采用二次蒸汽(均经过过热)注入方式。

(2) 炉管排布与炉管构型

以下是有关炉管排布的几个基本概念。

组(Cell or coil)：指一个独立的反应管系统，有自身的物料出口和入口。

路(Path)：亦称列或股，一组炉管内，平行流动的管路叫做路。

程(Pass)：一组炉管内物料按一个方向流动的管路叫做程，改为另一个方向就是另一程。

工业装置上主要采用的辐射段炉管构型主要有四种：

① 不分支等径管　如鲁姆斯公司的 SRT-Ⅰ型炉与法国的 IFP 梯台炉，这种炉的停留时间较长(0.5s 以上)，压降大，目前还广泛应用于轻烃的裂解。

188

② 分支变径管　SRT-Ⅱ、Ⅲ、Ⅳ、Ⅴ、Ⅵ型炉和 KTI 公司的 GK-Ⅱ、Ⅲ、Ⅴ型炉管为具有代表型的分支变径管。该炉型的特点是入口端采用多根(2~10)小直径管，而后逐程放大管径并减少管数，至出口变成1~2根大直径炉管。此种炉管约有2~6程，长度约为20~60m，停留时间约为0.2~0.46s，压降约为0.025~0.1MPa。

③ 不分支变径管　斯通-韦伯斯特公司开发的 USC 炉为典型的不分支变径管。此种炉管管径逐渐放大，但每程的管数不变。这种炉管管径较上述两种炉管小，处理能力也低，停留时间约为0.15~0.3s。

④ 单程小直径管　毫秒炉管采用多根并行的小直径炉管，它是由凯洛格公司开发的。这种炉管管长只有12m，管径约为25~38mm，停留时间在0.1s以下，每根炉管的处理能力很低，而且炉管小对结焦敏感，较短时间就要清焦一次。

2) 急冷锅炉

裂解工艺要求在很短时间内将高温的裂解产物迅速降至低温，这称为"急冷"。直接急冷可在百万分之一秒内下降100℃，间接急冷可在百万分之一秒内下降1℃。

急冷锅炉主要用于回收高位能热量，产生超高压蒸汽。

目前世界上所采用的急冷锅炉形式较多，主要有 Schmidt 型、Borsig 型、M-TLX 型、USX 型等四种。

(1) Schmidt 型

Schmidt 型(斯密特型)急冷锅炉的最大特点是双套管结构，是用椭圆管做成一个耐压管板，上面焊有内外套管，内管走裂解气，环隙走高压水。这种用椭圆管代替厚管板，有一定优越性，再加上椭圆管本身有一定的弹性，刚度较好，所以可以吸收一部分由于内外管温度不一致而造成的温差压力。这种型式结构简单，制造不太复杂，操作比较稳定，因此应用较多。斯密特型急冷锅炉的结构如图3-129所示。

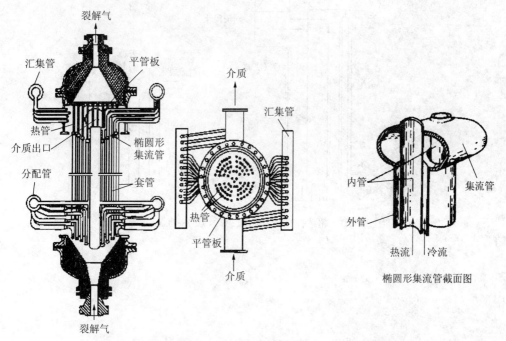

图3-129　斯密特型(Schmidt)双套管式急冷锅炉结构示意图

189

（2）Borsig 型

Borsig 型（薄管板型）急冷锅炉的结构与一般管式换热器相似，由管板、壳体、换热管、薄管板等组成，其特点是高温裂解气进口处的管板被设计成薄而断面系数较大的栅板，管板厚度只有 15~20mm。薄管板结构避免了厚管板在高温高压下容易造成管子和管板结合处损坏的问题，但制造难度比较大。裂解气出口处仍采用一般厚管板，壳体需承受高压，因此制造成本较高。

（3）M-TLX 型

M-TLX 型（三菱型）急冷锅炉是在双套管的基础上由三菱重工和三菱油化联合开发的。它是一个立式管壳式换热器，由壳体、汽包螺旋状冷却管、双套管和气体进出口通道所组成的。由于冷却高温裂解气的内管是通过套管穿入和穿出高压汽包筒体，避免了高温裂解气冷却管与厚壁筒体连接处容易因过热而损坏的问题。同时由于内管在汽包筒内呈螺旋形排列，所以能吸收相当大的温差应力，这就能在裂解炉烧焦的同时进行急冷锅炉的烧焦。

（4）USX 型

USX 型急冷锅炉是美国斯通-韦伯斯特公司针对 USX 型裂解炉的特点开发的两段急冷锅炉，第一段为一立式双套管急冷器（称 USX），第二段为一卧式列管换热器（称为 TLX）。采用两级急冷锅炉是为了解决辐射管的短停留时间与裂解气在急冷锅炉入口处停留时间长的矛盾，采用后可大大缩短裂解气在高温区的停留时间，减少二次反应，改善裂解选择性。一般用一级急冷锅炉将裂解气冷却至 600~650℃ 左右，再送入二级急冷锅炉冷却至需要的温度。

USX 型和 TLX 型急冷锅炉示意图如图 3-130 所示。

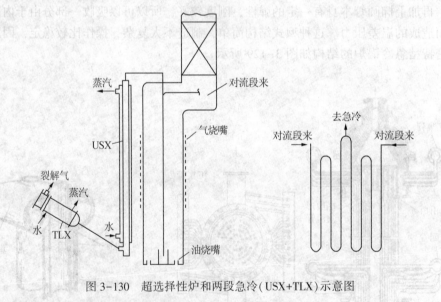

图 3-130　超选择性炉和两段急冷（USX+TLX）示意图

4 自动化与仪表基础知识

4.1 自动化基础知识

现代炼油化工行业的一个重要特点是装置大型化、生产连续化和高度自动化。自动化是大规模工业生产装置安全操作、平稳运行、提高效率的基本条件和重要保证。自动化程度越高，这种依从关系就越紧密。

4.1.1 自动化相关术语

（1）被控对象 是被控制的工艺设备、机器或者生产过程。

（2）被控变量 是表征工艺设备、机器或者生产过程运行是否正常而需要加以控制的物理量。过程控制系统中被控变量常有温度、压力、流量、液位、成分等。

（3）扰动 在生产过程中，凡是影响被控变量的各种因素都是扰动，又称干扰。

（4）操纵变量 受控制装置（控制器）操纵，能使被控变量保持在设定值而具体实施的物理量称为操纵变量，又称控制变量。

（5）测量变送器 如果发现扰动对被控变量有影响，观察被控变量是否维持在预定的设定范围内，这就需要利用测量元件对被控变量进行测量，并转换成一定的标准统一信号输出。

（6）测量值 就是测量变送器的输出信号，必须是标准统一信号。

（7）给定值（设定值） 是一个与被控变量希望值相对应的信号值，与测量值类型相同，都是电流或电压信号。

（8）偏差值 在过程控制系统中，规定偏差值是给定值与测量值的差，即偏差值=给定值-测量值。但在仪表制造厂中习惯取测量值与给定值的差，即偏差值=测量值-给定值。两者的符号相反。

（9）定值控制系统 过程控制系统的给定值恒定不变。工艺生产中要求控制系统的被控变量保持在一个标准不变，这个标准值就是给定值（或希望值）。

（10）随动控制系统 随动控制系统也称为跟踪控制系统。系统的给定值无规律随时间发生变化。控制系统的任务是使被控变量尽快地、准确地跟踪给定值变化。

4.1.2 自动控制系统的工作原理、组成及分类

所谓自动控制是指机器在无人操作的情况下能够按照人所指定的目标自动地启动、运转或停止。在炼油化工生产中，自动化一般包含多个自动控制系统，以实现对生产相关量的控制。这些参数包括温度、压力、流量、液位等。只有这些被控量在所要求范围时，生产才能正常进行。

图4-1是工厂里常见的生产蒸汽的锅炉设备的自动控制原理示意图。自动控制就是采

用自动控制装置，包括液位检测仪表（相当于人眼睛观察）、控制器（相当于人脑判断运算）、执行器（控制阀，相当于人手实际操作），实现对生产过程的控制，使生产能够按照人预定的规律方式自动运行，并且能够克服干扰因素对系统输出的影响，减小或消除系统实际输出值与希望输出值的偏差。

通过分析锅炉汽包水位控制可以看出，自动控制的目的是取代人的感知、分析、动作器官以实现控制的自动化。为了完成人的眼、脑、手三个器官的任务，自动化系统一般至少包含三个部分，分别用来模拟人的眼、脑和手的功能。自动化装置的三个部分分别是：

（1）测量元件与变送器　它的功能是测量液位并将液位的高低转化为一种特定的、统一的输出信号（如气压信号或电压、电流信号等）；

（2）自动控制器　它接受变送器送来的信号，与工艺需要保持的液位高度相比较得出偏差，并按某种运算规律算出结果，然后将此结果用特定信号（气压或电流）发送出去；

（3）执行器　通常指控制阀，它与普通阀门的功能一样，只不过它能自动的根据控制器送来的信号值来改变阀门的开启度。

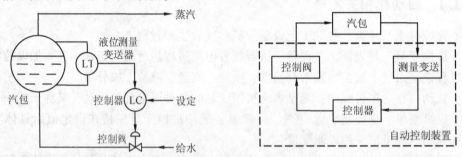

图 4-1　锅炉汽包水位控制示意图

在整个控制过程中，不可忽略的问题是信号在传递过程中必须做到各个部分彼此认可，能够识别。为此一般都采用统一的标准信号。工业仪表间的标准统一信号：气动仪表为20～100kPa，电动 II 型仪表为 0～10mA DC，电动 III 型仪表为 4～20mA DC 或 1～5V DC，计算机控制系统（PLC，DCS）为 4～20mA DC。

为了能更清楚地表示出一个自动控制系统中各个组成部分之间的相互影响和信号联系，一般都用方块图来表示控制系统的组成。图 4-2 为简单控制系统的方块图。其中组成系统的每一个部分都称为"环节"。两个方块之间用一条带有箭头的线条表示其信号的相互关系，箭头指向方块表示为这个环节的输入，箭头离开方向表示为这个环节的输出。线旁的字母表示互相间的作用信号。

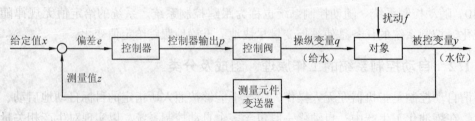

图 4-2　自动控制系统方块图

必须指出，方块图中的每一个方块都代表一个具体的装置。方块与方块之间的连接线，只是代表方块之间的信号联系，并不代表方块之间的物料联系。方块之间连接线的箭头也只是代表信号作用的方向，与工艺流程图上的物料线是不同的。工艺流程图上的物料线是代表物料从一个设备进入另一个设备，而方块图上的线条及箭头方向有时并不与流体流向相一致。

自动控制系统可分为两大类，即开环系统和闭环系统。

（1）开环控制系统

控制系统的输出信号（被控变量）不反馈到系统的输入端，因而也不对控制作用产生影响的系统，称为开环控制系统。

（2）闭环控制系统

从图4-2的方块图可以看出，系统的输出（被控变量）通过测量的变送环节，又返回到系统的输入端，与给定信号比较，以偏差的形式进入调节器，对系统起控制作用，整个系统构成了一个封闭的反馈回路，这种控制系统被称为闭环控制系统，或称反馈控制系统。

闭环系统的反馈信号取负值属于负反馈，取正值属于正反馈。过程控制系统一般取负值。闭环系统采用负反馈，可使系统的输出信号受到外界干扰和内部参数变化而发生的变化小，具有一定的抑制扰动，提高控制精度的特点。闭环系统中只要被控变量的实际值偏离给定值，系统会自动产生控制作用减少偏差。因此，闭环系统具有控制精度高、抗干扰能力强的突出优点。但是，如果控制元件的参数配置不当，容易引起系统振荡和不稳定。

4.1.3　自动控制系统的规律

（1）闭环控制系统的过渡过程

一个处于平衡状态的自动控制系统在受到扰动作用后，被控变量发生变化；与此同时，控制系统的控制作用将被控变量重新稳定下来，并力图使其回到设定值或设定值附近。一个控制系统在外界干扰或给定干扰作用下，从原有稳定状态过渡到新的稳定状态的整个过程，称为控制系统的过渡过程。控制系统的过渡过程是衡量控制系统品质优劣的重要依据。

（2）过渡过程的质量指标

过渡过程的质量指标包括：①衰减比；②余差；③最大偏差；④过渡过程时间；⑤振荡周期等。

（3）控制系统的控制规律

控制系统的控制规律是指控制器的输出 p 与输入偏差 e 之间的关系。常规控制装置一般采用比例（P）、积分（I）和微分（D）三种规律，在使用时可以合理选择。常用的控制规律有P、PI、PD、PID四种控制规律。在有些控制要求不高的情况下，有时也采用双位控制规律。

4.1.4　常用的自动化控制方案

（1）单回路定值控制　只有一个被控变量的简单控制回路，只能完成定值控制，功能单一，对滞后大、干扰多的对象，控制品质较差。

（2）串级控制　两个控制器相串联，主控制器的输出作为副控制器的给定，适用于滞后较大的对象，如加热炉的温度控制等。

（3）比值控制　控制两个或两个以上的物料流量保持一定的比值关系。

（4）均匀控制　控制两个有关的变量，使它们都呈缓慢的变化，以缓和供求矛盾并使后续设备的操作较为平稳。如精馏塔的液位和塔底出料流量控制。

（5）分程控制　由一个控制器去控制两个或两个以上的控制阀，可应用于一个被控变量需要两个或两个以上的操纵变量来分阶段进行控制或者操纵变量需要大幅度改变的场合。

（6）自动选择控制　控制器的测量值可以根据工艺的要求自动选择一个最高值、最低值或者可靠值，也可以根据工艺的工况来自动选择预先设计好的几种控制方案。

（7）前馈控制　控制器根据干扰的大小，不等被控变量发生变化(比干扰变量的时间滞后)，根据提前测得的干扰变量，提前直接进行校正控制，常与反馈控制结合在一起，以提前消除影响最大的干扰。

除此之外还有其他控制方案，如非线性控制、采样控制、模糊控制、解耦控制等。

4.2　仪表基础知识

要实现生产装置的过程自动化，不仅要考虑合理的控制方案，还要选择正确的测量方法，根据工况条件及工艺数据，正确选择自动化仪表。目前，世界已进入信息化时代，工业自动化仪表已从模拟仪表技术真正步入数字化和智能化技术领域。

4.2.1　仪表的性能指标

（1）精确度　测量值与实际值的差异程度，表示测量误差的大小，用引用误差表示，即：

$$精确度(引用误差)=(测量值-实际值)\div(标尺上限-标尺上限)\times100\%$$

仪表精确度不仅和绝对误差有关，而且和仪表的测量范围有关。绝对误差大，仪表精确度就低。如绝对误差相同的两台仪表，其测量范围不用，那么测量范围大的仪表仪表精确度就高。精确度是仪表很重要的一个质量指标，常用精度等级来规范和表示。精度等级就是最大引用误差去掉正负号和%。根据国家标准 GB/T 13283—2008，统一规定划分的精度等级有 0.01、0.02、0.05、0.1、0.2、0.5、1.0、1.5、2.5、4.0、5.0 等。仪表精度等级一般都标志在仪表标尺或标牌上，如 ◇0.5◇、 ⓪.5、 0.5 等，数字越小，说明仪表精确度越高。

（2）灵敏度　灵敏度是指仪表对被测变量变化的灵敏程度，或者说是对被测的量变化的反应能力，是仪表稳态下输出变化增量对输入变化增量的比值，即：

$$灵敏度=(指针指示值变化-被测参数变化)$$

（3）线性度　线性度又称非线性误差，对于理论上具有线性特性的仪表，实际的输入输出特性曲线对理论线性特性的偏离程度。设计者和使用者总是希望非线性误差越小越好，也即希望仪表的静态特性接近于直线，这是因为线性仪表的刻度是均匀的，容易标定，也不容易引起读数误差。现在多采用计算机来纠正检测系统的非线性误差。

$$线性度=实际值与理论值的最大绝对误差值\div(标尺上限-标尺上限)\times100\%$$

（4）重复性　仪表的重复性又称变差(回差)，仪表正向(上升)特性与反向(下降)特性差异程度。在机械结构的检测仪表中，由于运动部件的摩擦、弹性元件的滞后效应和动态滞后时间的影响，测量结果会出现变差。

$$重复性=正、反行程时指示值的最大绝对误差\div(标尺上限-标尺上限)\times100\%$$

（5）稳定性　在规定工作条件内，仪表某些性能随时间保持不变的能力称为稳定性(度)。通常用仪表的零点漂移来衡量仪表的稳定性。

4.2.2 仪表的分类

检测与过程控制仪表(通常称自动化仪表)分类方法很多,根据不同原则可以进行相应的分类。例如按仪表所使用的能源分类,可以分为气动仪表、电动仪表和液动仪表;按仪表组合形式,可以分为基地式仪表、单元组合仪表和综合控制装置;按仪表安装形式,可以分为现场仪表、盘装仪表和架装仪表;根据仪表有否引入微处理机(器)又可以分为智能仪表与非智能仪表;根据仪表信号的形式可以分为模拟仪表和数字仪表。现在又出现了现场总线仪表。

检测与过程控制仪表最通用的分类,是按仪表在测量与控制系统中的作用进行划分,一般分为检测仪表、显示仪表、控制(调节)仪表和执行器4大类,见表4-1。

表4-1 常规仪表的分类

按功能	按被测变量	按工作原理或结构形式	按组合形式	按能源	其 他
检测仪表	压力	液柱式、弹性式、电气式、活塞式	单元组合	电、气	智能、现场总线
	温度	膨胀式、热电偶、热电阻、光学、辐射	单元组合		智能、现场总线
	流量	节流式、转子式、容积式、速度式、靶式、电磁、漩涡	单元组合	电、气	智能、现场总线
	物位	直读、浮力、静压、电学、声波、辐射、光学	单元组合	电、气	智能、现场总线
	成分	pH值、氧分析、色谱、红外、紫外	实验室和流程		
显示仪表		模拟和数字		电、气	单点、多点、打印、笔录
		动圈、自动平衡电桥、电位差计			
控制仪表		自力式		气动	
		组装式	基地式	电动	
		可编程	单元组合		
执行器	执行机构	薄膜、活塞、长行程、其他	执行机构和阀可以进行各种组合	气、电、液	
	阀	直通单座、直通双座、套筒(笼式)球阀、蝶阀、隔膜阀、偏心旋转、角形、三通、阀体分离			直线、对数、抛物线、快开

4.2.3 检测仪表

检测仪表可分为温度仪表、压力仪表、流量仪表、物位仪表及在线分析仪表等。

1) 温度仪表

(1) 膨胀式温度计

根据物体热胀冷缩原理制成的温度计统称为膨胀式温度计。它的种类很多,有液体膨胀式玻璃温度计,有液体、气体膨胀式压力温度计及固体膨胀式双金属温度计,工业上常用的是固体膨胀式双金属温度计。

(2) 热电阻

当温度变化时,感温元件的电阻值随温度而变化,并将变化的电阻值作为电信号输入显示仪表,通过测量回路的转换,在仪表上显示出温度的变化值。

热电阻要求电阻温度系数大,电阻率大,热容量小,电阻与温度之间的关系复现性好。测温范围:铜$-50\sim+150℃$、铂$-200\sim+850℃$、镍$-30\sim+160℃$。

(3) 热电偶

热电偶的测量原理是根据两种不同的导体A和B连接在一起,构成一个闭合回路,当两个接点 1、2 的温度不同时，如果 $T>T_0$，在回路中就会产生热电动势，这种现象称为热电效应。导体 A，B 称为热电极，接点 1 通常是焊接在一起的，测量时将它置于测温场所感受被测温度，故称为测量端。接点 2 要求温度恒定，故称为参比端。

热电阻的测温范围：K 型 $-40 \sim +1000℃$、B 型 $+600 \sim +1600℃$。

2）压力仪表

绝对压力是指流体的实际压力。相对压力是指流体的绝对压力与当时当地的大气压力之差。当绝对压力大于大气压力时，其相对压力称为表压力（简称表压）。当绝对压力小于大气压力时，其相对压力称为真空度或负压力（简称负压）。即：

$$表压 = 高于大气压力的绝对压力 - 大气压$$
$$真空度 = 大气压 - 低于大气压力的绝对压力$$

因为各种设备和测量仪表都处于大气之中，所以工程上都用表压力或真空度来表示压力的大小。通常用压力表测得的压力数值都是指表压或真空度。

（1）液柱式压力计

液柱式压力计是最简单而又最基本的压力测量仪表，它是根据流体静力学原理工作的。即利用一定高度的液柱重量与被测压力相平衡，从而用液柱高度来表示被测压力。

常见的液柱式压力计有 U 形管压力计、单管压力计（把 U 形管的一根管子改成液槽即可）和斜管压力计三种。U 形管压力计用来测量正、负压力和压差。斜管压力计用来测量很小的压力，这是因为用 U 形管或单管压力计测量很小的压力时，液柱高度变化很小，读数困难，误差也大。

（2）弹性式压力计

弹性式压力计是以弹性元件受压后所产生的弹性变形作为测量基础。缺点是这类压力计的性能主要与弹性元件的特性有关，即与材料、加工方法和热处理质量有关，并且对温度的敏感性较强。按弹性元件的形式来分，有单圈管弹簧、多圈管弹簧、波纹管、平薄膜、波纹膜、绕性膜等。波纹膜和波纹管多用作微压和低压测量；单圈弹簧管和多圈弹簧管可作高、中、低压直至真空度的测量。

（3）压力传感器

能检测压力值并提供远传电信号的装置叫做压力传感器，主要类别有电位器式、应变式、霍尔式、电感式、压电式、压阻式、电容式及振频式等。

3）流量仪表

流量仪表按测量对象分为封闭管道流量计和敞开流道（明渠）流量计两大类。封闭管道流量计按测量方法可分为推理式流量计和容积式流量计两大类，然后再细分为各种类型。一般流量计由传感器，转换器和显示仪几部分组成。流量计分类是以传感器的特征为依据。下面介绍几种工业上常用的流量计。

（1）差压式流量计

它是根据伯努利方程式，通过测量流体流动过程中产生的压差来测量流速或流量的，属于这种测量方法的流量计有：动压测定管（如皮托管式、均速管式）、节流变压降流量计和恒压降变截面流量计（即转子流量计）。

节流装置是节流变压降流量计的一种。它是基于流体流经节流件（如孔板、楔形、喷嘴、文丘里管等）时由于流束收缩，在节流件前后产生压差，并利用此差压与流速的关系来测量流量的。

转子流量计的特点是：可测多种介质的流量，特别适合于测量中小管径较低雷诺数的中小流量，刻度为线性且量程比大(10 :1)，压力损失小且恒定。它可分为远传金属管转子流量计和直读玻璃管转子流量计。

（2）速度式流量计

是以测量管道内流体的流速为依据的流量计。包括涡轮流量计、电磁流量计、超声波流量计、激光流速计、热线风速仪。

（3）质量式流量计

质量式流量计分为直接式和推导式两种。直接式即感受件的输出信号直接反映质量流量，如科里奥利质量流量计，它应用牛顿第二定律直接测量质量。推导式又分为两种，一种是分别检测流体容积流量和密度，通过乘法器的运算得到反映质量流量的信号；另一种是温度、压力补偿式，即检测流体容积流量、温度、压力，并根据流体密度和温度、压力的关系，通过计算单元算得流体密度，然后与容积流量相乘得到反映质量流量的信号。

（4）容积式流量计

容积式流量计是应用分割流体体积的原理来测量流量的，常见的有椭圆齿轮流量计、旋转活塞式流量计、双转子流量计、刮板流量计、腰轮流量计等。

4）物位仪表

测量液位、相界面、料位的仪表称为物位计。根据测量对象不同，可分为液位计、界面计及料位计。

（1）浮力式液位计

浮力式液位计有浮子式液位计和浮筒式液位计两种。浮子式液位计属于浮力恒定的液位计，有自力浮子式液位计，远传浮子式液位计。浮筒式液位计属于变浮力式液位计，在被测液面位置变化时，浸没浮筒的体积不同，因而浮力也不同，可通过测量浮力的大小来确定液位的高低。

（2）差压式液位计

差压式液位计有压力式液位计、差压式液位计。

（3）电学式物位计

电学式物位计有电阻式液位计、电容式液位计、电感式液位计。

（4）微波式物位计

微波式物位计有定点式微波物位计、反射式微波物位计、调频连续波式微波物位计。

此外，物位计还有超声波物位计、称重式物位计、雷达物位计、放射性物位计。

5）在线分析仪表

在线分析仪表在炼油化工过程中主要有三大作用：

（1）用于成分分析

测量原理有热学式，磁学式、光学式、射线式、电化学式、色谱式、离子光学和电子光学式(如质谱仪)等。一般说来，过程分析仪器包括自动取样装置(其任务是快速地把具有代表性的样品取到仪表主机处)、预处理及进样系统、检测器、信息处理系统、显示器、整机自动控制系统等六个部分。下面介绍常见的两种：

① 氧含量分析器。例如磁式氧分析仪器，用于连续自动分析氧含量，它具有反应快速，不改变被分析气体的形态，稳定性好等优点。氧化锆式氧量分析器，它是利用氧浓差固体电解质电池的原理，作成探头的形式，因此它又被称为氧探头。氧化锆式氧量分析器具有直接

测量(避免了取样时因样气冷却引起平衡关系改变而产生的误差)、结构简单、稳定性好、灵敏度高、响应快、造价低等优点，如测量加热炉烟气中氧含量。

② 红外线气体分析器。红外线气体分析器只能分析那些具有特征吸收波段的气体。有直读式、双光束、正式(输出信号随浓度增大而增加)，主要用于工业流程气体监测，其中分析 CO 和 CO_2 的仪器比较多。

(2) 用于可燃或有毒气体检测和报警

有催化燃烧式可燃气体检测器、电化学型毒气检测器。另外，还有红外线吸收式检测器等。

(3) 用于检测油品的物理特性(质量指标)

如检测汽油干点、航煤冰点、轻柴油闪点、柴油倾点或全馏程等。采用的测量方法有滴液法、冷堆法、加热蒸气法等。

4.2.4　显示仪表

显示仪表可以分为指示仪、记录仪、累计器、信号报警器和屏幕显示器等，如气动指示仪、电动指示仪、无纸记录仪、声光报警器、CRT 显示器等，都是显示仪表。

由于目前新建炼油化工装置一般都采用 DCS 控制，显示仪表就是操作站的 CRT 显示器，已经不存在单独的显示仪表单元了。因此，这里不做介绍。

4.2.5　控制仪表

控制仪表分为基地式调节器、气动单元组合仪、电动单元组合仪、工业 PC 机、可编程逻辑控制器、分散型控制系统、安全仪表系统等类型。有关分散型控制系统和安全仪表系统将在后面两节分别予以介绍。

1) 基地式调节器

将测量、显示、调节等所有功能组装在一块仪表内构成的控制仪表就是基地式调节器。它是工业自动化仪表早期的产物，现在已经很少使用，但在一些生产装置中，常常用于不太重要场合下的就地调节。KF 系列指示调节仪就是一种现场型气动指示调节仪，常用来测量和调节温度、压力、差压、液位以及流量等。

2) 气动、电动单元组合仪

单元组合仪表由于结构简单，维修方便，价格低廉等特点，目前仍然在中小型装置中使用。气动单元组合仪要求变送器至显示调节器的距离较短，通常以不超过 150m 较为合适。

3) 工业 PC 机(IPC)

工业 PC 机(Industrial Personal Computer，IPC)是一种加固的增强型个人计算机，它可以作为一个工业控制器在工业环境中可靠运行。IPC 采用通用的微处理器(CPU)、通用性强的 UNIX 或 Windows 实时多任务操作系统以及标准化总线结构的通讯方式，具有很强的运算速度和控制功能，结合丰富的多媒体和图形显示技术，可提供方便友好的人机界面。另外，IPC 采用模块化结构，系统拓展也十分灵活。由于 IPC 在可靠性方面不断提高，在过程控制中将会得到进一步应用。

4) 可编程逻辑控制器(PLC)

可编程逻辑控制器(Programmable Logic Controller，PLC)是一种以微处理器为核心器件的数字式电子装置，它使用可编程的存储器来存储面向对象的指令，实现逻辑运算、顺序控制、定时、计数、计时与算术运算等功能，并通过数字或模拟式输入/输出控制各种类型的机械或生产过程。PLC进行逻辑运算的速度非常快，在逻辑控制上明显占有优势。多数PLC采用高性能处理器及实时多任务操作系统，在更快速地进行逻辑控制的同时也普遍增加了回路控制功能。

PLC的硬件系统由中央处理单元、存储器、输入输出单元、输入输出扩展接口、外部设备接口以及电源等部分组成。目前比较常见的PLC系统有德国西门子公司的SIMATIC-PCS7、日本三菱公司的FX2N、美国AB公司的SLC-500系统等。

4.2.6 执行器

执行器接收来自调节器的控制信号，由执行机构将其转换成相应的角位移或直线位移，去操纵调节机构（阀），改变控制量，使被控参数达到预定值。

执行器由执行机构和调节机构组成。执行机构是根据调节器控制信号产生推力或位移的装置，而调节机构是根据执行机构输出信号去改变能量或物料输送量的装置，通常指调节阀。

执行器按其使用的能源可分为气动、电动和液动三大类。它们各具特点，适于不同的场合。其中气动执行器具有结构简单、工作可靠、价格便宜、维护方便、防火防爆等优点，在工业控制中广泛使用；电动执行器的能源取用方便、信号传输速度快、传输距离远，但结构复杂、推力小、价格贵，适用于防爆要求不太高及缺乏气源的场所；液动执行器推力最大，但比较笨重，所以较少使用。因此下面只介绍气动执行器。

在工业生产自动化过程中，为适应不同系统的需要，往往采用电-气复合控制系统，这时可以通过各种转换器或阀门定位器等进行转换。图4-3表示在电-气复合系统中各种转换单元的使用场合，其中用"电动控制仪表+电气阀门定位器+气动执行器"组合最为普遍。

气动执行器由执行机构和调节机构组成。图4-4是常用的气动薄膜调节阀的实物图和内部结构示意图。

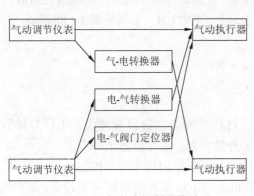

图4-3　电-气复合控制系统关系

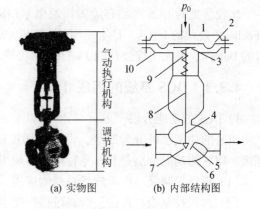

(a) 实物图　　(b) 内部结构图

图4-4　气动薄膜调节阀

1—上盖；2—薄膜片；3—托板；4—阀杆；5—阀座；
6—阀体；7—阀芯；8—推杆；9—平衡弹簧；10—下盖

气动执行机构接受气动仪表或电-气阀门定位器输出的气压信号，并将其转换为相应的推杆直线位移，以推动调节机构工作。气动执行机构有薄膜式、活塞式和长行程执行机构三种。

调节机构和普通阀门一样是一个局部阻力可以变化的节流元件。由于阀芯在阀体内移动，改变了阀芯与阀座之间的流通面积，即改变了阀的阻力系数，被控介质的流量相应地改变，从而达到调节工艺参数的目的。

根据不同的使用要求，调节阀的结构有很多种类，如直通单座阀、直通双座阀、角形阀、高压阀、三通阀、隔膜阀、偏心旋转阀、蝶阀、球阀、小流量阀、超高压阀、快速切断阀及自力式调节阀等。

气动执行器有时还配备一定的辅助装置，常用的有阀门定位器和手轮机构。阀门定位器的作用是利用反馈原理来改善执行器的性能，使执行器能够按照调节器的控制信号，实现准确定位。手轮机构的作用是当控制系统因停电、停气、调节器无输出或执行机构失灵时，利用它可以直接操纵调节阀，以维持生产的正常运行。

4.3　DCS 系统基础知识

分散型控制系统(Distributed Control System，DCS)又称集散控制系统，它是基于保持集中监督、操作和管理，而将集中控制的危险性分散的思想构成的计算机分级控制系统。DCS自 1975 年问世以来，经过 30 多年的改进和发展，已经成为一种相当成熟的控制仪表，在炼油化工过程中具有非常广泛的应用。

DCS 按控制功能或区域将微处理器进行分散配置。带微处理器的控制站可控制几个、十几个、几十个回路，用若干控制站组合，控制整个生产过程，从而实现控制功能分散，亦使危险分散。人机接口采用两台或多台彩色屏幕显示器(CRT)进行监视、操作和管理。集散控制系统既解决了常规模拟仪表控制系统控制功能单一的局限性，又解决了计算机控制系统危险性集中的问题；同时，该系统采用双重化通信网络与各控制站、CRT 操作站相连，实现了集中显示、操作和管理，有效地克服了常规模拟仪表系统的人机接口的缺点，能够实现连续控制、批量(间歇)控制、顺序控制、数据采集、先进过程控制等，将生产过程控制、操作、管理自动地结合起来。

比较常见的 DCS 产品有美国霍尼韦尔(Honeywell)公司的 TDC-3000、美国福克斯波罗(Foxboro)公司的 I/A's、日本横河(YOKOGAWA)公司的 CENTUM、美国爱默生(Emerson)公司的 DeltaV、浙大中控公司的 JX-300 系统等。

4.3.1　DCS 系统的组成

1) DCS 的功能分层

DCS 的功能层可分为四级，即：现场控制级、过程控制级、过程管理级、工厂总体管理级。DCS 的功能分层是其体系特征，体现了 DCS 分散控制、集中管理的特点。

(1) 现场控制级　由于现场总线的应用，在 DCS 的最低层出现了现场控制级。

(2) 过程控制级　在这一级，过程控制卡计算机通过 I/O 卡件与现场各类设备(如变送器、执行机构等)相连，对生产过程实施数据采集控制，同时还通过网络把实时过程信息传送到上、下级。

(3) 过程管理级　以中央控制室的操作站为主，配以工程师站、打印机等计算机外部设备。它综合监视过程各站的所有信息，集中显示操作，控制回路组态和参数修改，优化过程处理等。

(4) 工厂总体管理级　可实施全厂的优化和调度管理，并与办公自动化连接起来，担负全厂的总体调度管理，包括各类经营活动、生产决策、资源配置及人事管理等。

2）DCS 的硬件结构

DCS 的产品虽然众多，但从系统结构分析，都由三大基本部分组成，分别是分散的过程控制装置（简称控制站）、集中操作和管理系统（包括工程师站、操作站、打印机等）、通信系统。

图 4-5 是美国 Honeywell 公司的 DCS 系统网络结构示意图。DCS 操作站及附属设备均集中在中心控制室（CCR），而其控制站及其附属设备均安装在各生产装置的仪表现场机柜室内，它们之间通过冗余光缆与中心控制室的操作站通讯。

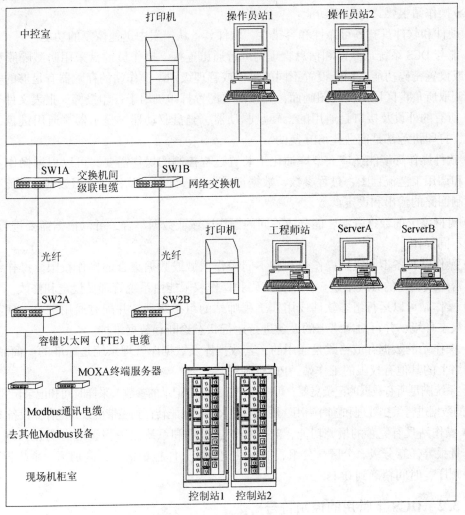

图 4-5　DCS 系统网络结构图

（1）控制站

控制站是一个可独立运行的计算机监测和控制系统，由于是专为过程测控而设计的通用型设备，所以其机柜、电源、输入/输出（I/O）通道和控制计算机等有别于一般的计算机系统相应部分。

控制站具有连续过程控制、批量控制和一般顺序控制的功能，以及 PID 参数自整定功能，以满足炼油化工装置常规过程控制的功能及速度要求。控制站的快速控制能力，从 I/O 输入经过 PID 控制运算，到 AO 输出的累积时间应在 0.2s 以内。

（2）操作站和工程师站

操作站是操作人员监视、控制生产过程，维护设备和处理事故的人机接口。操作站以工业 PC 机为基础，包括数据处理器、显示器、操作员键盘、鼠标或球标以及网络通信接口。一套 DCS 系统常配置两个及以上的操作站且相互冗余。有些系统还专门配置工程师站，用于系统的生产、组态等工作。为节省投资，很多系统的工程师站可以用一个操作站来代替。

操作站上显示以下几个方面的内容：总貌和流程图显示、过程状态、特殊数据记录、趋势显示、统计结果显示、历史数据显示、生产状态显示等。

DCS 操作站主要具有以下功能：

① 硬件和软件具有高可靠性和容错性，软件具备从错误中迅速恢复的功能。

② 能与 DCS 系统局域网和信息管理网进行通讯连接。操作员键盘采用防溅隔膜型，具有键锁或设置密码功能，用于设置不同的操作或管理级别。操作站的存贮器有足够的空间来保存和调取所负责区域的流程图画面，并按需要配置打印机用于打印报警、报表文件等。

③ 所有的外设及接口是通用的，硬盘驱动器、光盘驱动器、显示器、通用键盘、鼠标或球标、打印机等都是商业化可互换的。

④ 软件操作环境能适应大型炼油化工装置过程控制的操作需要，可以根据操作者的权限访问和调用工艺流程图、过程参数、数据记录、报警处理以及各种可用数据，并能有效地调整控制回路的输出和设定参数。

⑤ 对网络上的数据资源，能分成不同的操作区域或数据集合，可以根据需要进行监视、控制等不同操作。

⑥ 操作站具备不同级别操作权利和不同操作区域或数据集合的操作权限。操作级别和权限用密码或钥匙的方式限定。操作员密码和操作权限能由系统管理员设定和修改。

⑦ 操作站可以运行组态软件或用作工程师站的组态终端，并配有通用键盘，使其具备工程师组态环境，并可对网络上的设备进行运行状态诊断和数据维护。

⑧ 操作站的数据存放格式是通用的，其数据库及数据库管理系统是标准的、商品化的，能被网络上的其他有权限的工作站、PC 机调用。

⑨ 系统满足所有数据的记录需要，可由用户任意选定记录的参数、采样时间和记录长度，并可对记录的数据进行编排处理和随时调用。硬盘上的永久记录能转存到磁带机或其他存储设备上。

⑩ 操作站具有完善的报警功能，对过程变量报警和系统故障报警应有明显区别。能对过程变量报警任意分级、分区、分组，能自动记录和打印报警信息，区别第一事故报警，记录报警顺序，时间精确到 0.1s。

4.3.2 DCS 上常用的控制符号

DCS 上常用控制符号见表 4-2。

表 4-2 DCS 上常用控制符号对照表

DCS 上符号	意义	DCS 上符号	意义
PV	测量值	MAN	手动
SV(SP)	给定值	AUT	自动
MV(OP)	输出值	CAS	串级
SUM	累积值	P	比例度
HH	高高报警设定值	I	积分时间
LL	低低报警设定值	D	微分时间

4.3.3 先进控制的概念

目前，国内外企业正在大规模进行生产装置的改造或控制系统更新，DCS 已逐步取代常规控制仪表，同时自动化技术和计算机技术的飞速发展，为生产过程控制技术的发展提供了良好的基础。国内外许多著名的过程控制软件公司、大学、工厂等共同推出先进过程控制软件，成功地用于生产装置。

控制和优化是正常生产和取得经济效益的重要保证。控制采用的是动态的回路级模型，优化采用的是稳态的单元级或流程级模型。优化和控制之间是给定和指导的关系，也就是说，稳态优化得到的最优操作条件作为给定值送到下面的控制层。控制包括了基本调节控制、先进过程控制、约束控制等不同的控制方案。基本调节控制构成了整个过程生产自动化的基础。其主要功能是采用 PID 常规调节器，使生产过程的某些工艺参数稳定在设定值附近，实现安全生产和平稳操作。

先进过程控制的主要作用是提供比基本调节控制更好的控制效果，并且能够适应复杂动态特性、时间滞后、多变量、有不可测变量、变量受约束等情况，在操作条件变化时仍有较好的控制性能。采用先进过程控制可充分发挥装置的潜力，使生产操作更方便可靠。基本模型的控制策略是先进过程控制的主要技术手段，也是先进过程控制区别于常规控制的一个主要特点。模型预测控制技术是先进控制技术中的代表。所谓预测控制是指通过在未来时段（预测时域）上优化过程的输出来计算最佳输入序列的一类算法。预测控制通常建立在预测模型、滚动优化、反馈校正等基本特征基础上。

4.4 SIS 系统基础知识

安全仪表系统（Safety Instrumented System，SIS），过去也称紧急停车系统（ESD）。它是指能实现一个或多个安全功能的系统，用于监视生产装置或独立单元的操作，当过程变量（如温度、压力、流量、液位等）超限，机械设备故障，系统本身故障或能源中断时，SIS 将自动（必要时可手动）地完成预先设定的动作，以避免操作人员、生产设备和工艺装置受到损伤，避免由于事故造成的环境污染，减少事故的停车损失等。

安全控制一般包括两方面的内容，一是信号报警，提醒操作人员，生产操作已偏离正常工况，应引起警觉，并及时调整工艺操作，这部分功能通常在 DCS 实现；二是联锁停车，根据故障原因，SIS 系统自动启动预先编制存储的逻辑方案，自动停泵、停机、打开或关闭阀门等，使生产装置处于安全状态。必要时，操作人员还可手动启动自保联锁系统。

目前比较常见的 SIS 系统有美国霍尼韦尔（Honeywell）公司的 FSC、美国 ICS 公司的 Trusted、美国 Triconex 公司的 TS-3000 系统等。

4.4.1 SIS 系统的组成

SIS 主要包括三大部分：传感器部分、逻辑运算部分和最终执行元件部分。SIS 控制站和工程师站安装在现场机柜间，显示操作站、工程师站和辅助操作台安装在中心控制室，进行集中操作、控制和管理。从现场机柜间到中心控制室的网络用冗余铠装光缆连接。在现场机柜间内设置的工程师站，为仪表维护人员使用。SIS 系统的网络结构见图 4-6。

现场机柜间的控制器应设置远程 I/O 机架，放在中心控制室的机柜间，通过冗余铠装光缆连接。放置在中心控制室的辅助操作台上的开关和按钮连接到相应的远程 DI 卡上(放置在中控室机柜间)。无远程 I/O 机架时应设置远程控制器(放置在中控室机柜间)的方式实现。

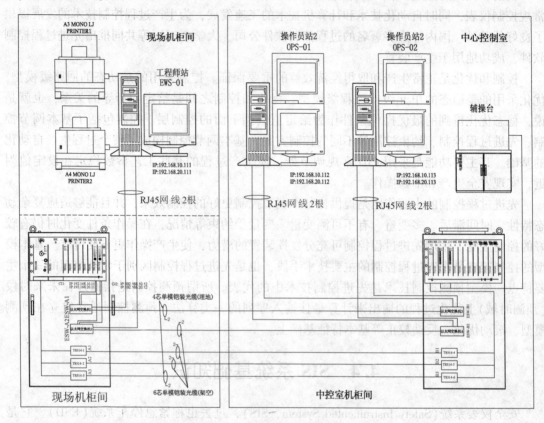

图 4-6　SIS 系统网络结构图

4.4.2　SIS 系统的可靠性和可用性

1) SIS 系统的安全度等级

SIS 系统的安全度等级也称安全完整性等级(Safety Integrity Level,SIL),它是在 1998 年颁布的 IEC61508 功能安全标准中首次提出的,是功能安全等级的一种划分。IEC61508 将SIL 划分为 4 级,即 SIL1、SIL2、SIL3 和 SIL4,见表 4-3。安全相关系统的 SIL 应该达到哪一级别,是由风险分析得来的,即通过分析风险后果严重程度、风险暴露时间和频率、不能避开风险的概率及不期望事件发生概率这四个因素综合得出。SIL 级别越高要求其危险失效概率越低,其中 SIL4 为最高安全级别。

表 4-3　IEC61508 关于安全度等级的定义

SIL(整体安全性等级)	PFD(按要求的故障概率)	PFH(每小时的危险故障概率)
1	$10^{-2} \sim 10^{-1}$	$10^{-6} \sim 10^{-5}$
2	$10^{-3} \sim 10^{-2}$	$10^{-7} \sim 10^{-6}$
3	$10^{-4} \sim 10^{-3}$	$10^{-8} \sim 10^{-7}$
4	$10^{-5} \sim 10^{-4}$	$10^{-9} \sim 10^{-8}$

SIS 基于可编程逻辑控制器(PLC)实现，SIS 系统应符合 IEC61508、DIN V19250 标准。目前在炼油化工装置中，兼顾安全性和可用性，通常要求 SIS 的整体安全等级应取得 IEC61508 SIL3 或 TÜV AK6 级以上认证，在核电等安全性要求更高的场合要求 SIS 的整体安全等级应达到 IEC61508 SIL4。SIS 采用 2oo3(三取二)方式的三重冗余、容错结构，或 1oo2D (二取一)、2oo4D(四取二)方式的冗余、容错结构。SIS 系统按"故障安全"方式运行。

2) SIS 系统的可用性

系统的可用率应不低于 99.99%。

系统的设计应是故障安全型的，系统内发生故障时，应能按照故障安全的方式停机。

系统必须具有完善的硬件、软件故障诊断及自诊断功能，自动记录故障报警并能提示维护人员进行维护。诊断测试应能在系统运行时始终周期地进行，一旦检测出故障，即产生报警及显示。

冗余设备必须能在线自诊断，排错报警，无差错切换。

系统的各种插卡应能在线插拔、更换。I/O 卡应能带电插拔、更换而不影响外部接线或引起系统停机。

为便于现场仪表的维修更换、试验以及在某些特殊情况下取消联锁变量(例如只有先取消联锁条件，泵才能启动运行)，对个别现场仪表输入设旁路开关(BY PASS)，不影响装置正常生产运行。

对于联合装置，各装置的 SIS 控制站按工作区配置，控制站分别设置、互相独立，不可将不同工作区 I/O 卡件放在同一控制站中。以保证各装置在正常生产和开、停工过程中互不干扰，减少关联影响。

3) SIS 系统的冗余原则

系统应具有完备的冗余和容错技术，包括设备冗余和工作性能冗余。

各级网络通讯设备、部件和总线必须 1:1 或三重冗余。

控制站处理器等功能卡必须 1:1 或三重冗余。

所有电源设备和部件必须 1:1 或三重冗余。

对要求冗余配置的 I/O 卡必须 1:1 或三重冗余。

对冗余的设备，应能在线诊断、报警、自动切换及维修提示。

4) SIS 系统各级负荷要求

控制站 CPU 的负荷不应高于 50%。

当控制站满负荷时，系统的电源、软件的负荷不应高于 50%。

各级通讯负荷不应高于 50%。

其他各种负载应具有至少 40% 以上的工作裕量。

I/O 卡件插槽要求预留 20% 的余量。

4.4.3 SIS 系统的配置要求

1) 控制站的配置

控制站按装置或单元分别配置，不得将不同装置或单元的控制点或检测点放在同一控制站中。机柜等设备也分别配置，各自独立。

不同装置的 I/O 点不得分配在同一 I/O 卡中。

控制站的硬件和软件应具有高可靠性和容错性。

控制站应具备顺序控制、批量控制和一般连续控制功能。

控制站应具备顺序事件记录的功能。

信号从输入卡到控制器，经程序处理到输出，全过程时间应小于 100 毫秒。

控制站的微处理机应为 32 位机。

I/O 卡应具备识别现场接线断路或短路并发出报警的功能。

DI 卡输入端和 DO 卡输出端宜能承受 220VAC、50Hz 的过电压。

AO 输出信号卡在设备故障时应能保持输出不变或达到预先设置的安全输出值。

AI 卡的通道数不应多于每卡 32 通道。AI 卡的各通道必须有独立的 A/D 转换器。

AO 卡的通道数不应多于每卡 16 通道。AO 卡的各通道必须有独立的 D/A 转换器。

温度信号(TC、RTD)输入卡的通道数不应多于每卡 16 通道。各通道必须有独立的 A/D 转换器。

DI 卡的通道数不应多于每卡 32 通道。

DO 卡的通道数不应多于每卡 32 通道，DO 形式为 24VDC 供电输出，输出电流应 ≥ 500mA。对于现场工作电流 ≥ 2A(220VAC 或 24VDC)的场合，应配备中间继电器(SPDT×4, 5A@220VAC)。

两线制 AI 输入卡和三线制 AI 输入卡应为同一种 AI 输入卡，输入端子板应为三端子式(即：P+、P-、COM 三端子)。

2) 工程师站的配置

每个装置或单元设置 2 个工程师站(兼有操作站功能和 SOE/SER 站的功能。一台为操作台式，放置在中心控制室；另一台为便携式，放置在现场机柜间)，通过冗余的通讯方式接在各控制器的通讯接口上，用于控制器的组态、除错、修改、测试、软件装载及维护等。工程师站应能对系统进行诊断并显示系统故障。

工程师站应具备打印组态数据和图形的能力。

工程师站应具有兼作顺序事件记录(SOE/SER)站的功能，应配备整套顺序事件记录的软件。

工程师站应配备光盘刻录机 CD-RW 等外设，另外配备 1 台 A4 彩色喷墨打印机和 1 台 A3 激光打印机。

所有的外设及接口应是通用的，硬盘驱动器、显示器、通用键盘、鼠标或球标、打印机等应当是商业化可互换的。

3) 操作站的配置

操作站采用工业用 PC 机，规格与工程师站相同。

操作站应配备过程控制和检测软件，具备流程显示和报警显示功能，具备一般的操作功能。

操作站应具有完善的报警功能，对过程变量报警和系统故障报警应有明显区别。应能对过程变量报警任意分级、分组，应能自动记录和打印报警信息，记录报警顺序，时间精确到秒。

操作站应具备数据记录和趋势显示的功能，应配备用于保存过程数据记录的软件，其能力应满足全部 I/O 点 2 倍以上的数据量(每秒钟记录一次)各存贮 20000 条记录的需要。

过程数据记录的时间间隔应从 1s~5min 可选。

操作站的数据存放格式应是通用的，其数据库及数据库管理系统应是标准的、商品化的。

4）顺序事件记录站

顺序事件记录站(SOE/SER站)可单独设置，也可由工程师站或操作站实现，用于在线记录系统的各类报警及动作事件，存入硬盘，供查询、追溯和打印。

报警及停机事件的记录必须有时间标记，并按事件发生时间记录。顺序事件记录的时间分辨率为不大于50ms。记录的数据总数应大于100000条。

顺序事件记录站应能分别记录各控制器的报警及动作事件。硬盘设备宜容错或冗余配置。硬盘的容量应满足全部事件记录需要量2倍以上的容量。系统应当满足所有种类数据的记录需要，可由用户选定记录的参数、采样时间和记录长度，并可对记录的数据进行编排处理和调用。硬盘上的永久记录应能转存到其他存储设备上。

5）通讯接口

SIS系统的每一控制器设置2对(备用1对)冗余的通讯接口，实现与同一机柜室内的DCS进行数据通讯。用于安全联锁系统的现场信号先进入SIS，再通讯至DCS显示和报警。SIS与DCS通讯只能是单向的，可将SIS数据通讯至DCS显示和报警，但不可将DCS数据通讯至SIS。

通讯接口通常为RS485 MODBUS接口。

6）软件配置的基本要求

（1）过程控制和检测软件

操作站应配备相应的显示和操作软件。应具备流程操作、仪表模拟操作、报警操作等功能。应具备实时趋势、历史趋势、报警历史记录等显示功能。

系统软件应具备容错能力，应能进行系统诊断、故障报警和除错。

操作站的数据库管理软件的能力应满足全部I/O点2倍以上的数据量(每秒钟记录一次)各存贮20000条记录的需要。过程数据记录的时间间隔应从1s~5min可选。

（2）操作系统及工具软件

系统必须配备全套的操作系统软件及工具软件。操作软件应包括操作、维护和修改SIS的接口数据等所有软件。

系统软件应能在线增加I/O点而不用更新程序，应能在线组态、下装。

工程师站应配备通用的操作系统(WINDOWS XP／WINDOWS 2000)、数据库管理系统、电子表格、网络管理软件等应用软件及工具软件。

（3）工程组态软件

SIS系统应配备必要的组态软件。组态软件应具备在线修改和下装组态数据的功能。

4.4.4 机组控制系统

机组控制系统通常指透平压缩机机组控制系统(ITCC系统)和压缩机控制系统(CCS)。

对于较复杂的循环氢压缩机组(离心机-汽轮机)，根据生产装置的实际需要，机组设置ITCC控制系统，完成机组的调速、防喘振控制、负荷控制、过程控制、联锁保护等功能，并与装置的DCS进行通讯。ITCC采用专用的应用软件，如转速控制、防喘振控制等，同时具有事件顺序记录功能。

对于较简单的新氢压缩机组(往复式压缩机-电机)，机组的监控由装置的DCS完成，机组的安全联锁保护由装置SIS完成。

4.5　工艺及管道仪表流程图简介

炼油化工生产装置的工艺流程都是用各种流程图的形式表达出来的，其中最重要是工艺流程图(Process Flow Diagram，PFD)和工艺管道及仪表流程图(Piping and Instrumentation Diagram，P&ID)，它们是工艺装置在工程设计、生产运行和生产管理中的指导性文件。

正确识读工艺及管道仪表流程图是生产实习中学习工艺知识的重要内容，这就需要全面了解各种图例符号的意义和表达方法，包括工艺流程、仪表及控制系统图例符号等。由于不同设计单位的图例符号表示可能不同，因此本节介绍的图例符号仅供参考，如果实际工程设计中的施工图与本书有出入，请以实际施工图为准。

4.5.1　工艺流程图(PFD)

工艺流程图(PFD)是反映生产装置中原料转化为产品，或对物料进行各种加工处理的整个过程的最重要、最本质、最基础的设计文件。其主要内容包括：

(1) 全部工艺设备示意图、名称及位号，主要设备的操作条件(如操作温度、操作压力、热负荷等)、规格参数(如容器的直径和高度，塔的塔板数或填料段等)；

(2) 表示各设备间相互关系的管线、管线内物流流向及物流号，关键物流应标明温度和压力；装置内与其他图相关的物流以及进出界区的物流名称、流向、来源或去向；

(3) 主要控制方案的仪表类型及其信号走向；

(4) 与物流号对应的物流组成、温度、压力、状态、流量及物性的物料平衡表；

(5) 冷却水、冷冻盐水、工艺用压缩空气、蒸汽及冷凝液等公用工程系统仅表示工艺设备使用点的进出位置；

(6) 图例图形符号、字母代号及其他必要的标注、说明、索引等；

(7) 标题栏(包括图名、图号、设计项目、设计阶段、设计时间等)及会签栏。

4.5.2　工艺管道及仪表流程图(P&ID)

工艺管道及仪表流程图(P&ID)是在 PFD 图的基础上绘制而成的，其中包含了所有设备(包括备用设备)和全部管路(包括辅助管路、各种控制点以及阀门、管件等)。它是在 PFD 图的基础上，用过程检测和控制系统设计符号，描述生产过程自动化内容的图纸。它是自动化水平和自动化方案的全面体现，是自动化工程设计的依据，亦可供施工安装和生产操作时参考。其主要内容包括：

(1) 带位号、名称和接管口的各种设备示意图；

(2) 管路流程线带编号、规格、阀门、管件等及仪表控制点(压力、流量、液位、温度测量点及分析点)的各种管路流程线；

(3) 标注设备位号、名称、管段编号、控制点符号、必要的尺寸及数据等；

(4) 图例图形符号、字母代号及其他的标注、说明、索引等；

(5) 标题栏(包括图名、图号、设计项目、设计阶段、设计时间等)和会签栏。

4.5.3　常用工艺流程图图例符号

工艺流程图是描述工艺装置工艺生产过程的技术图纸，它用规定的图形符号表明了工艺装置整个生产过程所用的工艺设备、管道、介质及流向等基本工艺组成。表 4-4、表 4-5 和图 4-7~图 4-11 为常用工艺流程图图例和符号。

表 4-4　常用设备字母代号

设备符号	设备名称	设备符号	设备名称	设备符号	设备名称
F	加热炉	V	容器	RO	限流孔板
T	塔类	HT	透平	SC	取样冷却器
R	反应器	BV	呼吸阀	SG	视镜
E	冷换设备	EJ	喷射器、抽空器	SL	消音器
A	空冷器	FI	过滤器	ST	疏水器
C	压缩机、鼓风机	FT	阻火器	SV	安全阀
M	混合器	FX	膨胀节或软连接		
P	泵	JW	蒸汽减温器		

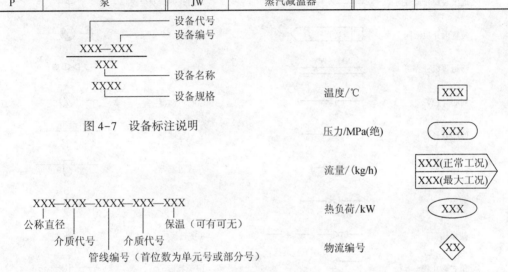

图 4-7　设备标注说明

温度/℃　XXX

压力/MPa(绝)　XXX

流量/(kg/h)　XXX(正常工况) / XXX(最大工况)

热负荷/kW　XXX

物流编号　XX

图 4-8　管线标注说明　　图 4-9　PFD 图主要工艺参数图例

表 4-5　常用介质字母代号

代号	介质名称	代号	介质名称	代号	介质名称
P	工艺流体	FW	新鲜水	HS	高压蒸汽
FG	燃料气	PW	工艺水、软化水	IA	净化压缩空气、仪表风
FO	燃料油	DSW	脱盐水	PA	非净化压缩空气、工业风
LO	润滑油	BOW	除氧水	GH(H$_2$)	氢气
SO	密封油	BFW	锅炉给水	GN(N$_2$)	氮气
FSO	冲洗油	SCW	凝结水	GO(O$_2$)	氧气
LSO	轻污油	CW	循环水(给水)	QO	急冷油
HSO	重污油	HW	循环水(回水)	QW	急冷水
DG	干气	WW	废水、污水	CL	化学药剂
LPG	液化石油气	SWW	含硫污水	CS	催化剂
NC	不凝气	OWW	含盐污水	KL	碱液
SG	酸性气	LS	低压蒸汽	FL	酸液
FLG	放火炬气体	LLS	0.4MPa 蒸汽	LSM	脱硫贫溶剂
VG	放空气	MS	中压蒸汽	RSM	脱硫富溶剂

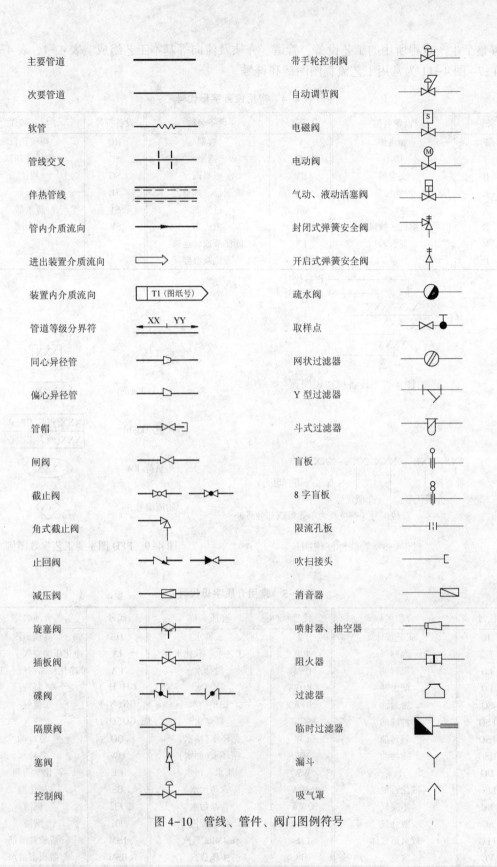

主要管道		带手轮控制阀	
次要管道		自动调节阀	
软管		电磁阀	
管线交叉		电动阀	
伴热管线		气动、液动活塞阀	
管内介质流向		封闭式弹簧安全阀	
进出装置介质流向		开启式弹簧安全阀	
装置内介质流向	T1 (图纸号)	疏水阀	
管道等级分界符	XX | YY	取样点	
同心异径管		网状过滤器	
偏心异径管		Y 型过滤器	
管帽		斗式过滤器	
闸阀		盲板	
截止阀		8 字盲板	
角式截止阀		限流孔板	
止回阀		吹扫接头	
减压阀		消音器	
旋塞阀		喷射器、抽空器	
插板阀		阻火器	
碟阀		过滤器	
隔膜阀		临时过滤器	
塞阀		漏斗	
控制阀		吸气罩	

图 4-10　管线、管件、阀门图例符号

210

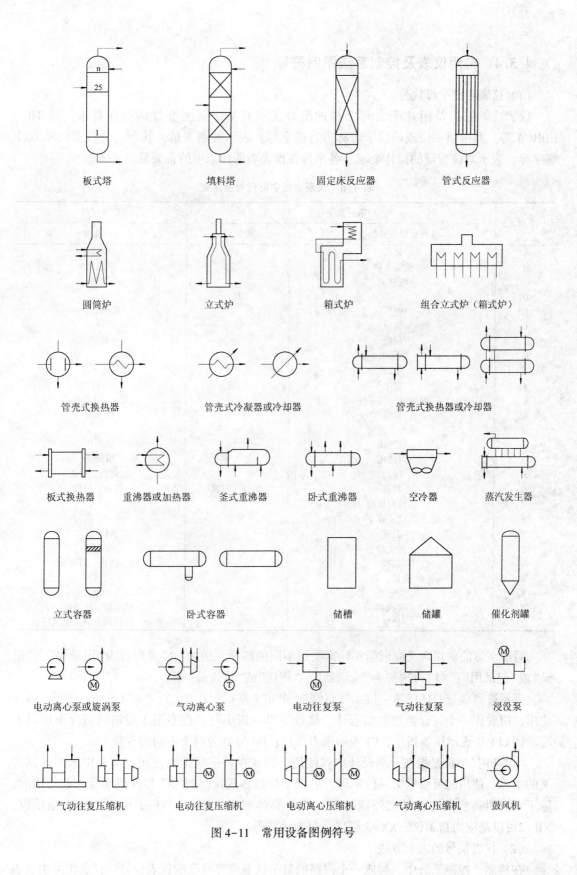

图 4-11　常用设备图例符号

4.5.4 常用仪表及控制系统图例符号

（1）仪表功能字母代号

仪表功能标志是用几个大写字母的组合表示对某个被测变量的操作要求，如 TIC、PDRCA 等。其中第一位或两位字母称为首位字母，表示被测变量，其余一位或多位称为后继字母，表示对该变量的操作要求。各字母在仪表功能标志中的含义见表 4-6。

表 4-6　仪表功能字母代号及含义

字母	第一位字母		后继字母
	被测变量或初始变量	修饰词	功能
A	分析		报警
B	喷嘴火焰		供选用
C	电导率		控制
D	密度	差	
E	电压		检测元件
F	流量	比	
G	尺度		玻璃
H	手动		
I	电流		指示
J	功率	扫描	
K	时间或时间程序		自动-手动操作器
L	物位		指示灯
M	水分、湿度		
N	供选用		供选用
O	供选用		节流孔
P	压力		试验点、接头
Q	数量	积分、积算	积分、积算
R	放射性		记录
S	速度、频率	安全	开关、联锁
T	温度		传送
U	多变量		多功能
V	黏度		阀、挡板、百叶窗
W	重量、力		套管
X	未分类		未分类
Y	供选用		继动器、计算器
Z	位置		驱动、执行或未分类的执行器

后继字母的确切含义应根据实际需要做不同的解释，例如"R"可理解为"记录仪"、"记录"或"记录用"；"T"可理解为"变送器"、"传送"或"传送的"等。

表示被测变量的任何第一位字母与修饰词"d"（差）、"f"（比）、"q"（积分、积算）组合使用，应看作一个具有新意的组合体，修饰字母一般小写，在不至于混淆的情况下可以大写。例如 PdI 表示压差指示，PI 表示压力指示；Pd 与 P 为两个不同的变量。

"供选用"字母是指在个别设计中仅使用一词或在一定范围内使用，而表中未列入其含义的字母。使用时可根据第一位字母、后继字母具体规定。当"X"与其他字母一起使用时，除了具有明确意义的符号之外应标明"X"的具体含义，例如，XI-1 可以使振动指示仪，XR-2 可以是应力指示仪，XX-3 可以是应力示波器。

（2）仪表位号的表示方法

在检测、控制系统中，构成一个回路的每个仪表都有自己的仪表位号。仪表位号由仪表功能字母代号组合和仪表回路编号两部分组成。其中仪表回路编号可按照装置或工段进行编制。按照装置编制的数字编号，只编回路的自然数顺序号。如 TRC-1 中，"T"为被控变量字母代号，"RC"为功能字母代号，"1"为数字编号(1，2，3，4，…)。按照工段编制的数字编号，包括工段号与回路顺序号，一般用三位或四位数字表示。如 TRC-131 中，TRC 含义与前面相同，"1"表示工段代号，"31"表示序号，序号一般用两位数字。

仪表位号的第一位字母只能按照被控变量分类，同一装置或工段的相同被控变量的仪表位号中数字编号是连续的，但允许中间有空号。不同被控变量的仪表位号不能连续编号。仪表位号不是依据仪表本身的结构类型来确定，而是根据被控变量来确定的。例如，被控变量为流量时，其压差记录仪标注 FR，控制阀标注 FV。被控变量为液位时，其压差记录仪标注 LR，控制阀标注 LV。

多机组的仪表位号一般按照顺序编制，不用相同位号加尾缀的方法。

在 PID 图中仪表位号的标注方法是：例如 TRC-101，圆圈上半圆填写字母代号 TRC，下半圆填写数字编号 101。在 PID 图或其他设计文件中，构成一个仪表回路的一组仪表可以用主要仪表的位号或仪表位号的组合来表示。例如 TRC-101 可以表示一个温度记录控制回路。一台仪表或一个圆圈内后继字母应按照 IRCTQSA 的顺序标注(仪表位号的字母代号最好不超过 5 个字母)。一台仪表或一个圆圈内，具有指示、记录功能时只标注字母代号"R"，不标注"I"。具有开关、报警功能时只标注字母代号"A"，不标注"S"。字母代号"SA"表示联锁和报警功能。随设备成套供应的仪表，也应标注仪表位号，但是在仪表位号圆圈外边应标注"成套"或其他符号。仪表附件，如冷凝器、隔离装置等不标注仪表位号。在 PID 图中，一般不表示仪表冲洗或吹气系统的转子流量计、压力控制器、空气过滤器等，而应另列出详图。

(3) 监控仪表的图形符号

监控类仪表种类繁多，功能各异。常见仪表类型及安装位置的图形符号见表 4-7。

表 4-7　仪表类型及安装位置的图形符号

仪表类型	现场安装	控制室安装	现场盘表
单台常规仪表	○	⊖	⊖
DCS	◇	⬡	⬡
计算机功能	□○	⬡	⬡
可编程逻辑控制	◇	⬡	⬡

除表 4-7 所列各类仪表外，还有表示执行联锁功能的图形符号，见图 4-12。

(4) 测量点的图形符号

测量点(包括检测元件)是由过程设备或管线引至检测元件或就地仪表的起点，一般与检测元件或仪表画在一起表示，如图 4-13 所示。若测量点位于设备中，当需要标出具体位置时，可用细实线或虚线表示，如图 4-14 所示。

 或 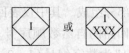 或 或

    （a）继电器执行联锁   （b）PLC 执行联锁   （c）DCS 执行联锁

图 4-12　表示执行联锁功能的图形符号

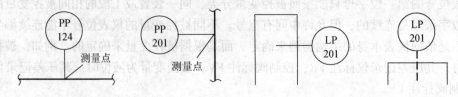

图 4-13　测量点　　　　　　　　　图 4-14　位于设备中的测量点

（5）仪表的各种连接线

用细实线表示仪表连接线的场合包括工艺参数测量点与检测装置或仪表的连接线和仪表与仪表能源的连接线。表示仪表能源的字母组合标志见表 4-8。

表 4-8　仪表能源的字母组合标志

字母组合	全称	含义	字母组合	全称	含义
AS	Air Supply	空气源	IA	Instrument Air	仪表空气
ES	Electric Supply	电源	NS	Nitrogen Supply	氮气源
GS	Gas Supply	气体源	SS	Steam Supply	蒸汽源
HS	Hydraulic Supply	液压源	WS	Water Supply	水源

就地仪表与控制室仪表（包括 DCS）的连接线、控制仪表之间的连接线、DCS 内部系统连接线或数据线见图 4-15 所示。

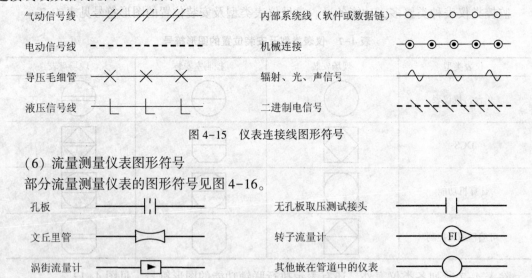

图 4-15　仪表连接线图形符号

（6）流量测量仪表图形符号

部分流量测量仪表的图形符号见图 4-16。

图 4-16　流量测量仪表的图形符号

（7）常用执行器图形符号

执行器由执行机构和控制阀体两部分组成。执行机构的图形符号见图 4-17，控制阀体的图形符号见图 4-9，能源中断时控制阀阀位的图形符号如图 4-18 所示。

214

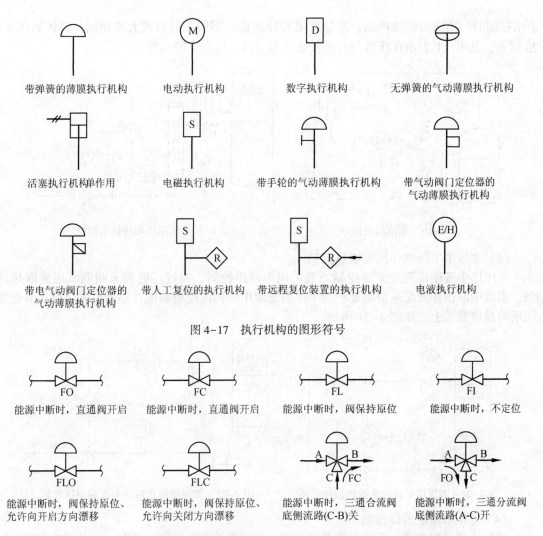

图 4-17　执行机构的图形符号

<table>
<tr><td>FO</td><td>FC</td><td>FL</td><td>FI</td></tr>
<tr><td>能源中断时，直通阀开启</td><td>能源中断时，直通阀开启</td><td>能源中断时，阀保持原位</td><td>能源中断时，不定位</td></tr>
</table>

能源中断时，阀保持原位、允许向开启方向漂移（FLO）　　能源中断时，阀保持原位、允许向关闭方向漂移（FLC）　　能源中断时，三通合流阀底侧流路(C-B)关　　能源中断时，三通分流阀底侧流路(A-C)开

图 4-18　能源中断时控制阀阀位的图形符号（以带弹簧的气动薄膜控制阀为例）

4.6　炼油厂常见装置典型控制方案

4.6.1　常减压装置典型控制方案

常减压装置常用的控制方案有：单回路控制方案，如常压塔侧线流量的控制；串级控制，如常压塔塔顶温度和塔顶冷回流量的控制；自动联锁控制，如加热炉烟道挡板联锁控制。下面介绍几种典型的控制回路。

（1）常压塔顶温度控制

常压塔顶油气温度是控制塔顶汽油馏分质量的重要变量。为了保证常顶汽油馏分的质量（如干点），通常都在常压塔顶设置塔顶温度-回流流量串级控制回路，以克服回流方面的干扰。如图 4-19 所示。

（2）常压塔侧线流量控制

常压塔侧线产品的抽出均要通过汽提塔，以保证产品质量。因此，常压侧线产品的馏出量，既要控制常压塔至汽提塔的量，又要控制汽提塔的外放量，通常是根据对产品质量的要求来控制的。不同的侧线产品，质量要求和控制指标不同，但原理大体相同，具体如图 4-20 所示。其中 AT 表示在线质量分析仪表，如干点、闪点、凝点等。

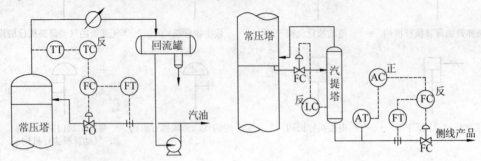

图 4-19　常顶温度控制　　　　　　　　图 4-20　常压塔侧线抽出控制

（3）常压塔中段循环回流取热控制

常压塔中段循环回流流量控制一般采用单回路控制。通过三通调节阀调节回流取热比例，实现中段循环回流返塔温度。为了准确反映中段回流返塔温度，温度监测点设在靠近常压塔的返塔管道上，如图 4-21 所示。

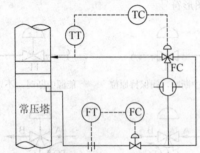 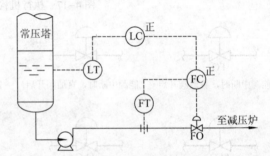

图 4-21　常压塔中段回流取热控制回路　　　图 4-22　常压塔塔底液位与流量串级控制

（4）常压塔塔底液位控制

常压塔底液位是常压系统最重要的液位。为了保持常压塔底液位在一定范围内波动，同时又保证减压炉进料流量的稳定，一般采用塔底液面与流量组成的串级均匀控制方案，见图 4-22。在此系统中，通过 PID 参数的设置不同，允许液面在一定范围内变化，而保持流量相对稳定和变化平缓。以减缓进料变化对减压炉温度控制和减压塔平稳操作的影响。

（5）加热炉系统典型控制回路

加热炉分支进料流量控制一般采用流量控制器，控制器为正作用，调节阀为风关阀，但为了保持加热炉各分支出口温度相近，有些采用加热炉分支温度-加热炉分支进料量的串级控制，如润滑油型减压炉的控制方案就是采用的这种控制。

加热炉要求出口温度平稳，以保证塔的平稳操作和优化生产。为此一般采用加热炉出口温度-加热炉燃料流量串级控制，该控制通过控制加热炉燃料流量来达到控制加热炉出口温度的目的。有些装置为了克服干扰，提高控制精度，还采用了引入进炉原料流量及原料温度等前馈信号的前馈控制。

4.6.2　催化裂化装置典型控制方案

（1）反应压力的控制

催化裂化的反应压力进行固定控制，一般不作为频繁调节变量。反应压力的控制手段有分馏塔顶油气管道蝶阀、富气压缩机转数、反飞动阀、压缩机入口放火炬阀等，根据装置运行的不同阶段可加以选择控制。

开工拆油气管道大盲板前，两器烘干、升温及装催化剂期间，用沉降器顶放空调节阀控制反应器压力。拆除大盲板、沉降器和分馏塔连通之后，提升管进油之前，用分馏塔顶油气管道蝶阀控制反应压力。提升管进油后，开富气压缩机前，用压缩机入口放火炬阀控制反应器压力。正常操作分馏塔顶油气管道蝶阀和放火炬阀处于全关状态。对于变速运行的离心式富气压缩机用反应压力(或吸入压力)控制压缩机转数，当富气量减小到压缩机喘振线以下时，自动打开反喘振阀(见图4-23)。当富气量增加到压缩机最大能力，压缩机转数达到最高允许转数时，自动打开放火炬阀。对于恒速运行的离心式富气压缩机用调节压缩富气循环量或吸入节流来控制反应压力。富气量增加循环量减少，当循环阀全关闭时，自动打开放火炬阀排放一部分富气，使富气压缩机正常运行，并具有一定的调节能力。

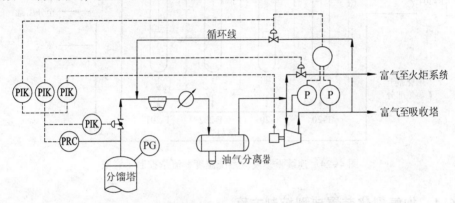

图4-23　反应系统压力控制示意图(变速压缩机)

压缩机能力有限度，富气量不能超过压缩机的能力，才具有对反应系统的压力调节作用。一般设置的控制方案中，当富气量大于压缩机的能力时，通过放火炬排放一部分富气，使压缩机正常运行，也可以适当降低吸收解吸系统压力。

(2) 反应温度的控制

提升管催化裂化装置的反应温度指提升管出口温度，是生产中主要控制参数。影响反应温度的主要因素有原料油流量、预热温度、催化剂循环量、再生剂温度等。原料油流量采用定值控制；原料油预热温度选定一合理值，也采用定值控制；再生器温度基本也恒温控制。反应温度通过改变再生单动滑阀(或再生塞阀)开度，调节再生催化剂的循环量来控制。电动液压执行机构灵敏度很高，可将提升管出口温度变化幅度控制在±1℃以内。

反应温度控制回路有再生阀压降低限和反应温度低限两个约束条件。当再生阀压降低到0.015MPa时发出报警，自动暂时性放弃反应温度定值控制，而保持再生阀压差，维持催化剂循环，同时采取其他措施提高反应器温度。当滑阀压差低到0.01MPa时为防止催化剂倒流，将自动切断再生阀。当再生阀压差恢复正常后，才能恢复反应温度控制回路。此外还设有反应温度下限报警，当反应温度急剧下降到440℃时，应果断切断反应进料自保系统，防止原料油难以气化引起反应系统结焦。

4.6.3　催化重整装置典型控制方案

在恒定的压力下，重整反应温度是控制重整反应转化深度的重要参数。重整主要反应均为吸热反应，因此反应器入口温度采用与相应加热炉的燃料气压力串级控制来保持恒定。以

UOP 连续重整流程为例，其反应系统的典型控制方案如图 4-24 所示。

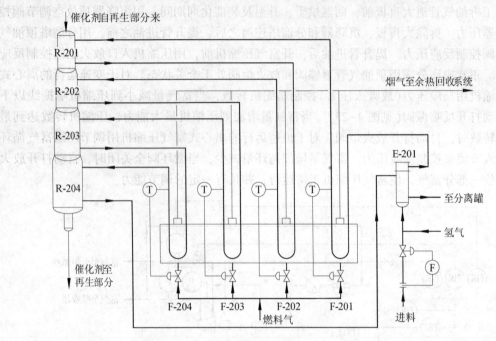

图 4-24　连续重整反应系统温度、流量控制示意图

4.6.4　加氢裂化装置典型控制方案

（1）热高压分离器液位控制与监视

根据热高压分离器高温高压同时存在的苛刻操作条件，为正确判断和控制其液位的高度，设置多重液位检测和保护（差压液位计、高温高压浮筒液位计、差压液位计冲灌高压仪表冲洗油防止冷凝堵塞等）手段，互为备用，以确保热高压分离器安全操作。

热高分液位调节阀采用双阀 A（大阀）和 B（小阀），以及至液力透平入口调节阀 C，如图 4-25 所示。液力透平的流量通常设计为热高分液体流量的 85% 左右，即正常生产时，液力透平满负荷运行，剩余的热高分液体通过高压角阀去热低分。

正常工况下（液力透平投用），手动输出将液位调节阀 A 关闭，热高分液位控制器输出至液力透平入口调节阀 C 和热高分去热低分液位调节阀 B，阀 C 和阀 B 分程调节；当热高分液位较低时，首先逐渐关小阀 B，满足热高分液体全量通过液力透平；当热高分液位上升后，再逐渐开大阀 B。当液力透平故障、检修或停用时，手动输出将阀 C 和阀 B 关闭，热高压分离器液位控制器选择输出至 A，当热高分液位较低时，阀 A 逐渐关小，液位上升后，A 逐渐开大。当液力透平超速时，安全仪表系统（SIS）将立即切断液力透平入口的切断阀，热高分液位控制将手动转入调节阀 A 控制（调节阀 B 手动关闭）。当热高分液位过低时，调节阀 A、B 全部关闭（DCS 输出 0%，即关阀）。

作为装置高压和低压的分界线，两台液位调节阀 A、B 为多级压降角阀并要求关闭严密（泄漏等级不低于 V 级）。

（2）反应系统压力-新氢压缩机压力控制

反应系统压力的基准控制点设在冷高压分离器上，通过控制新氢补入量来控制其反应系统压力。新氢压缩机出口压力控制与冷高分压力（反应系统压力）控制结合在一起。图 4-26

218

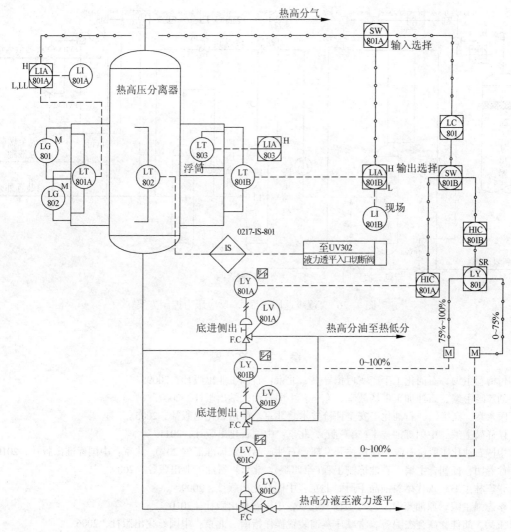

图 4-25　热高压分离器液位控制方案

是加氢裂化装置反应压力采用"逐级返回递推式"的控制方案。

当高压分离器压力下降，其容器上的压力调节器为正作用，因此输出在 0~70% 范围内时，经转换（反向）为 100%~0 进入低值选择器，当选上时，则由高分压力控制器控制补充氢压缩机三段出口返回阀。高分压力下降，则三段出口返回阀开度减小，返回量少而去高分的氢气量多，促使高分压力上升；高分压力上升时调节器输出趋近 70%，经转换（反向）趋近于 0，三段出口返回阀开度加大，返回量多，去高分的氢气量小，因而压力下降达到给定值。

由此可见，当高分压力下降时，补充氢压缩机三段出口返回量少，给高分补氢量多。此时，三段入口分液罐压力下降，其容器上的压力调节器为正作用，其输出在 0~50% 范围，经转换为 0~100% 进入低值选择器（LS）。当三段入口分液罐压力很低时，去低值选择器的值接近 0，会被低值选择器选上。因此由三段入口分液罐压力控制器控制返回阀，以保证压缩机三级出口能达到进入系统的压力。选择器起着软限保护功能，使被控参数不会超过极限。根据容积式压缩机性能，则二段入口压力低，一段入口压力也低，即一段入口分液罐压力低，则补充氢气量自动加大。

当高分压力上升，反向作用，这里不再详述。

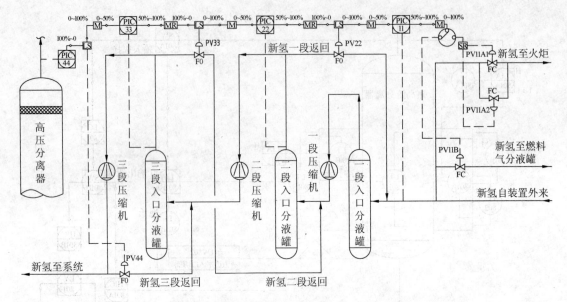

图 4-26 "逐级返回递推式"反应压力控制方案

参 考 文 献

1 付梅莉主编. 石油化工生产实习指导书. 北京: 石油工业出版社, 2009.
2 刘雪暖主编. 石油加工现场教学. 东营: 中国石油大学出版社, 2007.
3 匡永泰, 高维民. 石油化工安全评价技术. 北京: 中国石化出版社, 2005.
4 侯祥麟主编. 中国炼油技术(第三版). 北京: 中国石化出版社, 2011.
5 中国石油化工股份有限公司科技开发部. 石油产品国家标准汇编2010. 北京: 中国标准出版社, 2010.
6 徐春明, 杨朝合主编. 石油炼制工程(第四版). 北京: 石油工业出版社, 2009.
7 张广林主编. 现代燃料油品手册. 北京: 中国石化出版社, 2009.
8 李志强主编. 原油蒸馏工艺与工程. 北京: 中国石化出版社, 2010.
9 王兵, 胡佳, 高会杰编著. 常减压蒸馏装置操作指南. 北京: 中国石化出版社, 2006.
10 陈俊武主编. 催化裂化工艺与工程(第二版). 中国石化出版社, 2005.
11 刘英聚, 张韩编著. 催化裂化装置操作指南. 北京: 中国石化出版社, 2005.
12 韩崇仁主编. 加氢裂化工艺与工程. 北京: 中国石化出版社, 2001.
13 李立权编著. 加氢裂化装置操作指南. 北京: 中国石化出版社, 2005.
14 徐承恩主编. 催化重整工艺与工程. 北京: 中国石化出版社, 2006.
15 杨劲编. 基本有机原料生产工艺学. 东营: 中国石油大学出版社, 2006.
16 王松汉, 何细藕主编. 乙烯工艺与技术. 北京: 中国石化出版社, 2008.
17 王遇冬主编. 天然气处理原理与工艺(第二版). 北京: 中国石化出版社, 2012.
18 David S. J. Jones and Peter R. Pujadó. Handbook of Petroleum Processing. Springer, 2006.
19 中国石油和石化工程研究会编著. 炼油设备工程师手册. 北京: 中国石化出版社, 2003.
20 孙家孔译. 阀门手册. 北京: 中国石化出版社, 2005.
21 金有海, 刘仁桓编著. 石油化工过程与设备概论. 北京: 中国石化出版社, 2008.
22 钱家麟主编. 管式加热炉(第二版). 北京: 中国石化出版社, 2003.
23 兰州石油机械研究所主编. 现代塔器技术(第二版). 北京: 中国石化出版社, 2005.
24 路秀林, 王者相等编. 塔设备. 北京: 化学工业出版社, 2004.
25 厉玉鸣主编. 化工仪表及自动化(第五版). 北京: 化学工业出版社, 2011.